U0312897

低碳智库译丛

国家出版基金项目
NATIONAL PUBLICATION FOUNDATION

"十三五"国家重点图书出版规划项目

THE POWER OF TRANSFORMATION
Wind, Sun and the Economics of Flexible Power Systems

International Energy Agency

电力转型
风能、太阳能和灵活电力系统的经济性

国际能源署 著

王帅 译

张有生 审校

东北财经大学出版社
Dongbei University of Finance & Economics Press

大连

图书在版编目（CIP）数据

电力转型：风能、太阳能和灵活电力系统的经济性 / 国际能源署著；王帅译.—大连：东北财
经大学出版社，2018.1
（低碳智库译丛）
ISBN 978-7-5654-3040-4

Ⅰ. 电…　Ⅱ. ①国…②王…　Ⅲ. 再生能源-研究　Ⅳ. TK01

中国版本图书馆CIP数据核字（2018）第000124号

东北财经大学出版社出版发行
　大连市黑石礁尖山街217号　邮政编码　116025
　网　　址：http://www. dufep. cn
　读者信箱：dufep @ dufe. edu. cn
大连永盛印业有限公司印刷

幅面尺寸：170mm×240mm　字数：286千字　印张：20.75
2018年1月第1版　　　　　　　　2018年1月第1次印刷
责任编辑：李　季　刘东威　孟　鑫　　责任校对：清　灵
封面设计：冀贵收　　　　　　　　　版式设计：钟福建
定价：59.00元

教学支持　售后服务　　联系电话：（0411）84710309
版权所有　侵权必究　　举报电话：（0411）84710523
如有印装质量问题，请联系营销部：（0411）84710711

"低碳智库译丛"总序

　　气候变化是当前人类面临的最大威胁，危及地球生态安全和人类生存与发展。采取应对气候变化的智慧行动可以推动创新、促进经济增长并带来诸如可持续发展、增强能源安全、改善公共健康和提高生活质量等广泛效益，增强国家安全和国际安全。全球已开展了应对气候变化的合作进程，并确立了未来控制地表温升不超过2℃的目标。其核心对策是控制和减少温室气体排放，其中主要是化石能源消费的CO_2排放。这既引起新的国际治理制度的建立和发展，也极大推动了世界范围内能源体系的革命性变革和经济社会发展方式的转变，低碳发展已成为世界潮流。

　　自工业革命以来，发达国家无节制地廉价消耗全球有限的化石能源等矿产资源，完成了工业化和现代化进程。在创造其当今经济社会高度发达的"工业文明"的同时，也造成世界范围内化石能源和金属矿产资源日趋紧缺，并引发了以气候变化为代表的全球生态危机，付出了严重的资源和环境代价。在全球应对气候变化减缓碳排放背景下，世界范围内正在掀起能源体系变革和转型的浪潮。当前以化石能源为支柱的传统高碳能源体系，将逐渐被以新能源和可再生能源为主体的新型低碳能源体系所取代。人类社会的经济发展不能再依赖地球有限的矿物资源，也不能再过度侵占和损害地球的环境空间，要使人类社会形态由当前不可持续的工业文明向人与自然相和谐、经济社会与资源环境相协调和可持续发展的生态文明的社会形态过渡。

　　应对气候变化，建设生态文明，需要发展理念和消费观念的创新：要由片面追求经济产出和生产效率为核心的工业文明发展理念转变到人与自然、经济与环境、人与社会和谐和可持续发展的生态文明的发展理念；由过度追求物质享受的福利最大化的消费理念转变为更加注重精神文明和文化文明的健康、适度的消费理念；不再片面地追求 GDP 增长的数量、个人财富的积累和物质享受，而是全面权衡协调经济发展、社会进步和环境保护，注重经济和社会发展的质量和效益。经济发展不再盲目向自然界摄取资源、排放废物，而要寻求人与自然和谐相处的舒适的生活环境，使良好的生态环境成为最普惠的公共物品和最公平的社会福祉。高水平的生活质量需要大家共同拥有、共同体验，这将促进社会公共财富的积累和共享，促进世界各国和社会各阶层的合作与共赢。因此，传统工业文明的发展理论和评价方法学已不能适应生态文明建设的发展理念和目标，需要发展以生态文明为指导的发展理论和评价方法学。

政府间气候变化专门委员会（IPCC）第五次评估报告在进一步强化人为活动的温室气体排放是引起当前气候变化的主要原因这一科学结论的同时，给出全球实现控制温升不超过 2 度目标的排放路径。未来全球需要大幅度减排，各国经济社会持续发展都将面临碳排放空间不足的挑战。因此，地球环境容量空间作为紧缺公共资源的属性日趋凸现，碳排放空间将成为比劳动力和资本更为紧缺的资源和生产要素。提高有限碳排放空间利用的经济产出价值就成为突破资源环境制约、实现人与自然和谐发展的根本途径。广泛发展的碳税和碳市场机制下的"碳价"将占用环境容量的价值显性化、货币化，将占用环境空间的社会成本内部化。"碳价"信号将引导社会资金投向节能和新能源技术，促进能源体系变革和经济社会低碳转型。能源和气候经济学的发展越来越关注"碳生产率"的研究，努力提高能源消费中单位碳排放即占用单位环境容量的产出效益。到 2050 年世界 GDP 将增加到 2010 年的 3 倍左右，而碳排放则需要减少约 50%，因此碳生产率需要提高 6 倍左右，年提高率需达 4.5% 以上，远高于工业革命以来劳动生产率和资本产出率提高的速度。这需要创新的能源经济学和气候经济学理论来引导能源的革命性变革和经济发展方式的变革，从而实现低碳经济的发展路径。

经济发展、社会进步、环境保护是可持续发展的三大支柱，三者互相依存。当前应对气候变化的关键在于如何平衡促进经济社会持续发展与管理气候风险的关系。气候变化使人类面临不可逆转的生态灾难的风险，而这种风险的概率和后果以及当前适应和减缓行动的效果都有较大的不确定性。国际社会对于减排目标的确立和国际制度的建设是在科学不确定情况下的政治决策，因此需要系统研究当前减缓气候变化成本与其长期效益之间的权衡和分析方法；研究权衡气候变化的影响和损害、适应的成本和效果、减缓的投入和发展损失之间关系的评价方法和模型手段；研究不同发展阶段国家的碳排放规律及减缓的潜力、成本与实施路径；研究全球如何公平地分配未来的碳排放空间，权衡"代际"公平和"国别"公平，从而研究和探索经济社会发展与管控气候变化风险的双赢策略。这些既是当前应对气候变化的国际和国别行动需要解决的实际问题，也是国际科学研究的重要学术前沿和方向。

当前，国际学术界出现新气候经济的研究动向，不仅关注气候变化的影响与损失、减排成本与收益等传统经济学概念，更关注控制气候风险的同时实现经济持久增长，把应对气候变化转化为新的发展机遇；在国际治理制度层面，不仅关注不同国家间责任和义务的公平分担，更关注实现世界发展机遇共享，促进各国合作共赢。理论和方法学研究在微观层面将从单纯项目技术经济评价扩展到全生命周期的资源、环境协同效益分析，在宏观战略层面将研究实现高效、安全、清洁、低碳新型能源体系变革目标下先进技术发展路线图及相应模型体系和评价方法，在国际层面将研究在"碳价"机制下扩展先进能源技术合作和技术转移的双赢机制和分析方法学。

我国自改革开放以来，经济发展取得举世瞩目的成就。但快速增长的能源消费不仅使我国当前的CO_2排放已占世界1/4以上，也是造成国内资源趋紧、环境污染严重、自然生态退化严峻形势的主要原因。因此，推动能源革命，实现低碳发展，既是我国实现经济社会与资源环境协调和可持续发展的迫切需要，也是应对全球气候变化、减缓CO_2排放的战略选择，两者目标、措施一致，具有显著的协同效应。我国统筹国内国际两个大局，积极推动生态文明建设，把实现绿色发展、循环发展、低碳发展作为基本途径。自"十一五"以来制定实施并不断强化积极的节能和CO_2减排目标及能源结构优化目标，并以此为导向，促进经济发展方式的根本性转变。我国也需要发展面向生态文明转型的创新理论和分析方法作为指导。

先进能源的技术创新是实现绿色低碳发展的重要支撑。先进能源技术越来越成为国际技术竞争的前沿和热点领域，成为世界大国战略必争的高新科技产业，也将带来新的经济增长点、新的市场和新的就业机会。低碳技术和低碳发展能力正在成为一个国家的核心竞争力。因此，我国必须实施创新驱动战略，创新发展理念、发展路径和技术路线，加大先进能源技术的研发和产业化力度，打造低碳技术和产业的核心竞争力，才能从根本上在全球低碳发展潮流中占据优势，在国际谈判中占据主动和引导地位。与之相应，我国也需要在理论和方法学研究领域走在前列，在国际上发挥积极的引领作用。

应对气候变化关乎人类社会的可持续发展，全球合作行动关乎各国的发展权益和国际义务，因此相关理论、模型体系和方法学的研究非常活跃，成为相关学科的前沿和热点。由于各国研究机构背景不同，思想观念和价值取向不同，尽管所采用的方法学和分析模型大体类似，但各自对不同类型国家发展现状和规律的理解、把握和判断的差异，以及各自模型运转机理、参数选择、政策设计等主观因素的差异，特别是对责任和义务分担的"公平性"的理念和度量准则的差异，往往会使研究结果、结论和政策建议产生较大差别。当前在以发达国家研究机构为主导的研究结果和结论中，往往忽略发展中国家的发展需求，高估了发展中国家减排潜力而低估了其减排障碍和成本，从而过多地向发展中国家转移减排责任和义务。世界各国因国情不同、发展阶段不同，可持续发展优先领域和主要矛盾不同，因此各国向低碳转型的方式和路径也不同。各国在全球应对气候变化目标下实现包容式发展，都需要发展和采用各具特色的分析工具和评价方法学，进行战略研究、政策设计和效果评估，为决策和实施提供科学支撑。因此，我国也必须自主研发相应的理论框架、模型体系和分析方法学，在国际学术前沿占据一席之地，争取发挥引领作用，并以创新的理论和方法学，指导我国向绿色低碳发展转型，实现应对全球气候变化与自身可持续发展的双赢。

　　本译丛力图选择翻译国外最新最有代表性的学术论著，便于我国相关科技工作者和管理干部掌握国际学术动向，启发思路，开拓视野，以期对我国应对全球气候变化和国内低碳发展转型的理论研究、政策设计和战略部署有参考和借鉴作用。

何建坤

2015年4月25日

可再生能源，尤其是风能和太阳能，对于实现能源供应的多元化和低碳化发挥着日益重要的作用。因此，国际能源署（International Energy Agency，IEA）所有的情景都有一个共同特征，即风能和太阳能光伏发电量在未来数十年将继续显著上升。然而，波动性可再生能源（variable renewable energy，VRE）的并网仍是政策制定者和行业面临的最紧迫挑战之一。波动性可再生能源技术能否成为安全低碳的能源系统的核心支柱？若能，成本有多高？

本书全面解答了这些问题，肯定了波动性可再生能源可发挥的核心作用，同时解释了成本如何因情况而异。这是一项开创性研究，涉及范围广，我在此仅强调两个方面：

第一，这项分析呼吁转变观念。经典观点将波动性可再生能源的并网视为将波动性可再生能源附加到现有系统中，其假设是系统其他部分不去调整适应。这种"传统"观点有可能使我们没有抓住点。波动性可再生能源并网的挑战和机遇不仅在于波动性可再生能源技术本身，也在于系统的其他组成部分。因此，需要用全系统的方法看待并网问题。简言之，波动性可再生能源并网并不是仅仅将波动性可再生能源接入现有系统，而是要转变整个系统。

本书强调了有哪些选项可实现这一转型。使用全系统方法，与完全不含波动性可再生能源的系统相比，波动性可再生能源占比达45%的电力系统在长期并不会带来更多的额外成本。

第二，实现这一转型将是困难的，仅是因为将会产生赢家和输家。然而，这在很大程度上取决于具体环境。在用电需求不断增加的"动态"电力系统中（如在中国、印度和巴西），风能和太阳能光伏可成为具有成本效益的满足增量需求的解决方案。它们提供了极好的机会。若妥善投资，可在部署波动性可再生能源的同时，从一开始就构建一个灵活的系统。这与"稳定"电力系统中的情况截然不同，稳定电力系统的特征是电力需求停滞不增，正如目前很多欧洲国家中出现的情况那样。在许多这样的地方，波动性可再生能源快速部署的成本问题已跃升为首要的政治议题。

在一个稳定的系统中，市场不会扩大。由于总量这张"饼"不再增长，额外的可再生能源就要从现有装机容量中分得一部分。结果取决于基本的经济性，因此市场效应并不仅仅是波动性的结果。在这些市场中，系统转型的成本不只与新资产的费用相关。本书显示这些成本是可管理的。但更大的挑战也许在于管控缩减旧系统规模的相关成本。这就提出了棘手的政策问题：现有生产商需采取何种策略以适应这一转型？当基础设施在达到寿命周期之前就需要拆除时，政府将如何处理分配效应？谁为搁浅资产买单？

只有政策制定者和行业通力合作，才可能应对这些挑战。但我们不能忽视气候问题的紧迫性。若想以合理的成本实现使全球平均温升不超过2℃的长期目标，我们不能再推迟采取进一步行动。

本书是在我担任国际能源署执行干事期间完成的。

玛丽亚·范德胡芬

致 谢

本书是国际能源署波动性可再生能源并网第三阶段（GIVAR Ⅲ）项目的主要成果。该项目由国际能源署可再生能源部西蒙·穆勒负责。他也是本书的主要作者。波动性可再生能源并网第三阶段项目由团队合作完成：Fernando de Sisternes 开发并实施了 IMRES 电力系统模型。Edoardo Patriarca 和 Alvaro Portellano 协调对灵活资源的分析和经济建模。Anna Göritz、Jakob Daniel Møller 和 Jakob Peter 进行了 FAST2 分析并为灵活资源的分析做出了贡献。Hannele Holttinen 在电力系统建模和电力系统运行方面为项目提供了建议。Pöyry 管理咨询（英国）有限公司贡献了西北欧案例研究的模型。新资源伙伴对批发市场设计进行了回顾。

国际能源署非常感谢项目顾问小组成员提供的指导和支持，尤其是 Enel Green Power、Gestore dei Servizi Energetici、Iberdrola、挪威石油和能源部、Red Eléctrica de España、监管协助项目、爱尔兰可持续能源局、TOTAL S.A.、美国国务院和 Vattenfall，同时非常感谢日本经济产业省对本项目的资助。①

若没有案例研究走访过程中诸多接受我们采访的合作伙伴的贡献，本项目也无法完成。我们非常感谢他们的支持，尤其是巴西矿业和能源部、日本经济产业省及挪威石油和能源部。

我们特别要感谢与风能实施协议第 25 号课题 "大规模风电并网的电力系统设计及运行"的持续、富有成效的合作，尤其要感谢其成员 Hannele Holttinen、Michael Milligan、Mark O'Malley 和 J. Charles Smith。

作者也想在此特别感谢 Lion Hirth 和 Katrin Schaber 及 Aidan Tuhoy、

---

① 本书反映了国际能源署(IEA)秘书处的观点，但不一定反映各国际能源署成员国的观点。对于本书内容(包括其完整性或准确性)，无论是明确的还是隐含的，国际能源署不对任何使用或依据本书的行为负责。

Eamonn Lannoye、Hugo Chandler、Vera Silva、Mike Hogan、Yann Laot、Falko Ueckert、Daniel Fürstenwerth、Manoël Rekinger、Frans van Hulle、Jonathan O'Sullivan、John McCann、Miguel de la Torre、Jorge Hidalgo López，还有来自 NREL 从事市场和政策影响分析、能源预测和建模及输电和并网小组的同事，感谢他们在讨论中的深刻见解，感谢其支持和提供同行互审。

作者还想进一步感谢可再生能源部主管 Paolo Frankl 的信任和指导；感谢能源市场及安全部主管 Keisuke Sadamori 的支持和建议；感谢可再生能源部，尤其是 Adam Brown 和 Cedric Philibert 的倾听和建议；感谢气煤和电力市场部的同事，特别是 Manual Baritaud、Laszlo Varro 和 Dennis Volk 提供了建设性意见；感谢 David Elzinga 的评论；感谢 Kieran McNamara 和 Jörg Husar 的支持；感谢 Justin French-Brooks 的细心编辑；最后要感谢 Rebecca Gaghen、Michelle Adonis、Astrid Dumond、Cheryl Haines、Angela Gosmann、Bertrand Sadin 和 Muriel Custodio 将此编辑成书。

任何可能的错误和遗漏都归于国际能源署。欢迎各方提问和批评指正，请将之寄至：

Simon Müller

International Energy Agency

9，rue de la Fédération

75739 Paris Cedex 15

France

Email：simon.mueller@iea.org

↘目 录

执行摘要

风电和太阳能光伏（PV）预计将为建立更安全、可持续的能源系统做出巨大贡献。然而运用这两种技术发电受可获得的风、光资源量波动的约束，这使得要始终保持电力供应和消费的必要平衡颇具挑战。因此，将波动性可再生能源（VRE）以具有成本效益的方式并网已成为能源行业的一项紧迫挑战。

基于对当前可用于波动性可再生能源并网的灵活性选项的全面评估，本书的一项主要发现，是从长期来看可在不显著增加电力系统成本的情况下实现大规模波动性可再生能源（占比高达年发电量的45%）的并网。然而，要实现具有成本效益的并网，要求对整个系统进行转型。此外，各国在实现这样的转型过程中可能需要应对各种不同的情况。

本项研究

本书深化了国际能源署（IEA）此前研究的技术分析，同时也对波动性可再生能源并网的经济方面进行了分析。本书基于在15个国家①开展的7项案例研究。利用修订版的国际能源署灵活性评估工具（FAST2）对案例研究地区的系统灵活性进行了技术分析。运用每小时系统运行的经济模型研究高比例波动性可再生能源对系统总成本产生的影响（见专栏ES.1）。

---

① 巴西、得克萨斯电力可靠性委员会(得克萨斯州,美国)、伊比利亚(葡萄牙和西班牙)、印度、意大利、日本东部(北海道、东北部和东京)和西北欧(丹麦、芬兰、法国、德国、爱尔兰、挪威、瑞典和英国)。

此外，本书也对实现波动性可再生能源并网的四种灵活资源（灵活电厂、电网基础设施、电力储存和需求侧集成（DSI））技术和经济性能进行了评估。

本项目与国际能源署在电力安全行动计划（ESAP）框架下展开的工作有密切合作。

主要研究发现

波动性可再生能源和系统其他组成部分的相互作用决定了并网的机遇与挑战

1.提高电力系统波动性发电量占比的难易程度取决于两大因素

● 第一，风能和太阳能光伏发电的属性，尤其是天气和日照模式给发电地点和时间带来的约束。

● 第二，波动性可再生能源所接入的电力系统的灵活性和电力系统需求的特征。

例如，当优质风能和太阳能资源远离需求中心时，并网成本会较高。另外，若阳光充足时段和电力高需求的时段吻合，则太阳能光伏发电并网会更容易。

这两个因素间的相互作用会因系统而异。因此，波动性可再生能源的经济影响也取决于具体环境。然而，这几个有限的特性决定了融合并网的积极和消极的方面，让我们考虑找出能应用于更广泛情况的最佳实践原则。

2.当波动性可再生能源占比较低时，并网不构成障碍

在波动性可再生能源比例较低的情况下运行电力系统并不是一个大的技术挑战。根据不同系统，比例较低是指占年发电量的5%~10%。达到或超过这样比例的国家（包括丹麦、爱尔兰、德国、葡萄牙、西班牙、瑞典和英国）的经验表明，波动性可再生能源达到较高比例时，并网并不是一个很大的挑战，但前提是遵守一些基本的原则：

● 避免波动性可再生能源发电厂不受控地在局地集中

（"热点"）。

●确保波动性可再生能源发电厂在需要时可为稳定电网做出贡献。

●预测波动性可再生能源发电量，并在制订电网中其他发电厂的运行和电流计划时运用这些预测。

与并网相关的波动性可再生能源属性对电力系统而言并不是新鲜事物。这是接入较低比例波动性可再生能源通常不会带来挑战的主要原因。电力需求本身是波动的，所有发电厂都可能经历意外断电。当波动性可再生能源仅占发电量一小部分时，其波动性和不确定性要远远小于电力需求和其他发电厂带来的波动性和不确定性。通常波动性可再生能源的影响在其占比超过年发电量2%~3%时才能看得出来。为了达到更高比例，那些用于应对其他波动性和不确定性的资源，也可用于实现波动性可再生能源的并网。

利用修订版国际能源署灵活性评估工具（FAST2）对案例研究地区进行的评估显示：假设按目前的系统灵活性水平，从技术角度看，使波动性可再生能源占比达到年发电量25%~40%是可以实现的。分析中假设电力系统内部有充足的电网容量。根据同一分析，若可接受少量弃风弃光以限制极端波动性事件，则该比例还能进一步提高（在非常灵活的系统中可超过50%）。然而，如果将系统灵活性调至其技术上限，成本将远高于系统运行成本最低的情况。

3.要以具有成本效益的方式大规模接入波动性可再生能源需要转变整个系统

经典观点将波动性可再生能源并网视为增加风能和光伏发电而不考虑系统调整适应的所有可用选项。这种"传统"观点也许没有抓住要点。并网影响是由波动性可再生能源和系统其他组成部分共同决定的。因此，可通过在任意一侧采取干预措施降低并网影响。简言之，波动性可再生能源并网并不仅仅是将波动性可再生能源附加到现有系统上，而是需要转变整个系统。

接入高比例波动性可再生能源的成本因系统而异。最重要的是，成本取决于系统不同组成部分是否很好地组合在一起。在有高比例波动性可再生能源的情况下，要使系统总成本降至最低，需要以战略的方式调整和转变整个能源系统。

假设一夜间接入高比例波动性可再生能源，这会使系统总成本大幅增加。利用测试系统，我们研究了一种极端、纯假设的情况。在一夜间在系统中接入波动性可再生能源，占年发电量45%，仅允许改变系统其他部分的运行（不转型的情况，见专栏ES.1）。在这种情况下，系统总成本增幅高达33美元/兆瓦时，约为40%（从86美元/兆瓦时增至119美元/兆瓦时，图ES-1）。这一增长是由三大主要驱动因素造成的：

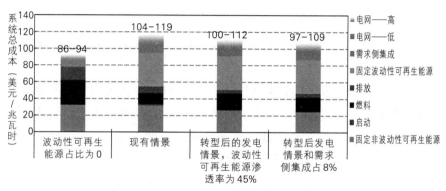

图ES-1　测试系统在不同程度系统转型下的系统总成本

注：DSI=需求侧集成。

要点：系统转型降低了高比例波动性可再生能源并网的系统总成本。

● 波动性可再生能源部署本身的额外成本（在这一模型中假设与当前水平类似）。

● 接入偏远地区波动性可再生能源发电量和强化电网的相关额外电网成本。

● 剩余系统可节省的成本有限，因为在不对系统进行调整的情形下，波动性可再生能源只能以节省燃料和排放成本的形式带来运行方面的节省。

提高现有发电厂运行灵活性（启/停更频繁，发电量的动态变化更大）的额外成本在成本增加中占比不大。

实现整个系统的协调转型能降低额外成本。 测试系统的另一个情形考虑了更具转型性的方式。在波动性可再生能源占比为 45% 的情况下对发电厂装机结构进行重新优化，并部署了其他灵活性选项（转型情形）。与不转型的情况相比，发电厂组合出现了结构性转变：

- 设计为全天候运行且无法动态调节发电量（称为基荷技术）的发电厂数量大幅下降。
- 设计为非全天候运行的灵活发电厂（称为中等灵活和峰荷发电）数量增加。

此外，本书假设采用更好的电网基础设施管理战略。在这种情况下，系统总成本仅增加 11 美元/兆瓦时，比不转型的情况低 2/3。当波动性可再生能源在发电量中占比为 30% 时，系统总成本增幅为 6 美元/兆瓦时。

长期而言，可在不带来额外成本的情况下实现高比例波动性可再生能源的并网。 在模型分析中，所有的成本假设均为常数。然而，未来波动性可再生能源的发电成本可能会降低，而二氧化碳排放成本可能会升高。[①]这意味着与不含波动性可再生能源的系统相比，可在不增加系统总成本的情况下实现高比例波动性可再生能源并网。并网后的成本甚至会低于无波动性可再生能源部署的系统。然而，要实现这一点，需要对系统整体进行成功转型。

4. 系统转型有三大支柱

成功的系统转型要求处理好三个不同方面：

- 第一，系统友好型波动性可再生能源部署。
- 第二，改进系统和市场运行。

---

① 当波动性可再生能源占比在 30%~40% 之间时，成本的下降可使转型情景下（包含需求侧集成）系统总成本与不含波动性可再生能源情景下系统总成本相当。此外，据国际能源署预测，二氧化碳排放价格有可能会超过 30 美元/吨的假定水平。在《世界能源展望 2013》450 个情景下（这种情况下实现温升不超过 2℃度目标的概率为 50%），二氧化碳价格在 2030 年达到 70 美元/吨至 97 美元/吨，在 2035 年达到 100 美元至 125 美元/吨（按 2012 年购买力平价标准）。

●第三，投资于其他灵活资源。

1）让风能和太阳能发挥作用：系统友好型波动性可再生能源部署

系统转型的第一大支柱是系统友好型波动性可再生能源部署。系统友好型波动性可再生能源部署的主要目的是将系统总成本降至最低，而不是仅将波动性可再生能源发电成本降至最低。

波动性可再生能源发电厂可为自身并网作贡献，但需要要求和允许其这样做。并网的常见观点是将风电和太阳能光伏发电机组视作"问题"，认为需从其他地方寻找解决方案。然而，风能和太阳能光伏发电厂可促进自身并网；要以具有成本效益的方式实现系统转型。在这方面有五个相关要素：

●**时间。**波动性可再生能源的接入应与系统整体的长期发展相一致。经验显示，波动性可再生能源容量的部署可能会超过与之相适应的基础设施的发展速度。例如，风电厂在可实现全面并网之前就已建成。这就要求采用综合的方式进行基础设施的规划。

●**地点和技术结构。**从系统角度看，实现成本效益并不仅是选择最廉价的技术或在资源条件最佳的地点建设波动性可再生能源发电厂。相反，优化波动性可再生能源（和可调度可再生能源发电）的结构可带来宝贵的协同效应——如在日照和刮风时段互补的地方（如欧洲）。在这种情况下，风电和太阳能光伏相结合往往会使系统总成本降至最低，即使其中一种选择的直接发电成本可能更高。此外，通过对波动性可再生能源发电厂进行战略布局，可降低总体波动性和并网成本。例如，从系统角度看，在城市部署的屋顶光伏系统可比偏远地区的大型光伏电厂更有价值，虽然屋顶系统的直接发电成本更高。

●**技术能力。**现代风机和光伏系统可提供保持电网短期稳定性所需的广泛技术服务。在历史上，这类服务是由其他发电厂提供的。虽然提供这类服务往往会增加波动性可再生能源的发电成本，从系统角度看，这可能是具有成本效益的，如可减少弃风、弃光现象。

●**系统友好型发电厂设计。**波动性可再生能源发电厂的设计可从系统角度进行优化，而不是简单地时时实现发电量最大化。例如，现代风机

（通过使用更大的转子）可在低风速时段获取相对更多的能源，从而促进并网。类似地，也可通过考虑光伏面板朝向和光伏组件容量与逆变器容量的容配比，优化光伏系统的设计。这能够降低波动性，使波动性可再生能源发电的价值更高。

● **弃风、弃光。** 偶尔将波动性可再生能源发电量降至其最大值之下（理想状态下基于市场价格），可避免极端波动的情况或波动性可再生能源发电量极高的时段，从而提供一种在成本上具有竞争力的优化系统总成本的路径，因为出现这类情况调整适应的成本会很高。

2）更好地利用现有条件：改进系统和市场运行

系统转型的第二大支柱是更好地利用现有条件。采用系统运行的最佳实践是一种成熟、低成本的无悔选择。 随着波动性可再生能源占比上升，欠佳的运行策略（例如未能使用最先进的预测）会使成本日益增加。在率先开展波动性可再生能源并网的国家中（如西班牙、丹麦和德国）改进系统运行已被证明是获得成功的一大因素。在德国，尽管波动性可再生能源容量呈现动态增长，但通过提高电网4个"部分"（平衡区）的协调性，反而降低持有一些备用的需求。然而，改变运行实践虽具有成本效益，却可能面临体制机制阻力，因而遭遇推延（例如，系统运营商不愿采用创新的方法计算备用需求）。

改进短期电力市场是改进运行的关键要素。 市场运行决定电力供求的匹配情况。为有效应对短期波动性和不确定性，市场运行需促使尽可能接近于实时交易。此外，应允许电价因地而异，从而实现对可用电网容量的最佳利用。对案例研究地区市场设计的分析显示了近期出现的一些改进，如2010年得克萨斯州电力可靠性委员会（ERCOT）采取了地方（节点）电价，德国推出了电力交付合同，允许每15分钟（而不是整整1小时）进行一次电量交易，直至较实时提前45分钟（而不是较实时提前1天）。

系统服务市场需按灵活性的价值为其定价。 为保持可靠性需要系统服务。分析发现系统服务市场，包括用于短期平衡供求的（平衡市场），仍欠发达。在回顾的所有市场中，一些系统服务或是没有报酬（例如在意大利、伊比利亚半岛和得克萨斯州电力可靠性委员会），或是没有有效定价（德国和法国）。此外，可通过使系统服务市场上的交易更接近于实时以改进市场的运行。使系统服务和批发电力市场的交易相一致，有助于确保这两个市场中都有有效的价格信号，且对灵活性的定价是基于其实际价值。

在市场未开放的情况下也可改进运行。即使在尚未完全建立短期电力市场的地方（例如日本），当运行决定更接近于实时时，利用对波动性可再生能源发电量的预测，并与相邻服务区更好地开展合作，能改进系统运行。

3）长期策略：投资于其他灵活资源

在长期要以具有成本效益的方式实现大规模波动性可再生能源并网，需投资于其他系统灵活性。何时有必要投资于其他灵活资源取决于系统环境。可区分两种情况：

• "稳定"电力系统的特征为电力需求不再增长，短期无替换发电和电网基础设施的需求或需求很低。

• "动态"电力系统中电力需求增长率高和/或短期面临巨大投资需求。

许多经合组织成员国的电力系统属于稳定电力系统，而新兴经济体电力系统通常属于动态系统。

与动态系统相比，稳定系统面临不同的挑战和机遇。机遇在于稳定系统可在更大程度上利用现有条件（现有的资产基础），可通过改进运行增加灵活性来提高并网的波动性可再生能源的占比。挑战在于快速接入新波动性可再生能源发电量及采取更灵活的运行模式，会使现有发电机组承受经济压力。这虽不会给稳定系统的发电充足性带来任何短期挑战，却可导致搁浅资产，引发对未来灵活资源投资环境的担忧。

将波动性可再生能源快速接入稳定电力系统中（如通过补贴费用的方式）往往会造成发电容量过剩。此类过剩（已有容量加上波动性可再生能源带来的增量）往往会压低批发市场价格，特别是如果现有容量尚未得到充分利用。这种情况已出现在许多欧洲市场中，如西班牙、意大利和德国。如此低价到一定时间会触发发电容量的退出，可能引发对供应安全的担忧。然而，在这样的情况下，市场价格低迷发出了市场处于供应过剩状态的正确信号。通过解决可能存在的过剩问题及确保合适的市场设计，市场价格预计会恢复到更可持续的水平。

重要的是要指出，并非各类发电容量都与严格的脱碳目标相一致。特别是那些碳强度高、技术和经济上不灵活的基荷发电厂与这些目标是不一致的。在这类情况下若以符合脱碳要求的方式应对供应过剩，就要确保有相应的市场信号或引入相应的监管以消除系统中的过剩容量。若担心供应安全问题，发电厂可不必完全拆除，只将其置于市场之外。

因此，在稳定系统中实现快速系统转型的成本包含两部分：

- 新增投资的成本。
- 现有资产价值下降的相关成本。

区别这两种成本很重要。只有新增投资的成本才可以通过提高波动性可再生能源建设的成本效益来直接控制。第二组成本是由转型的总体速度决定的。除对总成本产生的影响外，在这类情况下可能会出现强大的分配效应，往往会对现有发电机组不利。

动态系统可跨越稳定系统，但前提是投资策略以灵活优先。在动态电力系统中，增加波动性可再生能源不会使现有发电机组遭受同样的经济压力，这可促进系统转型。此外，系统扩建过程中将波动性可再生能源这个因素纳入考量范围。例如，可按照波动性可再生能源的目标对新电网进行规划部署，以免日后需要改造。然而，现有资产（如发电厂、现有电网）对这些系统灵活性的贡献不可能像在稳定系统中那么高。因此，在波动性可再生能源部署初期阶段，就需要有其他系统灵活性的长期投资策略。这凸显了在中长期系统规划中考量波动性可再生能源规划工具的重要性。

在这两种系统环境下，若要达到高比例的波动性可再生能源，在某个时点就需要投资于其他灵活性，尽管时点存在差异（图ES-2）。

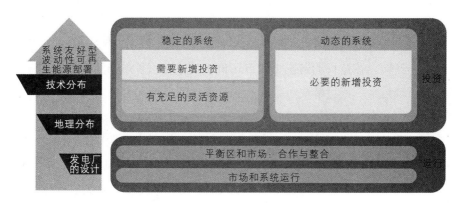

图 ES-2　系统转型的三大支柱

要点：系统转型有三大支柱：系统友好型波动性可再生能源部署，改进运行和投资于其他灵活性。

5.实现高比例波动性可再生能源并网需要一系列灵活性选项

灵活性有不同的形式。本书使用两种不同的经济建模工具，考察了不同灵活资源的成本效益。这里的成本指建设和运行灵活资源的额外成本，而效益指与基线情况相比，在电力系统其他部分节省的投资和运行成本。

●与其他灵活性选项相比，需求侧集成（尤其是分布式蓄热）有更高的成本效益，显示出巨大潜力。然而，就其在实际生活应用中的全部潜力仍存在一定程度的不确定性。

●储能的成本效益情况要差一些，反映出更高的成本。在现有水库水电厂增加回抽功能的成本效益比是最好的。然而，储能的潜在用途和储能技术成本的降低仍应是研究的重要领域。

●互联（Interconnection）使得可对分布式灵活性选项进行更高效的利用，与储能和需求侧集成形成协同效应。西北欧案例研究的模型显示大力增加互联能带来很好的成本效益。

●对改造现有发电厂提高灵活性的成本效益分析显示出由各项目具体成本驱动的结果范围区间大。

分布式蓄热的成本效益显示出通过将电力行业与能源系统其他行业耦

合从而以具有成本效益的方式实现波动性可再生能源并网的重要性。除热电行业耦合外，电动车的更广泛使用可为能源行业耦合开辟又一路径。

选择成本最低的选项或只寻求成本效益最佳的选项都是不够的。虽然在很多情况下不同资源可彼此替代，一些并网问题只能由其中一些资源解决。例如：

- 输电基础设施是能连接偏远地区波动性可再生能源资源的唯一选择。

- 只有用户侧需求响应或小规模储能等分布式选项才能应对高比例分布式发电的一些影响。

- 在无法获得波动性可再生能源发电量的时段，可借助于灵活水电站，但一旦净负荷为负，灵活发电无法避免弃风、弃光现象，而储能却可以。

- 弃风、弃光可帮助减少波动性可再生能源过剩的情况，但无法帮助解决风电和太阳能光伏发电量很低的情况。

上面虽然仅列出几个例子，但清楚地表明需要有一系列灵活性选项才能满足波动性可再生能源成功并网的灵活性要求。

结论和建议

与上述发现相关的详细建议请见本书第9章。概括地说，可根据波动性可再生能源并网的环境将建议分成几组：

刚开始部署波动性可再生能源发电厂的国家应实施成熟的最佳实践以避免波动性可再生能源比例达到年发电量5%~10%时的并网挑战。这意味着要避免出现不受控的局部"热点"，确保波动性可再生能源发电厂有足够的技术能力，并有效地利用波动性可再生能源的短期预测。

那些波动性可再生能源正成为电力结构主体部分的国家都应通过优化系统和市场运行更好地利用现有的灵活性。此外，应通过实施系统友好型波动性可再生能源部署策略，使波动性可再生能源发电厂能积极参与并网。

有稳定电力系统的国家应努力使现有灵活资产对系统转型的贡献最大化。可考虑通过拆除或封存系统中过剩的不灵活容量以加速系统转型。政策制定者和业界需慎重管理相关效应的影响，包括搁置资产。然而，需明确将重点放到带动投资以解决长期气候变化和能源安全紧迫问题上。

有动态电力系统的国家应从一开始就将系统转型视为全面长期的系统发展问题。这要求运用适当反映出（在具有成本效益的低碳能源系统中）波动性可再生能源潜力的规划工具和策略。

未来的工作

在本项目过程中出现了许多值得进一步分析的问题。第一，需进一步研究动态电力系统的具体情况，特别是关于在这些系统中以具有成本效益的方式实现雄心勃勃的波动性可再生能源目标的合适策略。

第二，需进一步研究系统友好型波动性可再生能源部署的选项，系统友好型波动性可再生能源扶持政策的具体设计有待进一步分析。

第三，虽然分析已显示出改进短期市场的巨大空间，但仍存在一个更为根本的问题，即如何实现与长期脱碳目标相一致的市场设计，尤其是在稳定电力系统的环境下。一方面，波动性可再生能源发电机组需反映出不同价值电量（取决于发电时间和地点）的价格信号以促进并网。另一方面，波动性可再生能源需要资本密集型技术，因此很容易受到投资风险的影响，而短期价格会增加投资风险。合适的市场设计需在这两个目标间达成微妙的平衡。

专栏 ES.1　　　　　　　　**本书使用的建模工具**

　　国际能源署改进了灵活性评估工具（FAST）。修订后的工具（FAST2）通过对1~24小时系统灵活性的评估，依据现有的灵活资源，概述了从纯技术角度有多大比例的波动性可再生能源发电能够并入电力系统。

除技术分析外，本书还用到两个经济建模工具。

本书使用可再生能源系统投资模型（IMRES）对面积相当于德国、波动性可再生能源年发电量占比为30%~45%的普通小岛进行分析测试。可再生能源系统投资模型优化了对非波动性可再生能源发电厂的投资和电力系统每小时的运行。本书设计了不同情形以捕捉不同程度的系统适应。在不转型情形下，在"一夜之间"将波动性可再生能源加入现有发电厂结构中。因此，系统调节只能是在运行方面。在转型情形下，以全面的方式优化发电厂结构，考量了波动性可再生能源的发电量和灵活资源的贡献。在这两种情况下，模型都计算了成本最低的发电结构。

作为与Pöyry管理咨询（英国）有限公司合作的一部分，本书使用Pöyry的每小时BID3电力系统投资和运行模型，在其中一个案例研究地区（西北欧）对不同灵活性选项进行成本效益分析。基于Pöyry 2030年的高比例波动性可再生能源版本的主要情形分析，假设风电和太阳能光伏发电水平上升，使波动性可再生能源在发电中总体占比达到27%。

第1章

引言

1.1 背景

本书总结了波动性可再生能源并网第三阶段（GIVAR Ⅲ）项目的成果，该项目由国际能源署秘书处在过去的两年中实施。本书旨在解决下列问题：

- 要了解风能和太阳能光伏电厂对电力系统的影响，需考虑其哪些相关属性？电力系统哪些属性会影响风能和太阳能光伏资源接入电力系统的难度？
- 将波动性可再生能源（VRE）①资源接入电力系统会面临哪些挑战？这些挑战是暂时性的还是会持续存在？哪些挑战在经济上最重要？
- 要以具有成本效益的方式克服这些挑战有哪些可用的灵活性选择？如何将这些选项相结合以形成波动性可再生能源并网的有效策略？

波动性可再生能源并网第三阶段项目综合了一系列案例研究（见下文）的分析，并对波动性可再生能源并网的不同选项进行了大量文献回顾，作为对案例研究分析的补充。项目也很受益于国际能源署技术网络的

---

① 波动性可再生能源技术指陆上和海上风电、太阳能光伏、径流式水电、波浪能和潮汐能。本书只侧重风能和太阳能光伏。通篇波动性可再生能源这个术语仅指这两种技术。

专业知识，尤其是国际能源署风能实施协议第25号课题"大规模风电并网的电力系统设计及运行"。本书使用了一套为分析量身定制的技术和经济建模工具，以提供进一步信息。

1.2　环境

可再生能源是当前实现电力工业脱碳的选项中唯一与国际能源署2℃温控目标相一致的（IEA，2013a）。风能和太阳能光伏占近期新增可再生能源发电量的很大部分，预计在长期也将占到非水电可再生能源发电量的绝大部分（IEA，2013b，2013c）。

在过去的20年中，这两种技术都经历了成本的大幅降低和重大的技术改进（IEA，2013a）；发电成本已达到或正接近常规发电选项的成本（IEA，2013b）。然而，随着风能和太阳能光伏部署的增加，其一些技术特征已引发担忧，尤其是能否以具有成本效益的方式依靠风能和太阳能光伏提供电力系统中大部分的发电量。

风能和太阳能光伏是波动性能源资源。这意味着发电量取决于其主要能源资源（风和光）的实时可获得性。这使发电量随时间推移而波动，而且也不可能提前完全准确地预测资源的可获得性。

经验证明关于风电和太阳能光伏并网的许多担忧是不必要的。特别是，当波动性可再生能源比例较低时（通常在年发电量5%~10%之间），只要遵守一些基本原则，电力系统技术运行的管理并不会带来重大挑战。这其中一个重要原因是很大一部分风能和太阳能光伏并网的挑战对于电力系统运行而言并不是新的。最重要的，电力需求本身是波动且无法完全准确预测的。常规发电厂也会经历意外中断，但并网挑战确实存在。在一些国家中波动性可再生能源的迅速发展，尤其是太阳能光伏，可能会使现有电力系统承受压力——近期德国和意大利等国能源市场的经历就说明了这一点。

然而，区分这些挑战哪些是暂时性的，哪些可能长期存在需要专门的解决方案，这很重要。前者是过渡性挑战，是由于迅速将新技术加入

为其他技术而设计和管理的系统而导致的。后者，即持续性挑战，才是
真正与风电和太阳能光伏的性质相关的。当把波动性可再生能源接入电
力需求增长缓慢、计划拆除的基础设施数量有限的电力系统（稳定电力
系统）时，过渡可能会带来许多独特的挑战。在电力需求增长迅速或有
大量基础设施即将拆除的系统（动态电力系统）中，过渡阶段也许会更
快或甚至可能完全跳过过渡阶段。然而，这些系统也许会比稳定系统更
快地面临一些挑战。在适用的情况下，本书对这种系统环境的不同做了
区分。

1.3 波动性挑战

电的物理性质意味着电力生产和消费必须时时迅速达成平衡。系统运
行需确保这点，尊重各系统设备在各种可能的运行条件下的技术局限性，
包括意外事件、设备失灵和供求的正常波动等。而当前还无法以经济的方
式大量存储电力[①]，使这项任务更为复杂。

自 19 世纪末电气化初期以来，波动性和不确定性就一直与电力系
统相伴。在历史上，波动性主要是一个需求侧的问题[②]，而不确定性
主要是一个供给侧的问题。一天中负荷波动性可达到相当高的水平，
（例如在爱尔兰）日高峰需求可达最低需求的 2 倍，但大规模系统中
相对波动性往往更小（例如在西北欧案例研究地区高峰需求与最低需
求大约相差 30%）。电力需求往往也显示出很大的季节波动性。异常
的运行条件会改变电力需求结构，系统运行经常需要处理此类事件
（图 1-1）。

---

　① 相关储能技术在储能前先对电力进行转化。电容器是个例外，但无法储存大量能源。详
见第 7 章。
　② 大多数电力系统一直以来都包含一定量的波动性供应，如径流式水电和工业热电联产，但
在大多数情况下，这个量相对较小。热电联产指既产热又发电。

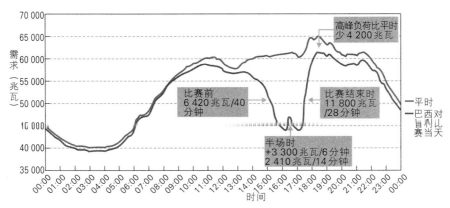

图1-1 2010年世界杯足球赛期间巴西异常的负荷波动（6月28日）

注：2010年6月24日巴西（3）对智利（0）的比赛期间。

资料来源：除非另行说明，图中所有材料均来自国际能源署的数据和分析。

要点：电力需求是波动的，可能会呈现快速变化。

不确定性的最大来源是发电厂或其他系统部件失灵，这会使电力供应发生突然的意外波动。此外，发电厂可能会偏离计划发电水平，这种情况确实经常发生。虽难以预测这类失灵和偏离，但可预测其出现的概率，将之考虑在系统计划和运行中。需求侧的一些不确定性也是可预测的。负荷预测技术是非常成熟的，提前一天预测的绝对误差平均值通常在1%~2%之间。然而，虽然负荷预测通常极为准确，实时需求仍存在一定量不可预测的波动。在因电热供暖和空调的电力需求而使负荷极易受天气条件影响的地方，负荷的不确定性也会相当大。

在年发电量中占比超过2%~3%后，风电和太阳能光伏发电可能导致供给侧波动性和不确定性上升。然而，需应对的是整个系统（所有发电机组和电力需求）相结合的波动性和不确定性。因此，波动性可再生能源的额外影响最初可能非常小，之后会随着占比提高而逐渐上升。由于需要平衡整个系统的波动性，往往从电力需求中减去波动性可再生能源发电量，得到所谓净负荷。电力系统的灵活资源旨在平衡净负荷而不是总负荷。

波动性可再生能源在不同时段对电力系统产生不同的影响。在运行时段中，短期波动性和不确定性持续的时间短至几分钟，长至24小时。这一时间段常称为平衡时段。然而，波动性也会产生长期影响，因为运行模式的转变最终会影响到哪种投资是最经济的选择。这一时段常被称为关于系统的"充足性"。本书也考虑波动性可再生能源并网的长期影响，由此扩大了之前国际能源署就该课题开展的研究的范围，此前的研究侧重于平衡时段（IEA，2011b）。

1.4 灵活性

波动性可再生能源并网的关键是灵活性。从最广义上说，电力系统灵活性描述的是一个电力系统可在多大程度上调节电力生产和消费模式，从而以具有成本效益的方式保持供求平衡。从狭义上说，电力系统灵活性指在短至几分钟长达数小时的时间内增加或减少发电量或需求，对预期或意外的波动性做出反应。灵活性代表一个电力系统在面对供应或需求快速大幅波动的情况下保持持续服务的能力。灵活性用可上调或下调的兆瓦数来衡量。

灵活性会根据自然资源和历史发展状况因地而异。一个地区的灵活性可能主要由已装机的水电站提供，水电站可非常快速地增加和减少发电量。而与其相邻的另一个地区大部分灵活性可能来自于将燃气电厂和需求侧管理相结合。

从电力系统角度说，灵活性传统上与可快速调度的发电机组有关。但平衡并不是像经常所说的那样仅指发电厂。虽然现有的可调度发电厂非常重要，其他也许可用于平衡的资源有储能、需求侧管理或响应及电网基础设施。这些在不同的地区作用可能有大有小。此外，灵活性经常有多个方面。发电厂能够变得更灵活，若其能够：1）在很短的时间内开始发电；2）在各个不同发电水平上运行；3）在不同发电水平间快速转换。波动性可再生能源本身也能够提供灵活性。

电力行业之外的资源也能帮助提高灵活性。事实上，灵活的重要性日益上升也许会推动电力、热力和交通等其他能源相关行业间建立更紧密的联系。例如，在热力部门，通过蓄热系统和热电联产增强空间供暖和热水供应，可为满足波动性更大的净负荷创造机会。电动车（EV）也可提供一种有价值的选择，扩大储能机会，实现对过剩波动性可再生能源发电量的更好利用。

除技术上可用的系统灵活资源外，这些资源的运行方式也是关键的。需对运行进行设计，使技术上的灵活性在需要时真的能够提供。此外，运行程序可直接影响对灵活性的需求。例如，扩大供求实时平衡区域（所谓的平衡区）的范围会减少总体波动性，由此降低系统需要主动平衡的程度。

分析以具有成本效益的方式增加灵活性供应、降低灵活性需求的运行和投资选择是本书的一个重点。

1.5　案例研究地区

波动性可再生能源并网第三阶段项目进行了7项不同的案例研究，包含15个国家（表1-1）。案例研究地区的选择是基于各国波动性可再生能源并网的现有经历及风电和太阳能发电的预期增长。此外，各地区现有发电结构和多大程度上可归为稳定或动态系统的情况各不相同；巴西尤其是印度属于后者。国际能源署回顾了案例研究地区的电力市场设计，收集了不同电力系统的技术数据。此外，国际能源署专家走访了所选案例研究的国家（巴西、法国、德国、印度、爱尔兰、日本、挪威、西班牙和瑞典），采访了50多名包括系统和市场运营商、监管机构、学者及政府和业界代表在内的利益相关方。

要点：波动性可再生能源并网第三阶段项目进行了7项案例研究，涵盖15个国家。

表 1-1   波动性可再生能源并网第三阶段项目案例研究地区

案例研究区	地区
巴西	巴西
ERCOT（得克萨斯州电力可靠性委员会）	美国得克萨斯
伊比利亚半岛	葡萄牙
	西班牙
印度	印度
意大利	意大利
日本东部	北海道、东北部、东京
西北欧	丹麦
	芬兰
	法国
	德国
	英国
	爱尔兰岛*
	挪威
	瑞典

*爱尔兰岛包括爱尔兰共和国和英国北爱尔兰地区。

　　本书使用了一套为分析量身定制的技术和经济建模工具，以提供进一步的信息。首先，本书改进并使用了为前一阶段项目开发的灵活性评估工具，分析案例研究地区电力系统容纳大规模波动性可再生能源发电的现有技术能力。其次，本书运用国际先进的电力系统建模工具可再生能源系统投资模型（IMRES），使用一个通用测试系统对不同灵活性选项的成本效益状况进行评估。最后，作为与 Pöyry 管理咨询（英国）有限公司合作的组成部分，本书使用 BID3 模型分析了西北欧（NWE）案例研究地区不同灵活性选项的成本效益。

1.6 关于本书

本书从一个互联电力系统的视角进行分析，尤其强调波动性可再生能源发电厂和4种灵活资源（可调度发电、电网基础设施、储能和需求侧集成）的长期相互作用。本书分三大部分：第2章和第3章评估波动性可再生能源的系统影响和电力系统的技术灵活性。第4章建立评估高比例波动性可再生能源并网经济影响的分析框架。其余章节（第5章至第8章）讨论实现高比例波动性可再生能源并网的主要手段，得出需以综合方式实现系统转型的结论。

具体章节结构如下：

第2章介绍与风能、太阳能光伏发电厂并入系统和市场最相关的6个属性。运用来自案例研究地区的例子对每个属性进行解释，并讨论其相关影响。由于系统集成是一个关乎电力系统不同部分间相互作用的问题，这章也介绍了电力系统与系统集成相关的属性。

第3章描述了案例研究地区波动性可再生能源部署的现状，并对根据当前系统条件技术上可行的波动性可再生能源渗透水平进行了简化评估。

第4章从经济角度讨论了波动性可再生能源对电力系统的影响，为第5章和第6章分析奠定基础。本章强调波动性可再生能源的价值取决于电力系统和波动性可再生能源的契合度。要提高波动性可再生能源和电力系统的匹配度，可能需对电力系统进行更根本的转型，以确保在实现高比例波动性可再生能源并网的同时使系统成本尽可能降至最低。

风能和太阳能光伏可通过改进部署促进自身并网，同时确保有充足的技术能力和系统友好型经济激励。这些在第5章中讨论。

第6章概述可优化风能和太阳能光伏发电厂与整体系统间相互作用的运行策略（包括市场运行）。这类运行变化是几乎所有系统条件下实现波动性可再生能源并网的任何具有成本效益策略的关键基础。

虽然运行实践对成功并网非常关键，但长期而言，要实现系统转型，需对灵活性做出额外投资。第7章讨论了可用的选项，既讨论了这些选项对缓和并网挑战的技术适用性，也讨论了其与系统总成本相关的经济性。

第8章结合前面章节的分析讨论了以更综合方式实现电力系统转型的问题，特别是着眼于如何将增加灵活性的不同选项相结合。

第9章为结论，强调了最重要的挑战和机遇，并给出政策建议。

参考文献

IEA(International Energy Agency)(2011a),*Deploying Renewables 2011:Best and fu- ture policy practice*,Organisation for Economic Co-operation and Development (OECD)/IEA,Paris.

IEA(2011b),*Harnessing Variable Renewables:A Guide to the Balancing Challenge*, OECD/IEA,Paris.

IEA(2013a),*Clean Energy Progress Report*,OECD/IEA,Paris.

IEA(2013b),*Medium-Term Renewable Energy Market Report*,OECD/IEA,Paris.

IEA(2013c),*World Energy Outlook 2013*,OECD/IEA,Paris.

第2章

波动性可再生能源部署的系统影响

要点

• 波动性可再生能源（VRE）部署的系统影响是整个系统不同部分间复杂相互作用的结果。因此，并网的影响与具体的系统密切相关。然而，波动性可再生能源发电机组和电力系统的几个属性在很大程度上决定了最重要的并网影响。

• 影响取决于系统环境，可大致分为两类：稳定系统和动态系统。稳定系统需求增速低，短期没有多少基础设施要拆除。动态系统预计会有需求增长和/或基础设施拆除。

• 对于非波动性可再生能源发电，有两种主要持续影响：分别是净负荷短期波动性和不确定性上升（平衡效应），以及发电厂最优结构向为灵活运行和以中低容量系数运行而设计的容量（峰荷和中等灵活发电）的结构性转变，这一影响称为利用效应。

• 将大范围地理区域内的发电量聚合及混合部署风能和太阳能光伏（PV）可大幅降低波动性。但需有额外的电网基础设施或更好地利用现有基础设施。然而，即使在洲际规模上聚合波动性可再生能源，一定程度的波动性仍会存在。

• 当波动性可再生能源资源丰富地区与需求中心不一致时，可能需要用输电线连接新的波动性可再生能源发电厂。

● 不确定性的影响由波动性可再生能源预测信息的质量和信息在系统运行中的使用方式决定。

● 波动性可再生能源技术是模块化的，意味着可以建成不同规模。大量部署小规模发电机组在历史上并不常见，也许需要在电力系统监测、控制、运行和投资方面做出改变，尤其是配电网的作用会受影响。

● 常规大型发电厂使用所谓同步发电机组发电。同步发电机组通过机电连接直接连入电力系统，有很大旋转质量（惯性）。波动性可再生能源发电厂是以更间接的方式通过动力电子设备与电力系统连接，没有旋转质量（惯性）或旋转质量较低；因此波动性可再生能源资源被称为异步发电技术。这一属性可能要求改变保障系统稳定性的方式，尤其是波动性可再生能源在发电量中占比高的时段。

● 要对并网影响有透彻了解，需开展针对具体系统并网的详细研究。大体上说，若可避免局地集中（"热点"），当波动性可再生能源在年发电量中占比为2%~3%时，其部署产生的影响微乎其微。

● 除小岛屿系统外，波动性可再生能源在年发电量中占比为5%~10%时，若能调节运行并很好地协调波动性可再生能源的部署模式，波动性可再生能源部署也不会给并网带来技术上的挑战。

关于波动性可再生能源并网的政治辩论往往因该课题的技术复杂性而进一步复杂化。本章旨在将波动性可再生能源部署的各种影响放到更连贯的框架中。一般来说，波动性可再生能源在能源供应中占比上升的影响和具体系统相关。波动性可再生能源并网是相互作用的：波动性可再生能源的属性与电力系统的属性相符，其相互作用决定适应性效应和最终影响。然而，波动性可再生能源和电力系统的少数几个属性在很大程度上形成了并网效应。本章阐述了波动性可再生能源的相关属性和相关影响的事例。通过询问这些是过渡现象、由在现有系统中加入新技术所致，还是从更根本的影响来分析。在讨论了不同影响后，本章简要讨论了与这些影响相关的电力系统属性。本章最后总结了波动性可再生能源占比提高对系统的影响。

2.1 波动性可再生能源发电机组的属性

波动性可再生能源发电机组的诸多特性会影响其对电力系统运行和投资的贡献，关于这些特性的知识仍在发展中。截至本书撰写时，从并网角度看有6个相关的波动性可再生能源属性。以下排序不分重要性大小，波动性可再生能源发电机组：

•短期成本低，即安装后发电机组能以非常低的成本发电——其短期成本近乎为零。

•波动，即可用发电量随可获得的资源量（风能或太阳能）而波动。

•不确定，即只能对短期可获得的资源做出高度准确的预测。

•受地点限制，即并不是所有地点资源都一样好，且资源无法运输。

•模块化，即单个波动性可再生能源发电机组（风机、太阳能板）规模远远小于化石燃料、核能和大型水电机组的规模。

•异步，即波动性可再生能源发电厂通过动力电子设备与电网连接，这与常规大型发电机组不同。常规大型发电机组与电网同步，因而能以协调的方式对电网的变化做出反应。

第一个属性（短期成本低）不是技术属性，但会对电力市场产生重要影响，因此包含在上述清单中。然而，与其他5个属性不同，没有与这一属性相关的并网技术问题。

上述属性驱动着所有当前观察到的波动性可再生能源的并网影响。这些属性达到什么占比水平会取决于系统相关因素的具体情况。

2.1.1 短期成本低

一旦建成，风电和太阳能光伏供电几乎是免费的。然而，在没有需求增长或无发电厂拆除的情况下，只有在减少现有发电机组市场份额的情况下才能将这些额外发电量并网。很多有这样稳定电力系统的经合组织（OECD）成员国都在部署波动性可再生能源，稳定电力系统的特征是发电容量充足，需求增长缓慢。

在完全竞争、由化石燃料主导的环境中，这类替代效应常见且频繁。化石燃料发电厂的优先顺序①往往受资源价格波动的影响。例如，美国天然气价格的下降使近期气电需求增加，煤电需求下降（Macmillan，Antonyuk and Schwind，2013）。

就波动性可再生能源发电而言，由于扶持政策的影响，情况变得更为复杂。要了解在稳定电力系统中的市场替代影响，需分清三个因素：

- 波动性可再生能源短期成本低。
- 基于绩效的激励。
- 优先调度，即允许波动性可再生能源发电厂在任何时候将电力输入电网。

短期成本低意味着波动性可再生能源发电厂一旦建成，其有可能成为优先顺序中排位第一的技术。因此将替代成本更高的发电量——通常是气电或煤电，看哪个短期成本最高（一般主要由燃料成本和二氧化碳排放成本组成）。

若完全基于电厂经济性，预计波动性可再生能源发电机组的报价是很低，预计不会低于 0，反映出其短期成本非常低。然而，扶持政策经常包含基于绩效的要素，即基于发电量的能源支付报酬（例如上网电价、上网溢价、可交易的绿证或基于产量的税收激励）。在波动性可再生能源发电机组将发电量直接提供给市场的情况下，这类报酬也许会激励波动性可再生能源发电厂业主低于短期成本报价，可能会低于 0，因为其收入高于市场价格（最低报价有可能等于短期成本减去补贴费用）。

根据政策环境，波动性可再生能源发电机组可能也会享受优先调度。这意味着将其视为必须运行的机组，即只要是有风有太阳就允许其发电。这在不同电力系统中以不同的机制实现。例如，德国输电系统运营商

---

① 优先顺序指根据短期成本对发电厂排序。常用来确定使用哪个发电机组满足预期需求，会最先使用成本最低的发电机组。

（TSOs）通常以欧洲电力交易所（EPEX）最低价格提供所有在上网电价制度下生产的可再生能源。该价格当前是-3 000欧元/兆瓦时（/MWh）（EPEX，2013）。若出清价格低于-150欧元/兆瓦时，输电系统运营商会以-150欧元/兆瓦时到-350欧元/兆瓦时之间随机选取的值重新提交报价来控制负价格（AusglMechAV，2013）。当波动性可再生能源发电机组享有优先调度时，其运行可不受任何市场价格信号的影响。这会导致更明显的负价格（Nicolosi，2012）。

总之，随着波动性可再生能源发电机组占比上升，电力市场上会出现如下两种效应[①]：

●当波动性可再生能源发电厂发电时，市场价格会降低（优先顺序效应）。

●其他发电机组市场份额下降，尤其是短期成本最高的发电机组（过渡性利用效应）。

在完全竞争的环境中，把边际成本低的发电量如波动性可再生能源加入系统时，也会出现这些效应。基于绩效的激励和优先调度往往会加强这些效应，但主要原因是波动性可再生能源资源短期成本比其他技术成本低。

优先顺序效应如图2-1所示。获得额外低成本波动性可再生能源发电量将供应曲线推向右侧（使边际成本更高的发电厂退出市场），由此取代那些（最昂贵的）发电机组，降低电力的市场价。当系统中波动性可再生能源装机容量充足，且有风和/或有阳光时，就会出现这种情况。优先顺序曲线越陡，这种效应往往就越明显。

德国和爱尔兰等地区的优先顺序效应已得到系统性研究。在德国，2007—2010年间，市场价格平均下降约5~6欧元/兆瓦时（Sensfuß，2011）。据报告，爱尔兰市场价格的降低与为扶持波动性可再生能源而支付的溢价相符（Clifford and Clancy，2011）。

---

① Baritaud（2012）详细讨论了给常规发电机组带来的影响。

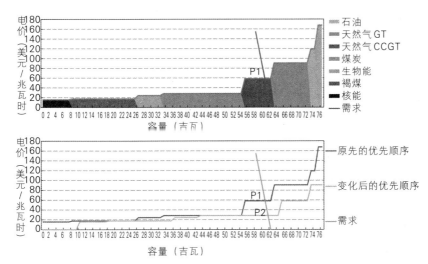

图 2-1 优先顺序效应的说明

注：CCGT=联合循环燃气轮机；GT=燃气轮机；GW=吉瓦；P1=无额外发电量时的价格；P2=有额外发电量时的价格。

资料来源：Schaber，2014。

要点：短期成本低的额外发电量往往会降低市场价格。

发电时间不同，风电和太阳能光伏优先顺序效应的细节可能会不同。在风电日变化区间小的地方，一天中平均价格的下降会较均匀。受光照可获得性的制约，太阳能光伏只能在白天降低价格，因此太阳能光伏尤其可显著改变一天中的价格结构。在对绝对价格水平修正后，对夏季欧洲电力交易所市场上德国市场价格日结构的比较就说明了这种效应。2006 年，当太阳能光伏装机容量较低时（2.9 吉瓦），夏季价格在正午达到明显的峰值。到 2012 年，太阳能光伏装机容量增加了 10 倍达到 32 吉瓦，正午价格高峰基本上消失了（图 2-2）。

优先顺序效应对于波动性可再生能源本身的经济性也很重要：市场价格只有在波动性可再生能源发电的时候才会降低。这意味着波动性可再生能源技术的市场价值，即波动性可再生能源在电力市场上得到的平均价格下降幅度甚至可能比市场平均价格更大，尤其是在高比例的情况下（见 Hirth，2013；Mills and Wiser，2012）。

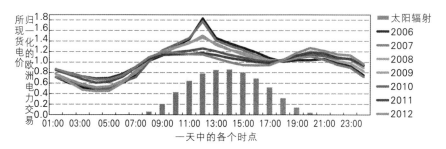

图 2-2　德国现货市场价格结构的转变（2006—2012）

注：太阳能显示的是指示性的平均发电情况。现货价格根据市场平均价格进行了归一化，显示的是夏季月份。

资料来源：国际能源署（IEA）分析，基于欧洲能源交易所（EEX）数据。

要点： 高比例太阳能光伏发电会改变电力市场的价格结构。

波动性可再生能源的第二个市场效应是过渡性利用效应。这一效应与所有被波动性可再生能源替代从而导致容量系数降低的发电机组都相关。[1]

顾名思义，过渡性利用效应是一种暂时性效应。长期而言，调整得很好的发电厂组合显示对所有发电厂的"正常"利用。然而，与不含波动性可再生能源的情况相比，这种组合本身可能包含更多峰荷和中等灵活的发电、更少基荷的发电（见 Baritaud，2012；NEA，2012；Nicolosi，2012）。可调度发电厂组合的这一结构性转变被称为（持久性）利用效应——它与波动性可再生能源的波动性相关，因此会在下一部分讨论。

重要的是要指出中等灵活电厂往往既会受到过渡性利用效应的影响，也会受到优先顺序效应的影响。基荷电厂最初只会受到优先顺序效应的影响。只有当波动性可再生能源占比高至取代基荷技术，过渡性利用效应才会对基荷发电也产生影响。爱尔兰和丹麦对基荷燃煤电厂进行了改造，使其在风力发电量高而需求相对低时减少发电量。在这些情况下，过渡性利用效应已影响到基荷电厂。可用增加电力出口的方式减少过渡性利用

---

① 要将波动性可再生能源发电的影响与其他因素区分开是有挑战性的。例如，欧洲市场燃气发电机组当前的挑战也反映出许多欧洲国家经济不景气及二氧化碳和煤炭价格的低迷。

效应。

总之，中等灵活电厂经济性的挑战主要来自在中短期快速接入波动性可再生能源（过渡性利用效应和优先顺序效应两者相结合）。基荷电厂经济性的短期挑战较小（优先顺序效应），长期挑战则要大得多（持久性利用效应）。

在巴西和印度等电力需求不断增长的动态电力系统中，则是另一番情形。在这些地方波动性可再生能源部署有助于满足增量需求，但不一定要减少现有发电机组的负荷小时数。一个重要原因是现有发电厂能很好地匹配波动性可再生能源。在巴西就是这样的情况，大量水库水电很好地匹配了波动性可再生能源。但在现有发电结构中基荷电厂比例很高的地方，情况却不完全是这样。在后一种情况中，当波动性可再生能源部署得很快时，会出现过渡性利用效应。①

现有发电机组年平均利用小时数减少（过渡性利用效应）是将额外发电量接入已充足系统中必然会产生的副作用。因此，这种影响并不是波动性可再生能源资源独有的。只要在需求无增长和电厂拆除情况下接入短期成本低的发电量，就会出现这种影响。

2.1.2　波动性

风力发电和太阳能光伏发电的波动性主要由天气状况的变化决定。像需求的变化一样，波动性出现在多种时间段，从每分钟的变化到季节性甚至年与年之间的变化（例如"多风"的年份和"平静"的年份）。然而，当发电机组分布于足够大的地理区域内，单个波动性可再生能源发电厂的波动性和多个波动性可再生能源发电机组聚合的波动性之间有重要的区别（图 2-3）。这也解释了单独看风和光照的波动性与看系统层面波动性之间的区别——风和光照可能会突然增强和快速消失。在系统层面，风能和太阳能光伏的聚合发电量都不会立刻、突然消失或启动。从这个意义上说，风能和太阳能光伏是波动的而不是间歇性的。

---

① 可推测中国当前就是这样的状况，通过弃风"保护"煤电的满负荷小时数，尽管煤电短期成本更高。

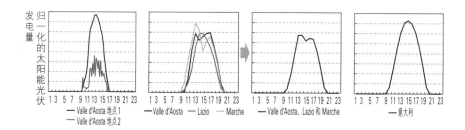

图 2-3 意大利太阳能光伏发电厂的聚合效应

注：图从左往右显示的是发电厂层面24小时发电量到系统层面24小时发电量。

资料来源：基于EPIA 2012年的数据。

要点：单个太阳能光伏发电厂发电量显示出快速的波动。当将许多发电厂发电量聚合时，快速的波动相互抵消，使发电量呈现平滑的态势。

然而，即使是聚合到一个大电力系统的层面（例如西班牙或得克萨斯或甚至西北欧），风电和太阳能光伏的聚合发电量也会有重大波动性。这可从不同案例研究地区选取的两周内风电和太阳能光伏聚合发电量中看出（图2-4）。

风能和太阳能光伏在波动性方面有不同的特征。太阳能波动性主要由有规律的昼夜交替和季节性周期所致。云层覆盖及雪、雾和尘埃可能会在基本的"钟形"发电模式上加上随机分层。风能通常更随机，往往显现每日系统性规律不强，而季节性模式较强的特征。但这个一般法则存在例外的情况。例如，巴西北部的信风在一年中有几个月波动性相对很小。[①]

虽然波动性可再生能源发电量的聚合可大幅降低波动性，但可能无法完全消除波动性，即使是在很大的地理区域内。其他对西北欧的分析显示，即使在该地区层面聚合，风力发电仍显示出很大的波动性（Pöyry，2011）。采用国际能源署修订后的灵活性评估工具（FAST2）进行的分析也说明了这点（图2-4）。太阳能光伏在聚合后剩下的"结构性"波动性往往表现得更明显，因为即使是在很大的区域，光照时间也是类似的。

---

① 2013年5月作为波动性可再生能源并网（GIVAR）项目的一部分在巴西进行案例研究访谈时，几个利益相关方指出了这点。

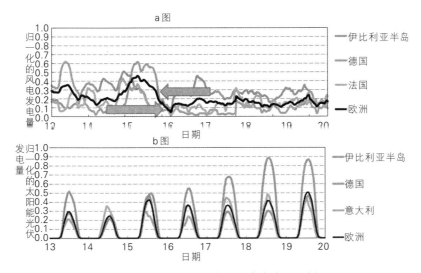

图2-4　风电和太阳能光伏聚合发电量示例周

注：欧洲＝所有欧洲案例研究国家。为2011年4月（a图）和3月（b图）发电数据。发电量按装机容量归一化。

资料来源：除非另作说明，本章所有图表均来自国际能源署的数据和分析。

要点：在大区域内聚合风力发电和太阳能光伏发电可降低但无法完全消除波动性。

另外，风能和太阳能的可获得性通常并不呈现正相关（一些地区相比其他地区更是如此），因此在较大区域将不同波动性可再生能源资源相结合，可大幅抵消每一种波动性可再生能源资源在同一区域的聚合波动性。

波动性相关问题构成波动性可再生能源系统影响最多样和最复杂的一组。影响可正面可负面，取决于波动性可再生能源资源、电力需求和其他系统资源间的匹配度。

区别波动性的两种效应会有帮助。第一种捕捉的是短期效应：更快速的净负荷变化，从几分钟至一两天不等。由这种短期波动性产生的影响称为"灵活性效应"（Nicolosi，2012）。为避免和"灵活性"更宽泛的意思相混淆，本书将这种效应称为"平衡效应"。第二种效应是利用效应。这种效应不那么好理解。它不是直接与净负荷变化相关，而是与一段较长时间内（如一年）某个净负荷水平出现的频率相关。要在波动性可再生能源占比高的系统中可靠地平衡需求和发电量，研究这两种效应非常重要。两种效应也可能与其经济影响有关（见第4章）。

2.1.3 平衡效应

平衡效应可用同一系统中波动性可再生能源在增加后的总净负荷中的占比来表征（图2-5）。当有更多波动性可再生能源接入系统时，净负荷变化的幅度和频率会增加。

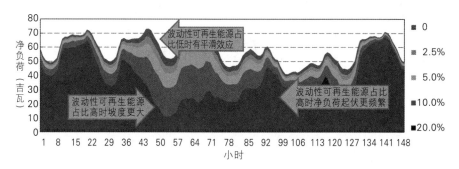

图2-5 波动性可再生能源不同年占比时的平衡效应说明

注：负荷数据和风电数据是德国2010年11月10日至16日的数据。风力发电量按比例缩放，实际年占比为7.3%；按比例缩放可能高估波动性的影响；仅为说明问题。

要点：随着波动性可再生能源发电量占比上升，净负荷显现出更明显的短期波动性。

系统需要有足够的灵活资源来匹配这些变化。这样做的成本可能与发电厂启停次数增加和其他增加系统运行灵活性的成本相关。如第4章中所讨论的，灵活性虽对波动性可再生能源并网至关重要，但即使是在一个波动性可再生能源占比很高的系统中，系统启停次数增加的成本也可能并不会占到系统总成本很大一部分，尤其是随着老旧、不灵活发电厂的拆除和更灵活电厂的加入。

根据系统情况，在波动性可再生能源占比超过几个百分点时（年占比大约为5%），在净负荷模式中就可以看到平衡效应。在非常小的岛屿系统中，这个比例会更低，而在需求和波动性可再生能源发电间有很好关联的大型系统中，这个比例可能会更高。占比较低时影响较小，这主要是由于在所有电力系统中仅电力需求的波动性就已经很大，因此在占比低时波动性可再生能源带来的额外波动性不太重要。此外，在占比较小时，由于增加了多样化，波动性可再生能源可能实际降低了净负荷的短期波动性。比较波动性可再生能源发电量、需求和净负荷的波动，就可以看出这一点（图2-6）。

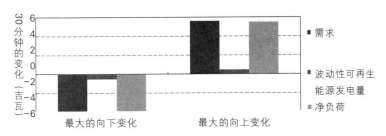

图 2-6　法国 2011 年最大 30 分钟变化（向上/向下）的比较

注：净负荷 30 分钟变化表示需求 30 分钟变化和波动性可再生能源发电量 30 分钟变化相结合的影响。风电装机容量为 6.7 吉瓦，太阳能光伏容量为 2.8 吉瓦。

要点：在占比低时波动性可再生能源的波动性对净负荷波动性产生的影响很小。占比较低时波动性可再生能源可能会降低短期波动性。

除对发电厂有重要意义外，平衡效应对输配电网中的功率流也具有重要影响，电网中功率流的波动性也会上升（更详细的讨论见 Volk，2013）。

2.1.4　利用效应

利用效应捕捉所有与较长时间段内（如一年）某个净负荷水平出现的频率相关的影响，无论这一水平在一年中何时出现。

用负荷持续曲线可极好地说明利用效应。负荷持续曲线是展现一个电力系统中较长时期内（通常为一年）电力需求的一种方式。

通常电力需求是通过一段时间展示的（图2-5）。为构建负荷持续曲线，按电力需求水平对电力需求进行重新排序。电力需求最高的时点数据放在最前，然后是第二高的，直到所有数据都按降序排序（图2-6）。若系统中有波动性可再生能源，可通过对净负荷时间序列排序对净负荷做同样的操作。

用这样的方式显示数据能做什么呢？首先，可立刻读出峰值需求，即图2-6最左边的值。其次，最低需求可从最右边看出来。也可立刻读出一年中有多少小时需求会超过某个值。在图2-7中，一年中约有3 500小时电力需求超过60吉瓦，约占总时间的40%。这意味着——这也是为什么这种表示法非常有用——60吉瓦容量的容量系数可达到40%或以上，因为其至少40%的时间是在运行。若负荷持续曲线非常平缓，则表明绝大多数装机容量可达到高满负荷小时数。①相反，负荷持续曲线陡峭则表明更多装机的容量系数是比较低的。

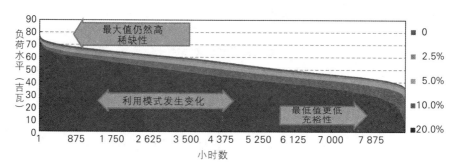

图2-7　波动性可再生能源不同年占比时利用效应说明

注：来自德国2010年负荷数据和风电数据。风电按比例缩放，实际年占比为7.3%；按比例缩放可能高估波动性的影响；仅为说明问题。

要点：当波动性可再生能源占比低时，满足净负荷意味着利用情况可能比满足总负荷更好。当波动性可再生能源占比升高时，总体利用小时数降低。

当波动性可再生能源占比高时，净负荷持续曲线往往变得更陡。原因有两方面。第一，最大净负荷往往比平均净负荷下降得更慢。因此，曲线左边仍然很高（波动性可再生能源发电短缺时段）。第二，最小净负荷往

---

① 达到高容量系数可能要求发电厂足够灵活，以应对电力需求随时间推移的不断变化。由于平衡效应，这在波动性可再生能源占比高时变得尤其重要。

往比平均净负荷下降得更快，意味着右边部分减少得更快（波动性可再生能源发电充足时段）。因此，曲线变得更陡，可达到高容量系数的非波动性可再生能源发电容量减少。

精准效应的关键取决于所部署的波动性可再生能源的结构、波动性及与电力需求的关联。实际上，当波动性可再生能源占比较低时（具体值与系统高度相关），在接入波动性可再生能源时负荷持续曲线甚至可能变得更平。在波动性可再生能源占比更高时，若部署的波动性可再生能源的结构设计得好，与电力需求的关联有利，利用效应的影响会减小。

平衡效应要求发电厂以灵活方式运行，即可在短时间内启停，迅速调节发电量，且调节区间范围广。利用效应意味着可调度发电厂的结构需要具有成本效益，即使是在发电机组整体平均容量系数降低的情况下。容量系数低时，成本最低的发电厂称为峰荷电厂。容量系数处于中间时，成本最低的发电厂称为中等灵活电厂。在几乎时刻运行的情况下，成本最低的发电厂称为基荷电厂。因此，波动性可再生能源占比提高能够使最优结构转向增加中等灵活发电量和峰荷容量（图2-8）。

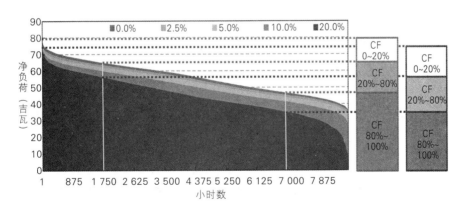

图2-8　利用效应对发电厂最优结构的影响

注：CF=容量系数。负荷数据和风电数据为德国2010年数据。风电按比例缩放，实际年占比为7.3%；按比例缩放可能会高估波动性的影响；仅为说明问题。

要点：当波动性可再生能源占比高时，发电厂最优结构通常包含较高比例的峰荷和中等灵活发电。

利用效应的影响会根据可调度发电厂结构的适应情况有根本的不同，因此——如前一小节提到的——需区分过渡性和持久性利用效应。

当把大量波动性可再生能源发电量迅速接入一个电力系统中时，通常不可能随波动性可再生能源占比的提高同步调节发电厂的整体结构。因此，那些设计为中等灵活电厂的发电厂会需要作为峰荷电厂运行。这意味着其容量系数下降、运行方式发生改变（例如频繁启/停，更频繁的调节及有更长的停止时间）。类似地，当波动性可再生能源占比足够高时，若无技术约束，基荷电厂会需要作为中等灵活电厂运行。这种情况——这是一些市场中由于波动性可再生能源而导致市场价格降低背后的主要驱动因素——称为过渡性利用效应。这在尚未调节发电厂结构以满足净负荷的情况下会出现。随着时间推移，发电厂结构可能会适应净负荷持续曲线形状的变化及波动性可能更大的运行模式。一旦出现这种适应，发电厂的实际利用会再次与其设计相匹配，即安装的基荷电厂数量会减少，但若其足够灵活，将能够定期运行。[①] 中等灵活和峰荷发电在可调度发电厂结构中占比将会增加，这些发电厂也会再次有"正常"的满负荷小时数。向中等灵活和峰荷电厂的结构性转变称为持久性利用效应。

过渡性利用效应在没什么需求增长和基础设施拆除的稳定电力系统中可能会带来挑战。在发电厂装机结构调整适应新运行模式之前，发电厂容量系数往往会低于预期；然而，这也可能是由波动性可再生能源部署之外的原因（例如燃料价格发生变化、经济环境）造成的。在投资需求高的动态增长电力系统中，可通过确保投资与未来利用模式相一致避免过渡性利用效应。

长期而言，持久性利用效应的经济重要性取决于诸多因素，尤其是基荷、中等灵活和峰荷发电的相对发电成本及缓解持久性利用效应的措施的成本。有各类这样的措施可供选择，从波动性可再生能源的地理聚合、优化部署的波动性可再生能源技术的结构（在第5章中讨论）到专门的灵活

---

① 然而，当波动性可再生能源超出某一比例后,基荷电厂可能不再具有成本效益。

性投资（第7章）。

专栏2.1   **低负荷和高波动性可再生能源发电的挑战**

当把波动性可再生能源资源接入一个稳定的电力系统中时，容量充足性和灵活性水平并不取决于波动性可再生能源的可获得性，波动性可再生能源发电量很低的时段并不会带来挑战——系统可像未接入波动性可再生能源资源一样运行。然而，当波动性可再生能源发电量在一段时间内占到电力需求很大一部分时，就可能会面临挑战。

为确保可靠性和电力质量标准，系统需要有充足的来自发电侧和负荷侧的不同额外系统（辅助）服务。在历史上，这些服务主要由使用同步发电机组的常规发电厂提供（见下一小节）。若无其他系统服务解决方案，常规发电厂可能仅需为提供辅助服务继续超出所需水平发电。因此可能需要弃风、弃光。当前爱尔兰已经出现了这种情况。在爱尔兰，根据系统运营商的运营协议，异步发电（波动性可再生能源和经直流联络线的电力进口）在任何时候不得超过发电量50%。在某些时候已经达到了这一上限。

需找到替代方式以减轻常规发电厂提供系统服务的负担，使其在不需要发电量时将之关停。如第5章所解释的，若电网规程和市场安排允许，波动性可再生能源技术本身可提供各类系统服务。

2.1.5 不确定性

要完全预测风速和太阳辐射量是不可能的。因此，波动性可再生能源发电厂在未来某个时点可达到的发电水平是无法确定的。

不确定性水平会随预测时间长度发生很大变化（预测提前时间）；这一提前时间表示做出预测的时间和预测时段间的距离。提前时间越短，预测越准确（图2-9）。

不确定性与波动性可再生能源的其他属性不同。它不是波动性可再生能源本身的一个特征，而是与气象预测准确性相关。这立刻凸显出准确的预测技术的关键作用：预测得越好，不确定性就越低。

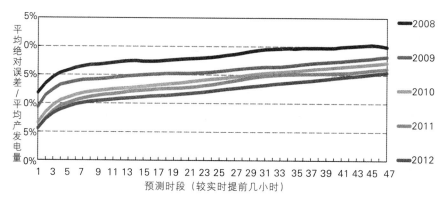

图 2-9　西班牙风电预测的改进（2008—2012）

资料来源：基于 Red Eléctrica de España 的数据。

要点：风电预测在近几年得到改进。仅提前数小时的预测要比提前一天的预测更准确。

预测误差的分布是随机的[①]；增加样本量往往会降低错误。因此，对大区域的预测会更准确，波动性可再生能源发电的相对不确定性也更小。

预测质量在近几年得到重大改进。例如，西班牙平均绝对预测误差在过去 5 年中显著下降（图 2-9），这既是方法学改进的结果，也是波动性可再生能源可观察性提高的结果。短期预测（例如提前 1 至 3 小时）的预测误差仅为 4 年前观测到的一半。提前一天预测的误差降低了 1/3。提前 1 小时预测的准确性大约是提前一天预测准确性的 3 倍。这对并网策略有重要影响。将运行决定转向更接近于实时，可使计划决定的准确性大幅提高。

太阳能光伏发电的预测不如风电预测成熟。如果天气晴朗，可非常准确地预测太阳能光伏发电的发电量，因为发电量是由太阳位置决定的，而太阳位置容易计算。然而，积雪覆盖和雾可导致罕见但严重的预测误差。德国将雾的影响纳入预测大约有两年时间（从 2011 年起），然而这些影响常常仍是基于德国气象服务制作的雾区图通过人工的方式包含在预测中。

---

① 预测错误不呈正态分布，而呈现厚尾非参数分布；这意味着罕见但非常大的错误会对系统规划和运行产生影响（Hodge et al., 2012）。

自动包括详细的雾区预测是当前正在研究的课题。①

每一个电力系统都有备用装置，用于故障或预测误差等意外事件情况下供电。传统上，与预测误差和电力需求的预测相关。

增加波动性可再生能源部署往往会导致备用需求增加，因为预测误差的风险上升了。然而，备用需求的确切定义、计算方式、采购方式及提供备用的技术都会对波动性可再生能源对备用需求整体的大小产生影响。

降低不确定性的措施（或未能采取这类措施）会影响到保持系统可靠性备用需求的类型和数量。这类措施有两大目标：第一，获取预测数据；第二，有效使用数据影响运行决定，这需要额外的工具。

此外，在一直容易出现大的负荷预测误差的系统中，波动性可再生能源对额外备用需求的相对影响会较小。在需求侧不确定性已经很高的背景下，波动性可再生能源带来的额外供给侧不确定性影响就不那么大。

国际能源署风能第 25 号课题近期开展的工作总结了当前关于风电比例提高带来备用需求增加的研究（Holttinen et al.，2013）。

对由波动性可再生能源造成备用需求增加的估计值相差很大。这是由于不同研究中考虑的不确定性的时间段不同，但也与是否包括其他不确定性有关，如电网中断或运行故障（时间段的影响可从图 2-10 看出）。若在估计短期备用需求的增加时仅考虑风电每小时的波动性，当风电占比低于总需求的 20% 时，得出短期备用需求的增加占风电装机容量的 3% 或更低。当考虑到风电 4 小时预测误差时，在风电占比水平为总需求的 7%~20% 时，短期备用需求的增加可达风电装机容量 9%~10%（Holttinen et al.，2013）。

备用需求是由电力系统层面的总体不确定性决定的。由于不同来源的不确定性彼此独立（火力发电机故障通常与负荷或波动性可再生能源预测误差不相关），系统层面的聚合不确定性要小于单个不确定因素之和。在计算备用需求时需考虑到这点。保持专门针对波动性可再生能源不确定性的备用电量在技术上不必要，在经济上效率低下。

---

① 例如"通过优化对太阳能发电量的预测和实时估计改进太阳能光伏系统并网"，见 www.energymeteo.com/en/projects/Solar.php.

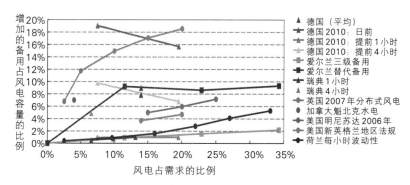

图 2-10　备用电量需求的增加与风电占比的函数

资料来源：Holttinen, H. et al., 2013。

要点：若备用需求基于每小时的预测误差，则备用需求增加值要远远小于基于4小时预测误差得出的结果。

由于风能和太阳能光伏发电量是变化的，现已普遍认同对风所导致的备用电量应动态地计算：若每天针对第二天估算一次备用需求，而不是所有天都使用同一备用需求，则风小的日子需要的系统备用电量会更少。避免分配不必要的备用电量是具有成本效益的，可成为实现大规模波动性可再生能源成功并网的一个重要因素（Holttinen et al., 2013）。

调度和市场运行选择的时间步长也会影响平衡所需备用的数量和类型。例如，美国的统一市场以5分钟时长运行，可自动从将会加大发电量完成下一个5分钟计划表的发电机组那里提取平衡能力（Holttinen et al., 2013，见本书第5章）。

不确定性相关的效应也会影响到输电网的功率流。这可包括大型电力系统相邻部分间计划外的功率流（详见 Baritaud and Volk, 2013）。

2.1.6　地点约束

波动性可再生能源资源（风和光的可获得性）在地理上分布不均。虽常规燃料也是如此，但区别在于无法将波动性可再生能源资源输送到不同地方。有丰富波动性可再生能源资源的潜在发电地点可能与电力需求高的区域并不吻合。例如，风能资源往往在海上比较丰富，阳光最充足的地方是沙漠地区。这要求建设输电线以连接偏远地区的波动性可再生能源。

　　建设新的输电线连接偏远地区能源可能会面临鸡和蛋的问题。只有在能输电的情况下才可能建设新的发电厂。反过来，只有在可发电的情况下才会建输电线。为克服这一问题，得克萨斯州公用事业委员会（PUCT）建立了竞争性可再生能源区（CREZs）（专栏 2.2）。要求建设连接区内项目的电网基础设施。项目计划从西得克萨斯和潘汉德尔输送 18 吉瓦风能电量到该州人口密集的大都市区。

　　获得高质量的资源通常会降低波动性可再生能源发电厂每千瓦时发电成本。然而，将偏远地区电厂连到电网的成本可能会更高。因此，经常要在获取偏远地区质量更高的资源和连接偏远地区波动性可再生能源发电厂带来的成本增加之间权衡利弊。可在规划电网基础设施时考虑这类可能的取舍：选择不那么好但更接近负荷的资源可能会更具成本效益。少量弃风、弃光可避免巨大的输电容量，由此可实现成本效益（e.g. Volk，2013；Agora Energiewende，2013）。值得注意的是，这种平衡一直在转变；波动性可再生能源发电成本越低，质量更高的资源与电网连接成本相比就变得越不重要。

专栏 2.2　　　　　　得克萨斯州竞争性可再生能源区

　　在 2005 年，得克萨斯州第 79 届议会（参议院第 20 号法案）要求得克萨斯州公用事业委员会在得克萨斯州指定竞争性可再生能源区并下令进行必要的输电线路改进，以将竞争性可再生能源区与得克萨斯州电力可靠性委员会地区的负荷中心相连。得克萨斯州公用事业委员会指定了 5 个区，覆盖了西得克萨斯州大部分地区。这些区和东部主要负荷中心之间的距离长达 650 公里。

　　对于竞争性可再生能源区的输电线路改进，得克萨斯州公用事业委员会从几个选项中选取了一个方案，该方案预见新的 345 千伏输电线路路权，可容纳西得克萨斯和得克萨斯潘汉德尔额外 11.5 吉瓦的风能发电容量（图 2-11）（ERCOT，2013）。

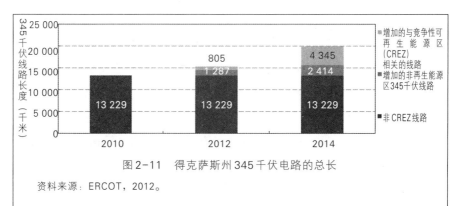

图 2-11　得克萨斯州 345 千伏电路的总长

资料来源：ERCOT，2012。

要点：得克萨斯州部署额外风电厂前批准了额外的输电线以连接偏远地区风能资源。

2.1.7　模块化

　　单个波动性可再生能源发电机组的规模要比常规发电机组小很多。现代风机铭牌容量通常在 1 兆瓦（MW）到 7 兆瓦之间。单个太阳能面板额定容量在 0.0001 兆瓦和 0.0003 兆瓦之间。这远远小于一般大型火电厂的规模：一般大型火电厂规模在 100 兆瓦到 1 000 兆瓦之间。因此，波动性可再生能源发电厂可建成各种规模；可以非常小，仅使用一个风机或几个太阳能面板；也可结合很多风机或太阳能面板，组成很大的发电厂。

　　风电和太阳能光伏的部署规模常常比常规发电厂小很多。小型装置连接到配电网上，而不是输电网上。小型分布式发电不断增加带来一些重要影响，尤其是在配电网层面。在分布式太阳能光伏达到高占比的地方，配电网的作用正在发生变化；除向消费者配电的传统功能外，配电网现在也持有来自许多小型电厂的发电量。这可能意味着在配电层面会出现范式的转变。不仅输配电网间的功率流会变为双向，分布式发电可带来配电层面的进一步改变（如分布式存储），需要以更智能的方式来对待电力系统的这一部分。配电网层面的运行和投资可能也需要根据这一新角色进行调整。

　　主要问题不是目前配电网在原则上不能将电力输送回更高的电压水平。在几乎所有情况下这一点在技术上都是可以做到的，尽管有时候可能需要重新配置一些保护系统。然而，配电网在以下方面可能会面临挑战：

- 计算整个电网基础设施的规模。
- 将电压水平保持在可接受的范围内。

此外，当涉及非常多的小型装置时，要预期未来的添加并对系统进行相应规划可能尤其具有挑战性（例如，在德国当前小型太阳能光伏装置数量远远超过100万台，EEG-KWK.net，2013）。

2.1.8 计算整个电网基础设施的规模

当前配电网通常建成容纳（预期）峰值电力需求所需的规模。配电网规划师考虑到不可直接将单个消费者的峰值电力需求相加，因为不同消费者的峰值需求往往出现在不同时段。由于这种多样性效应，系统规模可比各峰值需求之和小。这种聚合对电力需求侧好处往往大于对分布式发电侧的好处。在没有其他解决方案的情况下，在太阳能光伏部署非常多的地区，可能有必要升级基础设施以提供充足容量将发电量输送至更高的电压水平。在德国南部已经观察到这种影响。在分布式发电密度高的地方，基础设施规模是由配电网向输电网的"逆向"功率流决定的（图2-12）。

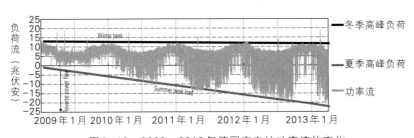

图2-12 2009—2013年德国变电站功率流的变化

注：MVA = 兆伏安。

要点：在分布式发电高度集中的地区，配电网所需规模可由配电网向输电网的"逆向"功率流决定。

现有基础设施的规模及智能运行策略等可用的替代解决方案，将会决定分布式发电在什么水平上会出现这类问题。因此，这会因国家而异。更新更智能的配电网可能会有更大的可用容量，为发电提供更大空间。在由于需求增加或基础设施拆除而对电网进行升级的地区，在这一阶段就考虑到分布式发电在未来可能发挥的作用，会比之后再进行改造更具有成本效益。

2.1.9　将电压水平保持在可接受的范围内

将本地电压水平保持在规定范围内的相关挑战可能会制约进一步接入分布式发电。之后电网基础设施规模会成为一个相关约束。

尤其是在配电网线路长的农村地区，来自分布式太阳能光伏发电的大量电力输入可能会使电压超出所允许的水平。这个问题的解决可通过调节太阳能光伏逆变器的运行，使之有助于保持合适的电压水平。然而，这种性能可能会需要一个尺寸更大些的逆变器。

也可通过带有在线抽头切换技术的变压器来减小电压水平的变化。这种性能在连接配电网高压和中压水平的变压器中很常见。但这可能需要频繁切换变压器，从而会增加磨损。虽然在历史上不常见，但连接中压和低压电网的现代变压器也可提供此类电压控制能力。

2.1.10　体制机制影响

需要更新制度性安排和做法以反映配电网角色的不断变化。

第一，需在配电网层面收集充足的实时数据以确保系统的安全运行。这可能会影响配电系统运营商（DSOs）处理日常网络运行的方式。

第二，可能有必要加强输电系统运营商和配电系统运营商之间的协调。尤其是不可能再把配电网视作系统的被动负荷，而需将其更紧密地与整体系统运行相融合，包括输电系统运营商和配电系统运营商之间交换信息和控制信号的程序（更详细讨论见 Volk，2013）。

第三，需要更好地整合规划流程。配电系统运营商需充分了解未来数十年对电网的要求预计会发生怎样的变化。若没有这样的信息，要以前瞻性的方式调节配电网会更困难，这反过来会导致不必要的高成本。

在规划未来电网时，应平衡电网基础设施的成本和分布式波动性可再生能源的发电成本，尽可能将两者之和降至最低。旨在容纳每千瓦时分布式发电的电网规划可能并不具有成本效益。相反，包含少量弃风、弃光可能是最优的选择（见 Agora Energiewende，2013）。

2.1.11 异步技术

常规发电厂使用所谓"同步发电机"。其原理在本质上与自行车发电机相同。发电机动能通过感应的物理原理转化成电能。大多数人的经历是当自行车速度发生变化时，自行车上灯光会闪烁。这样的不稳定性对于电力系统而言是不可接受的。这一问题当前的解决方案如下：将同步电力系统中所有大型发电机组转速保持完全相同。所有发电机组以与系统频率相应的速度同步转动。确实，同步发电机组与电网有直接的机电连接；在一个互联系统中所有发电机组的集体同步转动决定了系统频率（Grainger and Stevenson，1994）。

这种运行模式有一些重大影响。当偏离目标频率时（太高或太低），所有发电机组会集体直接出现这种偏离。例如，假设一个系统频率开始降低（由于发电量低于消费量）。这一降低会直接影响到所有同步发电机组，使其减速。然而，同步发电机组通常是重型机械，旋转时要减速或加速都会需要大量能量；发电机组有很大的惯性，这一属性有助于稳定系统频率。

系统惯性只是用于为电力系统提供相关服务的同步发电机组属性的一个例子[1]，当一个电力系统中运行的同步发电机组数降至一定比例之下，可能需找到提供这些服务的新方式。具体比例取决于系统情况。

风电和太阳能光伏发电不是同步地与电网相连。所有当前先进的风机和太阳能光伏系统都使用所谓动力电子设备将发电量输入电网。简单地说，这打破了与系统的直接机电连接。因此，风电和太阳能光伏有时被称为异步发电。[2]风电和太阳能光伏发电机组旋转质量有限（风电）或没有旋转质量（太阳能光伏），因此物理惯性要更小，甚至没有。

然而，波动性可再生能源发电机组可设计成仿效同步发电机组的特征。例如，风机转动叶片中存储的惯性可用来提供"合成"惯性。

---

[1] 其他例子包括提供无功功率和高故障电流(当系统出现故障时,需要其触发保护装置)。

[2] 直流电线也以异步方式与系统相连。这意味着通过直流电线输入也是电力系统的异步电源。

就太阳能光伏而言，这种服务要求给系统装上能非常快速响应的储能设备。

爱尔兰系统运营商EirGrid和SONI尝试进行了一项详细的研究（EirGrid/SONI，2010），考察了异步发电占比高对电力系统运行的影响。总的来说，研究发现爱尔兰系统——按其目前状况——可管理的瞬时异步发电占比达50%（风电加上经直流联络线的净进口量）。当前风电占比水平已达到这一运行上限。EirGrid当前正在实施一个项目，要将可行的占比水平提高至75%。[1]

在德国，近期一项研究发现可能需要保持常规发电机组的最小发电量，因为许多系统服务当前只由常规发电机组提供。鉴于当前的运行策略，电压控制要求意味着常规发电机组最小发电量在4吉瓦到8吉瓦之间（强风力发电/低负荷）和12吉瓦到16吉瓦之间（强风力发电/高负荷）（CONSENTEC，2012）。[2]然而，这些数字只有在当前提供系统服务的程序下才适用；研究并没有考虑通过调整这些程序降低最小发电量的选项。通过找到提供系统服务的替代方法降低这些最小发电水平是可能的。

以上介绍了有关的波动性可再生能源属性和相关的系统影响。需强调的是，虽然风电和太阳能光伏发电都有上述6个属性，但在许多相关方面存在差异（专栏2.3）。

专栏2.3   风电和太阳能光伏发电：均有波动性但不尽相同

风电和太阳能光伏发电虽都是波动性可再生能源技术，但有诸多可能会对并网有影响的差异。表2-1汇总了这些差异，后面章节还会做更详细的解释。

风电和太阳能光伏发电的波动性和不确定性与其能源资源的统计属性相关。

---

[1]　要了解进一步信息，请见EirGrid专门讲DS3的网页：www.eirgrid.com/renewables。
[2]　假定是在32吉瓦低负荷且无商业化输入/输出的情况下，则瞬时占比上限为75%到88%。

表2-1	风电和太阳能光伏差异概述	
	风电	太阳能光伏
发电厂层面波动性	在比季节小的时间尺度上往往是随机的；局地情况可能有规律	行星运动（天、季节）加上统计覆盖面（云、雾、雪等）
聚合后的波动性	通常显现出很强的地理平滑效应	一旦达到"钟形"，平滑效应有限
聚合后的不确定性	发电形状和时间未知	已知形状的比例因子未知
斜坡	取决于资源；通常极端事件很少	频繁、很大程度上是确定、重复性、陡峭
模块化	社区及以上	家庭及以上
技术	异步、机械	异步、电子
容量系数	20%~40%	10%~25%

要点：风电和太阳能光伏发电有共同的根本属性，但存在重大差异。

光照会随太阳在空中的运动而发生最大变化。光照只有白天才有，并且——根据纬度——会显现出较明显或较不明显的季节性模式。因此，太阳能光伏波动性的最大组成部分是可精确计算的（是确定的）。然而，云层或雾、积雪覆盖或尘埃等其他大气现象会给太阳能光伏发电量带来不规律性和或然性。在电厂层面上，太阳能光伏发电波动性可能会超过风电，即使考虑到早上和夜晚的发电量曲线是可预测的（Mills and Wiser，2010）。然而，对一个足够大电力系统所在地区进行聚合后，太阳能光伏发电量呈现平滑的"钟形"。一旦达到这样的形状，进一步连上更多偏远地区发电厂并不会使形状发生很大改变，因为即使在一个大洲的范围内日照时间也是类似的。在涉及积雪覆盖或雾的时候，预测误差可能会很大，特别是在局部地区。

风往往显示出日趋势，但程度可能随季节和地点而变化。一年当中的风季在世界许多地方是相同的。在对大片地区进行聚合时，风电显现出很强的平滑效应。预测误差可能出现在时间和发电情况上。例如，一个预测可能"晚"了半小时，但其他方面是准确的，或关于数小时总体情况的预测也有可能不准确。

在阳光充足的国家，太阳能光伏发电与电力需求呈现有利相关。风力发电量与负荷的关联比较弱；二者有可能是负相关，视发电厂地点而定，也有可能是正相关：陆上风电（在很多地区夜间风最大）或海上风电（往往在白天风最大）。

太阳能光伏聚合发电量显示在每天早晨和夜晚有斜坡。这些是可预测的，取决于许多情况（Ibanez et al.，2012）。当整合大片区域时，可在一定程度上减小这些斜坡，但即使整合数百公里，仍会有较大斜坡。聚合风电爬坡事件发生频率更低，也更难预测。在系统层面，来自云层快速移动的波动性通常不是一个大问题。

风电和太阳能光伏就其模块化而言也存在差异。绝大部分陆上风电使用1兆瓦到3兆瓦风机，海上风电使用5兆瓦及以上风机。这比许多太阳能光伏装置要大。太阳能光伏装置规模往往只有几千瓦（屋顶太阳能光伏系统）。

因此，太阳能光伏发电往往与低压配电网相连，而风电通常在配电网中连接中压及以上电压水平，这也是大型太阳能光伏系统连接的电压水平。风电部署也可通过将很多风机组成一个数百兆瓦大型电厂，直接与输电系统相连。

这两种技术使用不同的物理效应发电。风机用发电机将风的动能机械地转化成电。因此，风机有转动部分和机械惯性。这使风机比太阳能光伏更略近似于常规发电机组。太阳能光伏通过直接的物理效应将光转化成电，无移动部分；太阳能光伏是没有惯性的。

最后，风电容量系数通常比太阳能高。相对容量系数根据地点和技术会有很大差异，但一般而言，风电厂容量系数大约是太阳能光伏的两倍。

2.2　电力系统的属性

除波动性可再生能源本身属性外，电力系统的属性——尤其是其运行方式——将会决定波动性可再生能源并网的难易程度。第3章和第5章分别对系统和市场运行及系统灵活性做详细探讨。本节强调其他的一般特征。

2.2.1　平衡区的大小

有几个与电力系统规模相关的因素会影响波动性可再生能源并网。一般而言，平衡区越大，越有利于波动性可再生能源并网。

首先，通过覆盖一个大地理区域，不同波动性可再生能源电厂的波动可相互抵消，使总体发电量更平滑。在理想状态下，平衡区在任何时点都不会暴露于同样的天气系统。其次，若对不集中于同一地点的许多发电厂进行预测，则预测技术更准确（见专栏2.4）。这意味着保证同样可靠性水平的系统所需备用电量相对较少。

然而——这点很关键——这些好处只有在系统以合适方式运行时才会实现。无论是什么电源，无论用什么资源平衡供求，电力市场保持实时平衡的子区域（平衡区）是这一挑战的核心。平衡区可由直流（可控）互连封闭起来，也可以是一个共同（交流）电网互相连接的部分。

平衡区在很大程度上由电网的发展历史（最初往往是互不相连的部分）及驱动其发展的独特公用事业和机构确定，并且在此之后延续下来。管理跨区电量流动的协议会存在，长期合作可能会存在，但不一定使电量在平衡时间内交换。再加上（较弱）边界地区的阻塞，这会阻碍共享平衡活动。

平衡区之间合作会大幅降低电力系统的运行成本。当波动性可再生能源成为发电组合一部分时，更大平衡区的好处往往会更明显。

2.2.2　需求和波动性可再生能源供应之间的匹配

在波动性可再生能源发电量和电力需求之间时空匹配好的地方，并网挑战很可能会更小。

例如，若波动性可再生能源供应和电力需求在时间上匹配得好，可能会使平衡净负荷比平衡总负荷更容易。意大利太阳能光伏发电显现出与电力需求的正相关。因此，扣除太阳能光伏后的负荷可能比负荷本身波动性小。

电力需求波动性很大也意味着有波动性可再生能源并网的好机会，由于系统有处理高度波动性的经验，因此额外波动性带来的影响会更小。例如，在法国，大量的电热供暖形成了很大的由天气驱动的负荷波动性，因此风电的波动性很大程度上被冬季需求的波动性所"掩盖"。

专栏2.4   热点：波动性可再生能源部署会导致局地集中

波动性可再生能源通常受一系列障碍的阻碍，包括经济方面和非经济方面的（IEA，2011）。政策措施和其他因素以及诸如资源、供应链、基础设施、机构和人力等相关的局地重要因素都可减小这些障碍，从而可以成功克服这些障碍。在这些情况下，局地波动性可再生能源密度经常远远超过系统平均水平。缓解地方问题可能需要进行成本高昂的投资。这种热点存在于若干区域的案例研究系统中。

此类热点的一个突出例子是印度南部泰米尔纳德邦（Tamil Nadu），该邦有少数非常好的风场，在占到了印度风电装机容量（7.3吉瓦）的40%。在意大利南部，福贾（Foggia）地区占意大利陆地面积的2.4%，但却占到意大利风电总装机容量的17%以上。

类似地，根据当前预测的增量，与日本其他地方比，北海道（Hokkaido）可能会出现太阳能光伏容量的集中（图2-13）。北海道峰值负荷为6吉瓦（与爱尔兰类似），与日本其他地方有600兆瓦直流互联，是日本最小的发电系统之一。

在落实波动性可再生能源支持机制时应监控可能出现的热点。引入能引导地理分布的增量要素，可帮助避免出现地方占比过高的问题，从而提高总体的成本效益。

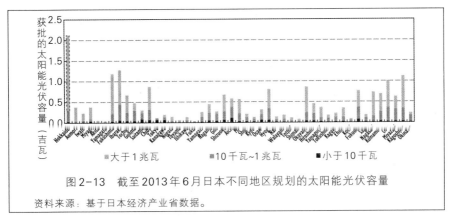

图2-13　截至2013年6月日本不同地区规划的太阳能光伏容量

资料来源：基于日本经济产业省数据。

2.2.3　需求增长和基础设施拆除

在电力需求正在上升或电力系统基础设施需要替换的地方可能会更容易实现大规模波动性可再生能源的并网。原因有两方面。

第一，在无需求增长或基础设施拆除的情况下，只有在损害现有发电机组利益的情况下才可能接入额外发电量。当波动性可再生能源接入这样的系统时，这些更灵活资源的使用往往更多是因为其灵活性，而不仅仅是用于提供能源。如果灵活资源无法从为系统提供灵活性中获得充足利润，则往往会比不太灵活的资源面临更大的财务压力。从政策制定角度看，这可能会加大波动性可再生能源并网的挑战：缩减现有系统组件的规模可能也会带来问题。

第二，在无论如何都需要投资的情况下，它为做出前瞻性选择打开了机会之窗，即部署与波动性发电量占比日益上升相符的资源组合。在波动性可再生能源并网第三阶段案例研究地区，巴西和印度等非经合组织国家就处于这种有利地位。

2.3　并网影响和系统适应

2.3.1　波动性可再生能源部署在最初的影响

经验显示，在部署之初往往会高估波动性可再生能源对电力系统可能产生的负面影响。

例如，1993年一些德国公用事业单位对可再生资源在未来电力系统中可发挥的作用有限表示担忧："可再生能源如太阳能、水能或风能在我们电力消费中占比无法超过4%——即使是在长期。"（Die Zeit，1993）今天波动性可再生能源在德国占比大约为25%；2050年目标为使占比至少达到80%（Bundesregierung，2013）。

再举个例子，2003年西丹麦系统运营商ELTRA（现为国家系统运营商Energinet.dk的一部分）主席说："……我们曾说过如果风电增至500兆瓦以上，电力系统将无法运转。现在我们处理的风电装机容量将近是这个数字的5倍。我想告诉政府我们愿意处理更多，但需要允许我们使用合适的工具来管理系统。"（IEA，2008）2012年底丹麦风电装机容量为4.2吉瓦，占年发电量的30%以上，2020年目标是50%。

这些担忧部分原因是经常误判波动性可再生能源给电力系统层面带来的波动性和不确定性。这种波动性和不确定性通常要比单从天气模式看低得多。此外，在最初测量波动性可再生能源对系统可能产生的影响时常常没有考虑负荷的波动性和不确定性。负荷具有与波动性可再生能源发电非常类似的属性。因此，只要更新了运行程序，系统运行就可依赖于同样的资源来应对这些属性。

在占比很低时，即占发电量的2%~3%，从运行角度看几乎注意不到风电和太阳能光伏发电的存在，因为负荷波动性和不确定性主导了净负荷的总体属性。只要波动性可再生能源部署没有出现地理上的高度集中，得益于多元化效应，有波动性可再生能源部署情况下净负荷波动性就可能实际上要比负荷波动性低。

在占比较高时，通常占年发电量5%~10%之间①，假设波动性可再生能源部署方法正确（见第5章）且对运行进行了调整（第6章），技术性的并网挑战不可能构成任何重大障碍。

正如下一章所讨论的，波动性可再生能源在所有研究电力系统的案例

①　在非常小的孤岛系统中，该比例可更低。

中要达到较高占比水平在技术上都是可行的。然而，这要求在适用情况下调整系统运行策略，且有设计良好的电力市场作为支持。

2.3.2　适应前后的系统影响

与波动性可再生能源部署相关的系统影响取决于电力系统的各个特征。要全面了解波动性可再生能源占比增加对某个电力系统产生的影响，需要采取系统分析，即所谓的综合研究。

作为第 25 号课题"大规模风电并网的电力系统设计及运行"的组成部分，风能实施协议（Wind IA，2006）针对综合研究的方法学制定了许多最佳实践指南，可在第 25 号课题网站上找到。[①]这些指南也适用于包括太阳能光伏在内的其他波动性可再生资源。

更宽泛地说——这也是最重要的——效益和挑战也取决于系统整体在多大程度上有机会适应波动性可再生能源占比的上升。

正如本章对系统影响的讨论显示的，当将波动性可再生能源发电量接入已有充足容量、没有多少需求增长和/或基础设施拆除的电力系统时，通常会观察到以下影响：

- 燃料成本节省。
- 短期边际系统成本降低（优先顺序效应）。
- 替代成本最高的发电机组（过渡性利用效应）。
- 排放降低（如果尚未使用其他政策工具设定排放上限）。
- 净负荷波动性和不确定性上升，导致发电厂循环增多、备用需求增加（平衡效应）。
- 输配电网饱和。
- 异步发电占比增加，这可能会影响系统稳定性，尤其是在小型系统发电量高的时段。

长期而言，影响取决于在多大程度上整个系统可适应高比例波动性可再生能源，且在这些新情况下将系统总成本降至最低。这可能导致：

---

① www.ieawind.org/task_25/PDF/WIW12_101_Task%2025_Recommendations_submitted.pdf.

- 可调度发电机组的结构性转型，转向有更多中等灵活和峰荷发电（利用效应）。
- 短期净负荷波动性和不确定性增加（平衡效应。）
- 需增加电网容量平滑波动性、连接偏远地区波动性可再生能源资源（输电网）和分布式发电（配电网）。
- 有其他供应商提供系统服务，而不仅仅由常规发电机组提供。
- 对电力系统灵活性的额外投资需具有成本效益，以降低平衡和利用效应的经济影响。

第 4 章考察量化这些效应经济影响的方法。第 5、6、7 章讨论以具有成本效益的方式解决这些影响的运行和投资策略——包括波动性可再生能源自身的系统友好型部署。下一章评估波动性可再生能源并网第三阶段项目案例研究地区当前消纳波动性可再生能源发电量的技术能力。

参考文献

Agora Energiewende(2013), *Cost Optimal Expansion of Renewables in Germany — A Comparison of Strategies for Expanding Wind and Solar Power in Germany*, www. agora - energiewende. de / fileadmin / downloads / publikationen / Agora_Study_Cost_Optimal_Expansion_of_Renewables_in_Germany_Summary_for_De - cision–Makers_web.pdf.

AusglMechAV(2013), *Verordnung zur Ausführung der Verordnung zur Weiterentwicklung des bundesweiten Ausgleichsmechanismus*(Regulation for Implementation of the Regulation for Development of the Nationwide Equalisation Mechanism), www.gesetze-im-internet.de/bundesrecht/ausglmechav/gesamt.pdf.

Baritaud, M.(2012), *Securing Power During the Transition*, IEA Insight Paper, OECD/IEA, Paris.

Baritaud, M. and D. Volk,(2013), *Seamless Power Markets*, IEA Insight Paper, OECD/IEA, Paris.

Bundesregierung(2013), The Energy Concept, www.bundesregierung.de/Webs/Breg/DE/Themen/Energiekonzept/_node.html, accessed 15 August 2013.

Clifford, E. and Clancy, M.(2011), "Impact of Wind Generation on Wholesale Electricity Costs in 2011", www.eirgrid.com/media/ImpactofWind.pdf.

CONSENTEC(2012), *Studie zur Ermittlung der technischen Mindesterzeugung des konventionellen Kraftwerksparks zur Gewährleistung der Systemstabilität in den deutschen Übertragungsnetzen bei hoher Einspeisung aus erneuerbaren Energien*(Study to Determine the Minimum Technical Production of Conventional Power Plants to Ensure System Stability in Transmission Networks at High Feed-in from Renewable Energy), CONSENTEC, Aachen. www.50hertz.com/de/file/4TSO_Mindesterzeugung_final.pdf.

Die Zeit(1993), published on 30 July 1993, page 10.

EEG-KWK.net(2013), EEG-Anlagenstammdaten(EEG Asset Master Data), www.eeg-kwk.net/de/file/

EEG-Anlagenstammdaten_2012.zip.

EirGrid/SONI(System Operator Northern Ireland)(2010), *All Island TSO Facilitation of Renewables Studies*, www. eirgrid. com / media / FacilitationRenewablesFinalStudyReport.pdf.

EPEX(European Power Exchange)(2013), *Day-ahead auction with delivery on the German/Austrian TSO zones*, www.epexspot.com/en/product-info/auction.

EPIA(European Photovoltaics Association)(2012), *Connecting the Sun-Solar Photovoltaics on the road to large-scale grid integration*, EPIA, Brussels, www.connectingthesun.eu/wp-content/uploads/reports/Connecting_the_Sun_Full_Report.pdf.

ERCOT(Energy Reliability Council of Texas)(2012), Presentation "Tab 10: Competitive Renewable Energy Zone(CREZ) Update". Board of Directors Meeting, ERCOT, 13 November 2012, www. ercot. com / content / meetings / board / keydocs / 2012/1113/10_Competitive_Renewable_Energy_Zone(CREZ)_Update.ppt.

ERCOT(2013), Presentation "Lessons Learned in Wind Integration in ERCOT" at the

National Conference of State Legislatures (NCSL), Energy Program Webinar, 25 April 2013, www.ncsl.org/documents/energy/Woodfin-4-25-13.pdf.

Grainger, J. and W. Stevenson Jr. (1994), Power System Analysis, McGraw-Hill, Hightstown, NJ.

Hirth, Lion (2013): "The Market Value of Variable Renewables", Energy Economics (forthcoming), an earlier version is available as USAEE Working Paper 2110237, http://ssrn.com/abstract=2110237.

Hodge, B. et al. (2012), "Wind Power Forecasting Error Distribution-An International Comparison", Proceedings of the 11th International Workshop on Large-Scale Integration of Wind Power into Power Systems as well as on Transmission Networks for Offshore Wind Power Plants, November 2012, Lisbon.

Holttinen, H. et al. (2013), "Design and operation of power systems with large amounts of wind power; Final summary report", IEA WIND Task 25, Phase Two 2009-11, VTT 2013, www.ieawind.org/task_25/PDF/T75.pdf.

Ibanez, E. et al. (2012), "A Solar Reserve Methodology for Renewable Energy Integration Studies Based on Sub-Hourly Variability Analysis", Proceedings of the 2nd Annual International Workshop on Integration of Solar Power into Power Systems, November 2012, Lisbon.

IEA (International Energy Agency) (2008), Empowering Variable Renewables: Options for Flexible Electricity Systems, OECD / IEA, Paris, www.iea.org / publications / freepublications/publication/Empowering_Variable_Renewables.pdf.

IEA (2011), Deploying Renewables 2011: Best and future policy practice, IEA/OECD, Paris.

Macmillan, S., A. Antonyuk and H. Schwind (2013), "Gas to Coal Competition in the US Power Sector", IEA Insight Paper, OECD/IEA, Paris.

Mills, A. and R. Wiser (2010), Implications of wide area Geographic diversity for short term variability of solar power, Lawrence Berkeley National Laboratory, Cal.

Mills, A. and R. Wiser (2012), Changes in the Economic Value of Variable Generation at High Penetration Levels: A Pilot case Study of California, Lawrence Berkeley National Laboratory, Cal., Paper LBNL5445E.

NEA (Nuclear Energy Agency) (2012), Nuclear Energy and Renewables: System Effects in Low-Carbon Electricity Systems, OECD/NEA, Paris.

Nicolosi, Marco (2012), The Economics of Renewable Electricity Market Integration. An Empirical and Model-Based Analysis of Regulatory Frameworks and their Impacts on the Power Market, PhD thesis, University of Cologne.

Pöyry (2011), Northern European Wind and Solar Intermittency Study (NEWSIS).

Schaber, K. (2014), Integration of Variable Renewable Energies in the European Power System: a modelbased analysis of transmission grid extensions and energy sector coupling, PhD thesis, Technische Universität München, Munich.

Sensfuß, F. (2011), "Analysen zum Merit-Order Effekt erneuerbarer Energien" (Analysis of the Merit-Order Effect of Renewable Energy), Fraunhofer ISI, Karslruhe, www.erneuerbare-energien.de/fileadmin/ee-import/files/pdfs/allgemein/application/pdf/gutachten_merit _order _2010_bf.pdf.

Volk, D. (2013) , *Electricity Networks: Infrastructure and Operations*, IEA Insight Pa-
  per, OECD/IEA, Paris.

Wind IA (Implementing Agreement for Co-operation in the Research, Development
  and Deployment of Wind Energy Systems) (2006) , *Design and Operation of
  Power Systems with Large Amounts of Wind Power: State-of-the-Art Report*,
  Gleisdorf, Austria.

[第3章]

案例研究地区技术灵活性评估

要点

- 对15个国家7个案例研究地区的考察凸显出总体发电结构的广泛多样性，从以水电为主的系统（巴西）到几乎完全依赖于火电系统（得克萨斯州电力可靠性委员会，ERCOT）。

- 当前波动性可再生能源（VRE）占比最高的是伊比利亚半岛案例研究地区，占年发电量的21%。巴西和日本波动性可再生能源占比水平最低（两者占比均低于2%）。

- 从2012—2018年，预计增加的波动性可再生能源太瓦时（TWh）是西北欧案例研究地区需求增长的2倍，比得克萨斯州电力可靠性委员会地区需求增长高20%。在巴西和印度，需求增幅远远超过波动性可再生能源增幅。

- 本章用国际能源署改进后的灵活性评估工具（FAST2）分析电力系统消纳不断增加的波动性可再生能源的技术能力。分析显示，如果提供灵活性是系统运行的重点，按当前装机的灵活性资源，在各种不同系统环境下都可提供充足的灵活性支撑25%~40%的占比水平而不出现灵活性短缺。

- 在一年中接受数小时弃风、弃光的情况下，这些数字会显著增加，在所研究的一些系统中占比水平可达50%以上。然而，要以具有成本

> 效益的方式实现这样的占比水平可能要求对电力系统进行更大的转型。
>
> ● 即使使用一组过于悲观的假设（例如，只由发电厂提供灵活性，发电厂运行不考虑灵活性），年发电量5%~10%的占比水平也不会导致任何重大的波动性可再生能源并网问题。

波动性可再生能源并网项目第三阶段（GIVAR Ⅲ）考察了7个案例研究地区，涵盖15个国家。案例研究地区是根据波动性可再生能源并网的经验和预计风电和太阳能发电的增长选择的。此外，这些地区在当前发电结构和多大程度上可归为稳定或动态系统方面显现了差异性。巴西，尤其是印度属于后一类。

本书所有分析都极大地受益于与案例研究地区所选利益相关方详细的背景访谈。基于50多次利益相关方访谈，在走访相关国家和征求专家意见期间，对案例研究地区当前对波动性可再生能源并网的观点进行了研究。具体而言，基于文献回顾和利益相关方访谈对案例研究地区的市场设计进行了详细评估。分析整合至第6章，全部结果可见一份单独的国际能源署洞察报告（Mueller，Chandler and Patriarca，即将发布）。最后，向案例研究地区系统运营商发送了一份问卷，收集电力需求及风电和太阳能光伏（PV）发电的时间序列数据，以及关于其他灵活资源状况的数据。运用这些数据评估本章的重点，即案例研究地区的技术灵活性。

为将技术性分析放到具体情景中去，本章第一部分回顾了波动性可再生能源当前及预测的部署水平和案例研究地区的一般系统特征。接着讨论转向描述用于进行灵活性评估的修订后的灵活性评估工具FAST2，解释了基本方法和相关假设。最后讨论了评估结果。

3.1　案例研究地区和系统属性概述

从2012年数据（图3-1）可以看出，案例研究的电力系统发电结构呈现出多样性。

印度80%以上电量来自燃烧化石燃料（煤、气、油），可再生能源占

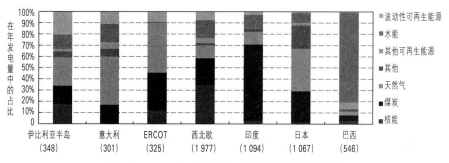

图 3-1　2012 年案例研究电力系统的发电结构

注：RE=可再生能源。括号中数字是以太瓦时表示的发电量。

资料来源：除非另作说明，本章所有图表均来自国际能源署数据和分析。

要点：案例研究地区发电结构呈现巨大差异。

比为 15%，其中水电占比为 12%，波动性可再生能源占比为 3%，主要是风电。意大利发电结构中 2/3 是化石燃料，水电占比为 16%，波动性可再生能源占比为 11%，其中，风电占比为 4%，太阳能光伏发电占比为 7%，是所有案例研究地区中太阳能光伏发电占比最高的。伊比利亚半岛是案例研究地区波动性可再生能源在发电量中占比最高的，占到 21%。其中太阳能光伏发电占比为 4%，风电占比为 17%。伊比利亚半岛也是案例研究地区中风电占比最高。伊比利亚半岛发电量的 46% 来自化石燃料，18% 来自核电厂。水资源丰富的巴西 2012 年发电量的 80% 来自水电厂，10% 来自化石燃料，不到 1% 来自波动性可再生能源。西北欧（NWE）地区当前发电结构中核能大约占 1/3，化石燃料占 1/3，可再生能源占 1/3。波动性可再生能源占 8%，其中，风电占比 6%，太阳能光伏发电占 2%。日本自 2011 年东北部地震和福岛第一核电站重大事故后关闭核电厂以来发电结构经历了重大转型。[①]2012 年，化石燃料在日本发电结构中占比升至 86%。水电占比为 9%，波动性可再生能源占比不到 2%。得克萨斯州电力可靠性委员会案例研究地区高度依赖于化石燃料（79%），核能占 12%。波动性可再生能源占 9%，且主要基于风电。

①　部署数据针对日本全国；技术灵活性评估针对日本东部地区，包括东京、东北部和北海道。

根据多个基本系统属性对案例研究地区的评分来说明这些地区进一步的差异（图3-2）。这些属性是根据与波动性可再生能源并网的相关性而选择的。

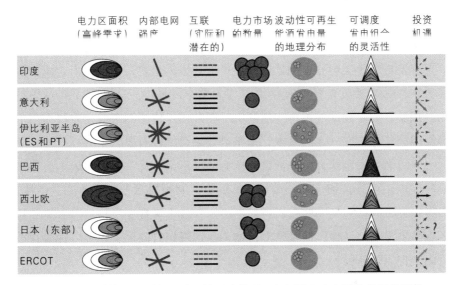

图3-2 波动性可再生能源并网第三阶段项目案例研究电力系统的属性概述

注：系统中也有储能和需求侧集成资源，但没有包括在概述中。具体评分见附件C。

要点：波动性可再生能源并网第三阶段项目案例研究包括各种电力系统环境。

- 发电区域大小。装机容量大的地区，如西北欧地区，包含的发电厂数量可能更多，因此发电结构可能更多元化。此外，由于统计效应，大电力系统受波动性和不确定性影响的程度要轻一些。

- 内部电网强度。强电网指有充足容量将电量从案例研究地区一地输往另一地的电网。若电网一部分遭遇阻塞，（受阻塞的）任何一端的灵活性要求都无法和资源匹配。因此，电网强度在评估一个地区平衡波动性的能力时至关重要。

- 互联。与相邻地区互联潜力大的地区可有机会利用相邻地区的灵活资源。很大的地区互联潜力相对较小，封闭的岛屿潜力小得几乎可忽略不计，而嵌入大洲规模系统的小地区有巨大潜力。

● 电力市场数量。[①]在一些情况下，电力供求并不在整个地区匹配。例如，伊比利亚半岛上的国家西班牙和葡萄牙构成一个电力市场，其中供求大体上匹配。相反，日本东部地区由3个不同的电力公用事业公司构成，这些公用事业公司间仅有微弱的互联，彼此之间并不统筹安排。

● 波动性可再生能源发电的地理分布。分散的波动性可再生能源发电厂聚合发电量比集中分布的发电厂更平滑。大体上说，面积越大，波动性可再生能源聚合发电量就越平滑，因为整个区域内天气状况不会是相同的。相反，如果波动性可再生能源电厂厂址由于资源约束或土地利用竞争等原因只能分布在一定区域内，则平滑效果会比较有限。

● 可调度发电组合的灵活性。现有发电厂组合是一个重要因素。可在短时间内调度（按指令上调或下调）的电厂将提供重要、快速的灵活性。以缓慢发电厂（包括一些化石燃料发电厂）及大多数现有核电厂占主导并不意味着没有灵活性，而是资源可能无法在很短时间内，即几分钟或几小时内，提供灵活性。

● 投资机会。这一条衡量在不考虑波动性可再生能源并网情况下，在多大程度上需要对电力系统基础设施进行投资。这类机会使得可对系统进行更动态的调整以适应波动性可再生能源并网。电力需求增加或老旧基础设施即将拆除创造了这样的机会。这种类型的系统称为动态系统。没什么投资机会的系统称为稳定系统。

3.2 波动性可再生能源当前和预测的部署水平

国际能源署在《中期可再生能源市场报告》（IEA，2013a）中发布了可再生能源装机容量和发电量占比的历史数据和对未来5年的预测。基于

---

① 整合电力市场以构成更大的市场区仅是迈向获得在较大区域聚合供求的全部效益的一步。在此地区系统实时平衡（所谓平衡区）至关重要。一个单一市场可能包含多个平衡区；平衡区之间的协调和扩大平衡区范围有助于以具有成本效益的方式实现并网。

这些数据报告波动性可再生能源当前和预测的部署水平。

长期情景预测可见国际能源署《世界能源展望》（WEO）（IEA，2013b）和国际能源署《能源技术展望》（IEA，2012）。这些数据用来说明波动性可再生能源部署的长期趋势。

3.2.1 装机容量和短期预测

2010年西北欧地区以总计64吉瓦（GW）的波动性可再生能源装机容量领先世界，其中大约30%为太阳能光伏（表3-1）。这反映出这一案例研究地区绝对面积大，但也反映出波动性可再生能源在某些地方高度集中，尤其是德国。伊比利亚半岛案例研究地区尽管面积要小很多，同年波动性可再生能源容量达到30吉瓦，主要是陆上风电。

表3-1 2010—2018年案例研究地区实际和预测的风电和太阳能光伏容量（吉瓦）

		伊比利亚半岛	西北欧	意大利	日本	巴西	印度	ERCOT
2010	风电	24	44	6	2	1	13	9
	太阳能光伏	5	18	3	4	<0.1	<1	<1
	合计	29	63	9	6	1	13	9
2012	风电	27	53	8	3	3	18	10
	太阳能光伏	5	39	16	7	<0.1	1	<1
	合计	33	92	24	10	3	20	10
2014*	风电	29	62	9	3	7	22	14
	太阳能光伏	6	50	20	16	<1	4	na
	合计	34	112	28	19	7	26	14
2016*	风电	29	71	10	4	9	28	15
	太阳能光伏	6	60	22	27	1	7	na
	合计	35	131	31	31	10	35	15
2018*	风电	29	79	11	4	11	34	17
	太阳能光伏	7	69	24	39	2	11	na
	合计	35	149	34	43	13	45	17

		伊比利亚半岛	西北欧	意大利	日本	巴西	印度	ERCOT
2012—2018年增长百分比	风电	+5%	+48%	+33%	+64%	+339%	+87%	+60%
	太阳能光伏	+25%	+79%	+46%	+463%	na	+745%	na
	合计	+8%	+61%	+41%	+354%	+405%	+130%	+61%

注：na=无法获取数据。

*预测。

要点：2018年前大多数案例研究地区风电和太阳能光伏发电容量预计会呈现强劲增长。

2012年出现了很多明显的趋势。首先，太阳能光伏呈现非常强劲的增长。在短短两年里，太阳能光伏总容量从2010年的30吉瓦上升到2012年的68吉瓦。尤其是西北欧地区的意大利和德国推动了这一增长，虽然太阳能光伏容量在日本也大幅增加（从4吉瓦增至7吉瓦）。同期，风电容量从99吉瓦增长到122吉瓦。印度风电容量大幅增加，增幅达5吉瓦，在2012年达到18吉瓦。

预测2018年的容量既显示出持续性，又显示出变化性。西北欧仍是装机容量最大的地区，总装机容量仅略低于150吉瓦，风电和太阳能光伏发电分布相当均匀。巴西在2012年到2018年间增长率最高（405%），但基数很低（2010年为1吉瓦，2018年为13吉瓦）。预计印度（增量为32吉瓦，增幅130%）尤其是日本（增量为37吉瓦，增幅大约为350%）的增速高、增量绝对值大。

3.3 发电水平和短期预测

比较波动性可再生能源当前和预测在发电量[①]中的占比可得出有意思

---

① 计算基于需求预测，未经出口或进口调整。

的结论（图3-3）。伊比利亚半岛当前风电和太阳能光伏发电年占比在所有案例研究地区中最高，但预计该地区到2018年占比仅会从2012年的21%上升到22%，这一增幅与其他案例研究地区相比是小的。意大利和得克萨斯州电力可靠性委员会地区波动性可再生能源占比预计会增长大约1/3，分别达到16%和13%。在意大利，增长主要由大力部署太阳能光伏所驱动，而得克萨斯州电力可靠性委员会地区增长主要由持续的风电部署驱动。至于西北欧和印度，波动性可再生能源占比到2018年将会翻番，分别达到近14%和5%，在西北欧风电会强劲增长，印度的部署会比较均衡。波动性可再生能源占比增幅最大的预计是巴西，由于风电的大力部署，巴西波动性可再生能源占比预计会增长5倍，从1%增至近5%。日本预计会增长3倍达到4%，主要由太阳能光伏部署驱动。

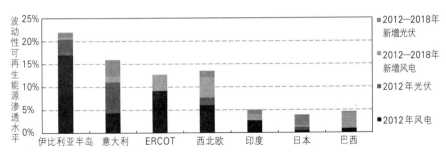

图3-3　案例研究地区风能和太阳能光伏当前和预测的年发电占比

注：计算基于需求预测，未经出口或进口调整。

资料来源：国际能源署基于得克萨斯州电力可靠性委员会地区数据的预测。

要点：2012年案例研究地区风电和太阳能光伏发电年占比介于1%~21%之间。预计2012—2018年所有地区都会出现增长。

到2018年的中期预测预计，即使是在领先案例研究地区（伊比利亚半岛）波动性可再生能源在发电量中占比也不会超过25%。在意大利、得克萨斯州电力可靠性委员会地区和西北欧预计大约是15%的水平，但一些欧洲国家预计会超过这一平均水平（例如，在德国占比大约是23%）。印度、日本和巴西预计约占年发电量的5%。

比较2012—2018年电力需求和波动性可再生能源的预计增长显示出案例研究地区间的重大差异（图3-4）。在意大利和日本，需求和波动性可再生能源均温和增长，波动性可再生能源的增加大约是需求增长的75%。在伊比利亚半岛，增幅则更低，波动性可再生能源占需求增长的35%。新兴经济体巴西和印度需求强劲增长，超过波动性可再生能源的增长，波动性可再生能源的增长只占需求增长的15%左右。这意味着这些国家中波动性可再生能源在发电量中占比仅会小幅增加，尽管部署的绝对量可能很高。在得克萨斯州电力可靠性委员会地区，波动性可再生能源增长预计会超出需求增长的20%。在西北欧地区，波动性可再生能源增速是需求的2倍，这使得波动性可再生能源占比强劲增长。

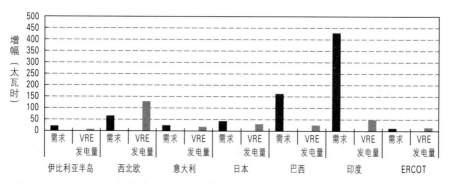

图3-4　2012—2018年波动性可再生能源并网第三阶段项目案例研究地区需求和
波动性可再生能源发电量的增长

要点：需求增长预计主要是在巴西和印度，而西北欧波动性可再生能源发电量增长预计是最强劲的。

3.4　长期预测

《世界能源展望2013》（IEA，2013b）描述了到2035年波动性可再生能源占比提高的3种不同情景。新政策情景纳入了相关国家已宣布的应对能源安全、气候变化和本地污染的广泛政策承诺——尽管尚未宣布具体实施。450情景给出一条能源路径，即相比工业化前水平，持续符合全球平均温升有50%概率不超过2℃的目标。另外还有当前政策情景，应用基于截至2013年所采取的政策措施的假设。

到2035年，在经合组织（OECD）欧洲地区（包括案例研究地区伊比利亚半岛、意大利和西北欧），在450情景下波动性可再生能源年发电量占比将达到31%（图3-5）。在美国（包括得克萨斯州电力可靠性委员会案例研究地区）、日本和印度，在450情景下波动性可再生能源占比将介于16%~20%之间。巴西波动性可再生能源占比预计为7%。在450情景下在全球波动性可再生能源发电量占比将约为18%。

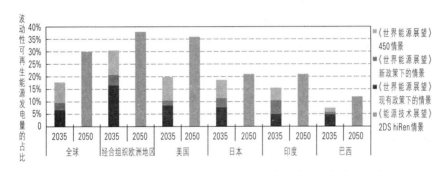

图3-5 2035年和2050年风能和太阳能光伏的年发电占比预计

要点：长期而言，风电和太阳能光伏发电占比在国际能源署不同情景下都会增长。

在其他情景中波动性可再生能源发电水平更低，在新政策情景中占比在5%~20%之间，当前政策情景中占比在5%~15%之间。

进一步展望2050年，在《能源技术展望》（IEA，2012）2℃高比例可再生能源情景（2DS hiRen）中，波动性可再生能源占比要高很多。全球平均水平将达到30%，而案例研究地区中的巴西将占到12%，经合组织欧洲地区将占到38%。

小结

案例研究地区波动性可再生能源预计部署量和需求增长呈现出很大的

多样性。日本、印度和巴西当前波动性可再生能源占比低，而伊比利亚半岛、意大利、得克萨斯州电力可靠性委员会地区和西北欧一些国家（丹麦和德国）占比则较高。

所有系统当前波动性可再生能源在年发电量中占比均低于22%。所有地区2018年预计水平都低于25%，其中伊比利亚半岛占比为22%，意大利、得克萨斯州电力可靠性委员会和西北欧占比在13%~16%之间，印度、日本和巴西占比在4%~5%之间。

除西北欧和得克萨斯州电力可靠性委员会案例研究地区外，其他案例研究地区在2018年前预计需求会比波动性可再生能源增长得更快。在伊比利亚半岛、意大利和日本，预计波动性可再生能源发电量增速是需求增速的35%~70%。至于像印度和巴西这样的动态系统，在2018年前波动性可再生能源增长仅占总需求增长的一小部分。

在450个情景中，2035年波动性可再生能源在发电量中占比，经合组织欧洲地区为31%，美国、日本和印度是在16%和20%之间，巴西为7%。2DS hiRen情景预测全球波动性可再生能源发电量占比平均水平为30%，其中经合组织欧洲地区约为38%，巴西约为12%。

3.5 FAST2评估

波动性可再生能源并网项目第三阶段案例研究分析包括对电力系统灵活性的定量分析。FAST2方法的目标是：1）提供对电力系统灵活性的初步总体评估；2）提高政策制定者关于灵活性问题的意识，推动进行更详细的分析；3）为确定更详细分析的范围提供信息。

因此，这一方法是为了使用起来方便，对数据要求适中。评估考虑了全部4种灵活资源：灵活电源、互联、需求侧响应和储能。结果应视为大致的指示，而非精确数字，特别是因为概括分析没有涵盖全部可能出现的并网挑战。尤其是评估假设的是在每个案例研究地区内已有充分的电网基础设施，只对与其他系统的互联明确地建模。在分析中也没有考虑电力系统稳定性的问题。

分析使用修订版的FAST。FAST方法最初是为波动性可再生能源并网项目的前一阶段开发的。FAST2评估了电力系统应对从1小时至24小时不同时长供求平衡出现快速波动的技术能力，这对于波动性可再生能源并网是一种关键能力。FAST2不计算技术上限，但会指出根据当前装机的灵活资源，多大比例在技术上具有可行性。与最初方法相反，修订后的版本没有计算出一个最大值，而是测量在一年中、在不同占比水平下系统灵活性不足时段出现的频率。

3.5.1　方法学

修订后版本改进了《利用波动性可再生能源》（IEA，2011）一书中详细说明的初始方法。一个重要的新特征是FAST2评估是基于电力需求的时间序列和同步的风电和太阳能光伏发电的时间序列。这使得可以捕捉案例研究地区波动性可再生能源发电量和需求之间的任何关联（例如，太阳能光伏发电量增加和空调需求增加）。此外，用一种新方式对可调度发电机组运行状态建模。其主要思路是计算从可调度发电厂中获得的灵活性的最大值，考虑该值在不同的总发电水平下会不同这一因素。

FAST2灵活性评估包含3个主要步骤：

- 计算电力系统的灵活性供应。
- 评估灵活性需求。
- 比较灵活性的供求。

在FAST2评估中，灵活性以在给定时段、给定初始运行状态下，电力系统可应对的最大供/求平衡上下变化幅度来衡量。因此，电力系统灵活性是下列变量的函数：（1）所期望变化的方向（上或下）；（2）时间范围（例如在下一小时内）；（3）运行状态（不同发电厂当前的运行水平）。灵活性测量要求明确这三个决定因子的每一项。

本书对向下灵活性和向上灵活性分别进行评估。就时间范围而言，对从1至24小时所有整小时间隔都进行单独分析。用净负荷水平表现初始运行状态。不同净负荷水平（在给定方向和给定时间范围）灵活性通常是不同的。

一种灵活性选项可有两种不同方法改进供求平衡：或是通过增加供

应，或是通过降低灵活性需求。在FAST2中，灵活性供应来自可调度发电厂、互联和需求侧响应。灵活性需求来自净负荷的波动性和不确定性。降低灵活性需求来自使用储能减少净负荷波动性，以及运用波动性可再生能源预测减少不确定性。

3.5.2 评估灵活性需求

根据负荷和波动性可再生能源发电量的全年时间序列数据，由波动性产生的灵活性需求可通过计算在不同时间范围（1小时到24小时）净负荷的上下波动来确定。例如，从第一个小时中减去第二个小时的净负荷得到1小时波动性的第一个数据点。

也需要用灵活性来应对无法预料的事件（不确定性）。FAST2使用《西部风能和太阳能并网研究第二阶段》（NREL，2013）中描述的方法学对灵活性备用电量明确建模。风电预测失误的计算是假设1小时持续性预测，即预测失误=1小时风电波动性。备用电量大小是动态的，针对10种不同的风力发电量水平，要满足70%的全部预测失误。太阳能发电量预测失误也是以持续性预测来计算的，但根据太阳运动产生的可预测的波动性进行了调整。为此，将观测到的太阳能光伏发电量与晴天的预期水平进行比较。对于下一小时，假设两者之比仍为常数（详见NREL 2013，p. 77）。基于观测的发电量和假设为晴天的发电量之比，分10类对备用电量进行动态计算。其中最大备用电量用于日出时，因为那时预测失误最高。备用电量大小要满足70%的全部预测失误。（风能和太阳能光伏）总备用电量需求是每项技术备用电量需求的几何平均数。剩余失误由快速响应的备用电量来应对，评估中没有对这些备用电量明确建模。本书也采用了更保守的版本。在这种情况下，备用电量需求是静态的，大小根据每一个时间段观测到的波动性可再生能源发电量的最大波动性来确定。

储能通过减少净负荷时间序列的波动性降低了对灵活性的需求。第一步，确定目标净负荷水平。再将净负荷时间分段，时间间隔要使多个连续净负荷水平高于或低于这一目标水平。对每一净负荷小时间段，运用两种不同程序，一种针对在目标水平之上的每一小时间段（放电），另一种针对在目标水平之下的每一小时间段（充电）。放电方法如下：首先，计算可从储能中释放的能量。从最高负荷水平开始，将负荷一直减至所有储存的能量都被释放或所有点都已减至目标水平。充电与放电方式完全相同，但方向相反，即将负荷水平增至自由储存容量允许的水平。在这两种情况下，均遵循储能的最大充电和放电容量约束。

3.5.3　评估灵活性的供应

在当前几乎所有系统中，灵活性的最重要来源是可调度发电厂。FAST2针对每一调节方向、时间段和净负荷水平计算所研究系统中所有发电厂所能提供的最大灵活性。这通过根据发电厂灵活性来确定发电厂运行实现。

每一座发电厂的评估都考虑了3个要素：第一，发电厂在某个时间范围能实现的最大发电量变化。例如，一座发电厂也许一小时内能将发电量改变100兆瓦（调节能力）。第二，发电厂的最小稳定发电量水平。第三，启动一个发电机组所需时间。然后通过将调节能力除以最小发电量来对发电厂评分。调节能力越大或最小发电量越小，评分越高。最小发电量捕捉发电厂是否能在给定时间范围内启动（详见Mueller，2013）。

FAST2根据发电厂的灵活性评分对发电厂进行调度。这种调度称为灵活性调度。灵活性调度实现发电厂总体灵活性的最大化。[①]因此，这提供了发电厂运行由实现灵活性最大化决定的情况下发电厂在技术上可实现的上限。然而，以这种方式运行发电厂可能会与按成本最低进行调度截然不同。由于本章分析是纯技术性的，因此不考虑这种做法的经济影响。为将这种非常有利的情景与更保守的假设相比较，本书也实施了经济调度。在经济调度中，优先考虑成本最低的发电厂。[②]在这两种情况下，都假设可调度发电机组最低发电量为20%以反映当前系统的技术情况。

---

① 灵活性调度根据调节方向、时间范围和净负荷水平的各种组合分别计算。

② 采用了经调整的成本最低调度，以确保即使在没有波动性可再生能源的情况下也有充足的运行备用电量。其大小根据可在没有波动性可再生能源情况下应对98%的全部负荷波动性来确定。

3.5.4 数据来源和准备

评估基于通过问卷收集的案例研究地区电力系统数据，问卷主要发给输电系统运营商或从公共网站上下载。除日本东部案例研究的风电和太阳能光伏发电时间序列外，所有波动性可再生能源发电的时间序列都基于观测数据，数据来自2011或2012年，若可获得2012年数据就采用2012年数据。日本东部案例研究的发电时间序列则根据Oozeki等（2011）和Ogimoto等（2012）中的描述得出。只能获得巴西部分装机风电厂的发电量时间序列，对应装机容量的2/3。无法获得印度案例研究数据，因此没有进行评估。

通过将风电量和太阳能光伏发电量的历史时间序列数据按比例缩放以符合某个年发电量，可计算不同波动性可再生能源占比水平的净负荷时间序列。风电和太阳能光伏发电时间序列以同等比例缩放，即保持了当前的相对占比。这一过程可能会夸大波动性可再生能源发电的波动性，因为没有捕捉将波动性可再生能源发电厂加到不同地点、占比水平更高时会出现的地理上的额外平滑效果。在风力发电情况下，这种平滑效果更为明显。对于太阳能光伏发电而言，能获得的阳光（假设晴天）即使是在相当大的区域也很相似，且如数据校验所示，云层带来的额外波动性在占比水平较低时已在聚合时间序列中进行了平滑。采用对时间序列数据进行缩放的方式使评估更保守。

本书也通过一份问卷调查获取装机发电厂数据。由于现有缺口很大，我们使用国际能源署装机发电数据对问卷答复进行了补充，然后将发电厂按不同的灵活性特征分为不同类型。

互联容量的数据也来自问卷调查，并用公开资源进行校核（例如，西北欧案例研究采用了已发布的净转移容量）。本书假设全部互联容量都可用来提供灵活性。

由于数据收集问题大，需求侧集成的贡献需要采用估计的方法。需求侧响应能力是上下方向和所有时间范围净负荷水平5%或最低电力需求5%的最大值。

电力储存是根据可获得的抽水蓄能电厂数据估计的。假设所有抽水蓄能电厂储存的电量都相当于8小时满负荷发电量。

灵活资源假设水平的详细数据见附件C。

3.5.5 结果

对六个不同案例研究系统的评估结果如图3-6所示。曲线显示在一年中随着波动性可再生能源占比不断增加，系统出现灵活性水平不足时段的频率。X轴表示波动性可再生能源总发电量占电力需求的百分比。总发电量意味着不考虑弃风、弃光的问题，即如果存在弃风、弃光的情况，净占比会更低。Y轴表示灵活性供不应求时段的占比。例如，若值为10%，意味着在10%的时段内，灵活性供不应求。在灵活性不足的时段，弃风、弃光是最有可能的结果。[①]评估假设可获得的现有灵活性选择可达到其全部技术潜力。因此，结果与可实现的波动性可再生能源占比的技术上限不对应，只是从技术角度表明在哪个点当前装机的灵活性选择会达到极限，需要额外的灵活性投资。

所有评估的电力系统都显示出有足够灵活性支持大约25%的占比水平而不会出现任何灵活性供应短缺。得克萨斯州电力可靠性委员会地区、意大利和日本东部这3个系统在占比大约为年发电量25%时开始出现灵活性不足时段。下一个系统是伊比利亚半岛，年占比大约为35%。伊比利亚半岛虽在互联方面不及意大利，却实现这一相对较高的水平，这得益于其有大量燃气发电和储能（发电厂结构和储能水平详见附件C）。最灵活的两个系统是巴西和西北欧。在巴西，充足的水库水能发电有助于形成非常灵活的系统。然而，一旦负净负荷事件频率上升，系统就开始出现灵活性不足的问题，因为发电量无法进一步减少，而其他资源非常有限。在西北欧地区，地理聚合和资源多样化使波动性可再生能源占比可达到很高水平。在波动性可再生能源年发电占比达到大约40%时，才观测到灵活性不足。然而，在实践中要达到这样的水平，需加强在西北欧内部的互联，尤其是与斯堪的纳维亚灵活水能资源的互联。

---

① 计算实际弃风、弃光量不在当前分析范围内。

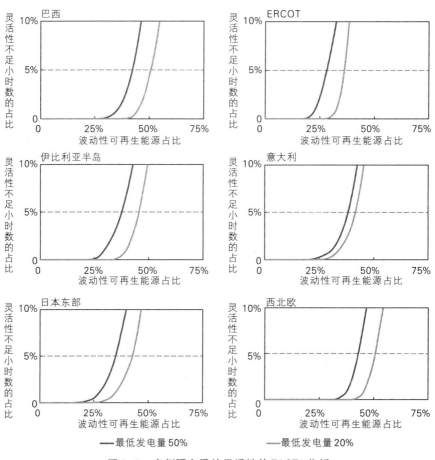

图 3-6　案例研究系统灵活性的 FAST2 分析

要点：按当前装机的灵活性资源，所有案例研究地区都能支持 25%~40% 的占比水平而不会出现任何灵活性短缺。若一年之中能接受数小时的弃风、弃光，则这些比例能大幅上升，在研究的一些系统中可达到 50% 以上。确保其他电源可调至低水平对于确保系统灵活性很重要。

如上所述，可调度发电机组最小发电量假设为 20%。对于最低发电量更高、达到 50% 的发电机组而言，所有系统都有充足灵活性的占比水平，从大约为年发电量的 25% 降至 20%。所支持的占比水平区间比上文报告的结果要更低，降至 20%~30%。

图 3-6 结果假设所有灵活性选择都对最大潜力做出贡献。另一项分析假设对发电厂进行经济调度，即实现成本最小化，并对备用需求做非常保守的假设（备用电量需求大小根据 1 年中观测到的单位时间段波动性可再生能源的最大波动性确定），且无来自其他灵活性资源的贡献。即使在这样保守的假设下，当占比水平介于年发电 5%（得克萨斯州电力可靠性委员会地区、日本东部、意大利）和 10%（伊比利亚半岛、西北欧）之间时，一年中仅有 5% 的时间观测到灵活性不足。由于巴西有非常灵活的水电，即使在这样悲观的假设中，在占比水平达到 20% 前都没有观测到灵活性不足。

3.5.6　结论

分析显示提供灵活性是系统运行的重点，如果在多种系统情况下都可以提供充足的灵活性，则可支持占比水平达到 25%~40% 而不出现任何灵活性短缺的结论。当一年中可接受数小时的弃风、弃光时，这些比例可大幅上升，在研究的一些系统中可达到大约 50% 的水平。在可调度发电机组最小发电量更高的情况下，各案例研究的占比水平区间降至 20%~30%。这显示了系统对于最小发电水平的敏感性，凸显出使可调度发电机组最小发电水平更低对于波动性可再生能源成功并网的重要性。

评估假设电网约束不是增加波动性可再生能源的障碍。但实际情况并非如此。在对电网进行强化前就接入了波动性可再生能源的地方，电网约束是当前弃风、弃光的一个主要原因。因此要达到评估所示的水平，可能需要对电网进行强化和扩建。

灵活性调度也许成本远远高于成本最低的发电厂运行。然而，评估没有假设可提前安排发电厂计划照顾已知的灵活性需求。评估假设关闭的发电厂只有在大于其启动时间的时间范围内才能为提供灵活性做贡献。现实中，发电厂计划时间表可提前安排，从而使更多的发电厂可用于提供灵活性。因此，如果可有足够准确的预测，达到类似灵活性水平的实际成本可以低更多。

对波动性可再生能源发电历史数据按比例缩放可能会夸大风电和太阳能光伏发电占比较高时的波动性，特别是对于巴西而言，对巴西的评估是基于容量基数相对较低的数据。

　　分析揭示最重要的灵活性不足是波动性可再生能源发电过剩，而非发电量的波动。这从巴西的例子就可看出，巴西有大量水库水能可以利用。虽然需对该系统进行更具体的研究才能获取确切结果，但看起来电力系统应对风电和太阳能光伏发电波动性的技术能力很高。然而，即使可以应对波动性的问题，波动性可再生能源发电过剩仍可能会导致弃风、弃光。

参考文献

IEA(2011), *Harnessing Variable Renewables: A Guide to the Balancing Challenge*, OECD/IEA, Paris.

IEA(2012), *Energy Technology Perspectives 2012*, OECD/IEA, Paris.

IEA(2013a), *Medium-Term Renewable Energy Market Report*, OECD/IEA, Paris.

IEA(2013b), *World Energy Outlook 2013*, OECD/IEA, Paris.

Mueller, S. (2013) "Evaluation of Power System Flexibility Adequacy: The Flexibility Assessment Tool (FAST2)", Proceedings of the 12th International Workshop on Large-Scale Integration of Wind Power into Power Systems as well as on Transmission Networks for Offshore Wind Power Plants, October 2013, London.

Mueller, S., H. Chandler and E. Patriarca(forthcoming), *Grid Integration of Variable Renewables: Case Studies of Wholesale Electricity Market Design*, OECD/IEA, Paris

NREL(National Renewable Energy Laboratory) (2013), *The Western Wind and Solar Integration Study Phase 2*, NREL Technical Report, NREL, Golden, Colorado, www.nrel.gov/docs/fy13osti/55588.pdf.

Oozeki, T. et al.(2011), *Analysis for a Typical Dataset of the Generation Capacity on Photovoltaic Power System*, Joint Meeting of New Energy, Society of Environmental Metabolism and Environment System, Institute of Electrical Engineers of Japan.

Ogimoto, K. et al.(2012), *Collection of Nationwide Data of Wind Generation Capacity for the Analysis of Electric Demand and Supply*, National Convention of the Institute of Electrical Engineers of Japan 2012.

第4章

成本和效益：波动性可再生能源的价值

要点

• 计算发电成本（均化发电成本，LCOE）也许只能提供用于比较不同技术所需的部分信息。只要技术因发电时间、地点和方式而异，基于均化发电成本进行的比较就不再有效，可能会具有误导性。

• 风电和太阳能光伏发电的部署既会给电力系统、整体经济和社会带来效益又会带来成本。对波动性可再生能源（VRE）部署进行经济评估需要恰当地捕捉这些成本和效益。

• 在电力系统层面，系统总成本分析捕捉了所有相关的成本和效益。要进一步分解这些成本以提取具体并网成本会面临方法学问题。波动性可再生能源（或任何其他技术）对系统总成本产生的影响可通过计算其（边际）系统价值来评估。

• 系统整体在多大程度上适应波动性可再生能源决定了高占比时波动性可再生能源的系统价值在多大程度上保持强劲。因此，高比例波动性可再生能源对系统总成本产生的影响将会有一个动态组成部分：在过渡阶段成本也许会上升（反映出波动性可再生能源价值较低），而就长期而言，许多不同的适应选择可有助于在有大规模波动性可再生能源并网的情况下优化系统。

第2章展示了波动性可再生能源在电力系统层面的主要影响。了解这些影响的经济意义是重要的，因为这有助于解决以下问题：

- 估计波动性可再生能源占比更高时对电力系统总成本的影响，以及由此对用户电费的影响。
- 从系统角度评估部署波动性可再生能源（或其他任何技术）的成本效益。
- 优先进行研发和部署以开发可促进并网的灵活性选择。
- 从投资者角度评估不同发电技术的竞争力。
- 计算添加新技术会给电力系统不同参与方带来的成本。

本章讨论如何通过在发电技术的经济分析中考虑系统影响来解决这些问题。在这方面有三个相关要点：第一，计算发电成本（均化发电成本）的标准方法可能不适用于比较不同的技术。第二，目前在经济评估中包含系统影响的方法（并网成本法）受制于根本的方法学问题，限制了适用性。第三，在系统总成本层面的分析（系统价值法）避免了这些方法学问题，因此更可取。

本章第一节明确了讨论中考虑的成本和效益是什么。剩下部分按照上面提到的三点分别讨论；在阐明不能仅考虑发电成本的理由后，讨论转向当前计算并网成本的方法。该节描述了一些方法学问题，以及由此带来的方法局限性。本章也报告了一些近期对并网成本的估计，包括更详细地讨论了如何在并网成本中捕捉长期影响（尤其是利用效应）。最后一节介绍了在发电技术经济评估中包含并网效应的另一种方法——系统价值法。

4.1　社会视角与个人视角

解决上述问题要求选择合适的分析范围。更具体地说：分析中应当考虑哪些成本和效益？

经济分析或是从个人或是从社会角度出发。从个人视角出发考虑的是投资者支付和获取的那些成本和效益。例如，如果贴现收入（包括激励）

高于贴现成本，则波动性可再生能源具有竞争力。从社会规划者视角出发则考虑的是全部成本和效益，包括其他参与方的成本和效益及未定价的成本和效益（外部性）。如果贴现社会效益超过贴现社会成本，则波动性可再生能源是高效的。

以下分析是从社会角度出发，但仅限于电力系统内的影响，目的是解决上述几点中的前三点。这可称为"系统总成本"角度。电力系统的系统总成本定义包含与发电、电网基础设施、储能相关的所有固定成本和运行成本及为实现需求侧集成而产生的任何成本。排放成本只要定价了，就成为系统总成本的组成部分。在电力系统之外的影响，如对劳动力或燃料市场的影响，则在此不予考虑。

系统总成本是最终需从电力用户或其他来源收回的成本，这使得这一视角对于政策制定者具有重要意义。采用系统总成本角度也有益于对波动性可再生能源并网选择进行优先排序，以使系统总成本降至最低。

4.2 不仅考虑发电成本

各种技术选择的发电成本常用能源来表示，标为"均化发电成本"。均化发电成本衡量某项发电技术在发电厂层面的成本。均化发电成本计算方式是将所有发电厂层面的成本（投资、燃料、排放、运行和维护等）相加，再除以发电厂的发电量。在不同时点产生的成本（建设发电厂的成本、运行成本）通过平摊到发电厂经济生命周期中使其具有可比性——该方法由此得名。风电和太阳能光伏的均化发电成本在过去20年显著下降（IEA，2011a；IEA，2013a；IEA，2013b）。在越来越多的情况下，风电和太阳能光伏均化发电成本已接近于甚至低于化石燃料或核能选项的均化发电成本（图4-1）。

然而，均化发电成本的测量不考虑发电时间、地点和方式。这里的时间指可实现的发电时间，地点指发电厂位置，方式指发电技术可能产生的系统影响。

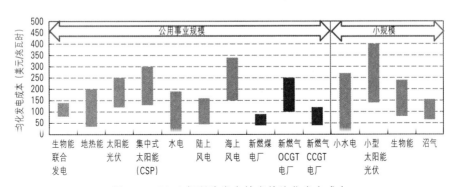

图4-1 2013年所选发电技术的均化发电成本

资料来源：除非另行说明，本章所有图表均来自国际能源署数据和分析。

要点：风电和太阳能光伏发电的均化发电成本已达到或接近于其他发电选项的均化发电成本。

只要技术会因发电时间、地点和方式不同而不同，基于均化发电成本的比较就不再有效，甚至可能具有误导性。如果仅基于均化发电成本进行比较，则隐含的假设是不同来源的电量具有同等价值。

波动性可再生能源带有其资源的时空特点，比常规技术更具有模块性，通常不是通过机电而是通过动力电子与电网耦合。所有这些因素都会影响波动性可再生能源可能的发电时间、地点和方式。自开始部署波动性可再生能源以来，这已经引发关于波动性可再生能源对电力系统价值的问题（Grubb，1991；Rahman and Bouzguenda，1994）。为理解波动性可再生能源部署的经济影响，不仅仅以均化发电成本来表示发电成本至关重要。

4.3 并网成本和波动性可再生能源的价值

将时间、地点和方式的影响纳入发电技术经济评估中有两种主要方式。在实践中，这两种方式都依赖于高端计算机软件精确计算不同情景下电力系统运行和投资的成本。然而，这两种方法的基本思路截然不同。

一种方法由计算所谓的并网成本构成。并网成本及其相应的计算方式在过去几年日益得到关注（Milligan et al.，2011；Ueckerdt et al.，2013a；NEA，2012；IEA，2011b）。以下部分会讨论与其相关的一些问题。另一种不同的方法是考虑加入某项技术会在系统总成本层面带来的影响。

4.3.1 并网成本

就波动性可再生能源而言，对并网成本有以下这些定义：在接入波动性可再生能源时"电力系统运行成本的增加"（Milligan and Kirby，2009），"当接入风电后，电力系统风电之外部分的额外投资和运行成本"（Holttinen et al.，2011），"消纳风能和太阳能的额外成本"（Milligan et al.，2011）或者"由波动性成本和不确定性成本构成"（Katzenstein and Apt，2012）。然而，并网成本的主要概念并不局限于波动性可再生能源。

由供给侧波动性和不确定性而导致额外成本这个概念也许有历史原因。波动性可再生能源是首个大规模部署、可用发电容量在几分钟到几天时间尺度内频繁显现出波动性和不确定性特定模式的发电技术。然而量化这些属性的经济影响却异常具有挑战性。

并网成本的计算通过设定不同情景使用合适的建模工具完成。一个情景包括所讨论的技术（最常见的是波动性可再生能源），一个情景完全不包含所讨论的技术或所讨论技术占比较低。记录不同情景间的成本差异，并使用一系列技术将差异分摊到所讨论的技术上。然而，关于如何设立情景或需要考虑什么成本，并没有一般规则。

计算并网成本有不同目的，因此，讨论通常侧重于不同的问题。在垂直一体化公用事业中，并网成本可"视作为了收回风电给电力系统运行增加的成本而收取的费用；是基于成本原因收费的一个特例"（Milligan et al.，2011）。尤其是在美国，公用事业综合研究中计算的并网成本有时会加到"风力资源报价或造价中以确保所有与风电相关的成本都得到体现，使风电与其他发电技术在同等基础上进行比较"（Xcel Energy，2011）。除了收费以外，这也反映出希望通过在发电成本基础上加上并网成本来获得关于一项技术全部成本的更准确观点。

这是计算并网成本的第二个目的，相对而言与确定收费无关。例如，要捕捉能源系统模型中复杂的并网影响，而这些模型的设计并没有明确地表示发电技术的时间、地点和方式。一个例子是综合评估模型，该模型更宽泛地分析能源系统，对电力系统只有简化的表示（Ueckerdt et al.，2013a）。类似地，NEA（2012）使用系统成本这个术语捕捉"在给定负荷和给定供应安全水平下供电在发电厂层面成本之上的总成本"。通过在发电成本上加上系统成本（或并网成本），可以在理论上对技术进行直接比较。

要挑出与某些属性，如波动性可再生能源的波动性和不确定性相关的成本，需要将波动性可再生能源与在时间、地点和方式上全都完全一样的技术相比较——唯一不同之处在于用于比较的技术既不"波动"，也不存在"不确定性"。正是在这方面，并网成本开始面临真正的方法学问题（Milligan et al.，2011）。

怎样定义这样的技术而仅仅为了区分波动性和不确定性带来的额外成本？没有技术能以100%的确定性发电——常规发电厂也可能有无法启动的情况，燃料供应可能会中断，或者发电厂未能按时间表发电。可以想象一项假设的技术，这项技术在发电量方面没有任何不确定性（可以完美预测电厂的可用性和性能）。但如果选择100%确定性的基准来计算风电或太阳能光伏发电的并网成本，要与其他任何技术公平地进行比较——比如说一座大型火电厂——需要两者皆以共同参考物为基准。在这种情况下，火电厂也会有并网成本。

就波动性而言，情况甚至更为复杂。电力需求本身会因时间推移而变化。因此，电力系统并不需要所有发电机组都有稳定发电量。然而，并网研究有时候假设以一种发电量平稳的技术作为基准技术与波动性可再生能源进行比较。加上这样的技术后由其他发电机组来应对需求的波动性。

在这两种情况下（不确定性和波动性）加入任何一项发电技术都可能会给电力系统中的其他部分带来成本。并网成本并不仅是风电或太阳能光伏发电才有。

比较不同技术选择的成本只有在每种选择效益相同的情况下才有意

义。在不了解效益的情况下，成本信息价值有限，甚至可能没有价值（见Milligan and Kirby，2009）。构建这样一个共同参考点，即要确保效益相同，可能会有挑战（Ueckerdt et al.，2013a）。发电技术都有其优缺点，成本和效益结构非常多样。因此，建立一个单一基准来比较会导致将苹果与梨比较。此外，一项技术可能的效益也许关键要依赖另一项技术的存在。例如，两项技术一起部署（如风电和太阳能光伏发电以合适的结构一起部署，核能和抽水蓄能一起部署）的效益也许要大于每一项技术单独使用时的效益之和。

如果用于设计收费，并网成本分析与"谁引起了什么成本和谁应当支付这些成本"的问题相关，这又提出了甚至更难解答的问题。由于有电网在调节复杂的影响，这可能使探究归因极具挑战性，因为电网同步将各种影响合并，而最终出现的却是单一的、系统层面的结果。

此外，如果新技术的加入使旧技术难以适应（接入波动性可再生能源可能会给不灵活的发电厂带来问题），只有引入技术的顺序可以说明接入波动性可再生能源给不灵活发电机组带来了成本，而不是反过来。例如，当为适应现有发电机组的不灵活而需要弃风时，可以辩称现有发电机组应赔偿风电损失的收入。

另一个方法学问题与并网成本的分解有关。在计算并网成本时，通常是根据波动性可再生能源对电力系统产生的不同组影响分开进行分析（IEA，2011b；IEA，2011c；NEA，2012；PV Parity，2013）：

• 平衡成本旨在捕捉一项技术可能给系统其他部分带来的额外运行成本。就波动性可再生能源而言，这与净负荷短期波动性和不确定性增加相关（称为平衡效应）。成本的产生可能是由于需要持有或使用备用电量应对预测失误、发电厂调节和启停的增加或其他发电厂运行的成本效益较低等原因造成的。

• 充足性成本。电力系统必须有足够发电容量，从而即使是在高峰时段也能够满足系统需求。这称为系统充足性。波动性可再生能源往往对系统充足性贡献相对较低，因为其只有一小部分潜在发电量在需求高峰时段是确定可用的。因此，系统中需要有其他电厂来弥补这种波动性。

● 电网相关成本旨在捕捉额外的电网投资需求。这些成本可能来自连接偏远的发电厂，强化输电网或与周边系统建设额外的互联。在配电层面，将小规模发电机组接入电网可能也需要强化电网。

细分为上述三个类别有助于大致估计每个影响组的经济相关性。细分往往是必要的，因为现有电力系统模型一次只能捕捉到某些影响组，即模型可能专门评估电网影响、平衡影响或充足性影响。因此，本章所报告的估计值是以这种方式划分的（见下文）。

然而，不同的并网成本类型并不是彼此独立的。例如，电网基础设施投资增加可能会有助于在系统层面平滑波动性可再生能源的波动性，由此降低平衡和充足性影响。类似地，在中长期将电源结构转向更灵活机组将会降低平衡成本，但可能会给充足性成本带来影响。由于电力系统作为整体内部存在复杂的相互作用，因此通常不可能严格分解成上述三类。由于不同的并网成本类型不是彼此完全独立的，将各部分相加时需谨慎，尤其是如果是来自于不同的模型。此外，应对用于计算并网成本的参考技术做明确说明。

本章接下来部分展示了对并网成本的不同估计值。成本估计值范围之广反映了并网挑战及所带来的成本与具体系统相关，但这也是由于成本计算方式的差异导致的。因此，不同的估计值也许不具有直接可比性，且固有地包含高度不确定性。最重要的是，不同类型的估计值不能相加。

4.3.2　电网的影响

当电力系统中波动性可再生能源占比较高时，增加输电容量极有可能在经济上是高效的。一方面，如果波动性可再生能源资源连接到配电网上，增加配电网容量及使配电网更智能化也可能是最优决定。另一方面，如果波动性可再生能源发电机组位置靠近负荷（例如城市地区的屋顶太阳能光伏装置），也许可减少电网损失。比较有和没有波动性可再生能源部署的两种情景，可相当直接地找出增量电网需求和电量损失。[①]现有并网

---

① 然而，额外电网容量也会带来其他效益，如增强可靠性。在模型研究结果基础上设计成本分摊框架时会需要考虑这点。

研究已发现由于电网相关影响额外成本会有不同。

在美国，有大量可再生资源分布在人口相对稀少的地区。例如，一些大的风能资源分布在达科他州和蒙大拿州，或在西南部。潜在的、巨大的太阳能光伏分布于西南部和西部的州，如亚利桑那州、加利福尼亚州、内华达州和新墨西哥州。根据东部风能并网和输电研究（EWITS）的数据，年化输电成本介于风电占比水平为6%时的92美元/千瓦与占比为30%时的46美元/千瓦之间（IEA，2011c）。[①]

欧洲风能并网研究（EWIS）分析了主要欧盟成员国达到目标风电占比水平所需的输电投资成本。研究发现，当风电渗透水平为10%时，成本会相当于大约2.1美元/千瓦/年（/kW/yr），当渗透水平达到13%时，成本上升至11.8美元/千瓦/年。这分别相当于0.97美元/兆瓦时（/MWh）和5.4美元/兆瓦时（IEA，2011c）。[②]

爱尔兰也提供了一个有意思的例子。因为爱尔兰在欧洲开展了一项广泛的并网研究，并且可提供一些关于岛屿系统并网成本的洞察（与大陆系统相比较）。当风电渗透水平在16%和59%之间时，爱尔兰年化输电成本在8.3美元/千瓦与37.5美元/千瓦之间，按照兆瓦时（MWh）来算，分别是在2.2美元/兆瓦时与9.7美元/兆瓦时之间（IEA，2011c）。

光伏平价项目近期评估了到2030年将480吉瓦太阳能光伏发电量并入欧洲电网的相关电网成本，发现输电网成本不高。在2020年成本估计约为0.5欧/兆瓦时，到2030年增至2.8欧/兆瓦时。到2030年强化配电网消纳太阳能光伏的成本约为9欧/兆瓦时（PV Parity，2013）。

作为波动性可再生能源并网项目第三阶段的组成部分，分析了两个一般性配电网的成本（方法学见附件A）。根据每户太阳能光伏装机容量和配电网结构，成本介于城市电网每户2.5千瓦太阳能光伏的1美元/兆瓦时

---

① 均化使用15%的贴现率。假设一夜间建成。

② 今天，欧洲输电需求是要实现欧洲3大目标：市场一体化、保障供应安全和实现可再生能源并网。在近期ENTSO-E10年网络发展规划中，系统安装成本大致分摊到这些目标上，但是，由于输电通常有多种目的，分摊成本的总和会高于总成本本身。

与乡村电网4.0千瓦太阳能光伏容量的9美元/兆瓦时之间。就2.5千瓦系统而言，额外成本是低的，因为在没有任何太阳能光伏发电的情况下，分布式电网的大小是由每户2千瓦的高峰负荷贡献所决定的。[①]

就每年能源而言，2.5千瓦的例子大致相当于家庭年电力需求的60%以上，而4.0千瓦的例子近似相当于100%。分析假设每个太阳能光伏装机容量的全部峰值电量都可被配电网消纳。在太阳能光伏发电量不输回电网的情况下成本要低得多。在这种情况下，太阳能光伏发电不会造成配电系统成本上升。然而，如果装机密度在当地非常高（一些地方系统远远超过每户4.0千瓦），则成本必然会增加。

总之，波动性可再生能源部署增加导致的电网相关成本与具体系统有关，成本分摊的做法需识别电网容量增加辐射的所有受益方。即使在波动性可再生能源占比很高的情况下，电网相关成本对系统总成本的贡献可能也非常小，但其影响可能是巨大的，尤其是如果要将偏远地区特别是海上资源接入电网。

4.3.3　平衡影响

平衡成本要捕捉电力系统运行成本由于第2章中介绍的平衡效应而发生的变化。然而，接入波动性可再生能源对运行的主要影响是通过节省燃料而避免了一些成本。因此，平衡影响只是总的运行影响的一小部分，很难将之与其他影响准确地分开。

在调度间隔期间应对预测失误和波动性会使持有和使用备用电量的需求上升，这会增加系统总成本。其他发电厂调节和启停增加及电厂安排可能出现的效率低下也会造成系统总成本增加。然而，成本取决于运行实践，例如利用预测和市场安排。现有并网研究已在不同程度上考虑了这一点，即假设了不同的预测准确水平和不同的调度实践。在比较平衡成本不同估计值时，需要牢记这一点。文献中风电平衡成本的估计值（根据Holttinen et al.，2011和Hirth，Ueckerdt and Edenhofer，2013的调研）介

[①]　这已经考虑了多户家庭聚合高峰需求低于单个高峰需求之和的影响。

于1美元/兆瓦时和7美元/兆瓦时之间，取决于渗透水平和系统具体情况（图4-2）。

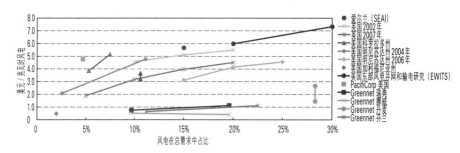

图4-2   不同并网研究模型平衡成本比较

注：SEAI=爱尔兰可持续能源管理局。美元兑欧元汇率=1.3476。

资料来源：Holttinen，H. et al.，2013。

要点：计算的风电平衡成本介于1美元/兆瓦时和7美元/兆瓦时之间。成本与具体系统高度相关，往往会随渗透水平的提高而增加。

与常规发电厂循环频率和深度增加相关的磨损增加是美国国家可再生能源实验室近期一项并网研究的重点（NREL，2013a）。研究得出结论：当波动性可再生能源发电年渗透率为33%时，发电厂循环增加会使成本增加0.14美元/兆瓦时到0.67美元/兆瓦时。循环成本取决于发电厂类型和设计方式。

随着更灵活发电厂和其他灵活性选项的部署，电力系统的结构性转变可能会降低平衡波动性可再生能源的成本。

专栏4.1　　　　　**波动性可再生能源需要备用容量吗？**

"备用"这个术语在一定程度上具有误导性。备用暗示波动性可再生能源需要由其他发电容量来支持。然而，电力需求需要由合适的电源结构来满足。不需要因为系统中有波动性可再生能源而建设额外的可调度容量。相反，根据波动性可再生能源的容量可信度，将其接入系统可降低对其他容量的需求。简单地说，容量可信度指在保持可靠性水平不变的情况下，将发电容量接入系统后，电力需求可增加多少（Keane et al.，2011）。

比较波动性可再生能源和其他发电技术有助于说明波动性可再生能源如何促进保障系统层面的发电容量。

发电技术可视为既有助于满足电力系统全部能源需求，又有助于确保时刻都有充足的发电容量。不同技术对满足这两种需求贡献不一。例如，峰荷电厂可为保证发电容量做出很大贡献，而就能源而言贡献很少。而基荷电厂即使在总装机容量相当低时，也可帮助满足大量能源需求——这是因为基荷电厂大部分时间都在运行。

比较发电技术对能源需求的贡献（以容量系数表示）与对容量需求的贡献（以容量可信度表示）是有益的。一般火电厂容量可信度值大致上是其铭牌容量，但旧发电机组容量可信度可能要低得多。峰荷发电容量系数通常是10%左右，而基荷电厂容量系数一般为80%左右。总之，峰荷电厂容量可信度要高于其容量系数。基荷电厂的容量可信度与容量系数差不多。

波动性可再生能源的贡献与这些数字相比如何？在低渗透率时，波动性可再生能源的容量可信度变化区间很大。如果波动性可再生能源发电与需求高峰相关联，则容量可信度可以很高。对于太阳能光伏而言，其容量据报告在有利情况下可高达38%（PJM，2010）。如果在需求高峰时波动性可再生能源发电量低或甚至为0时（采用太阳能光伏，而需求高峰出现在晚上天黑之后），则容量可信度可能会接近于0。[1]报告的风电容量可信度值变化区间很大，占装机容量的5%到40%，取决于渗透水平和电力系统（Holttinen et al.，2013）。

随着波动性可再生能源占比提高，额外的波动性可再生能源容量往往容量可信度低。为什么？额外波动性可再生能源的容量可信度取决于其发电量是否与净负荷高峰时段相吻合。关键点在于：系统中已有波动性可再生能源越多，低风电量或太阳能光伏发电量导致净负荷峰的频率就越高。因为额外波动性可再生能源发电与现有波动性可再生能源发

---

[1] 容量可信度也许不等于0，即使技术的发电量在需求高峰时为0。重要的是技术对降低失负荷概率的总体影响（见 Keane et al.，2011）。

电量具有相关性，将更多接入系统并不能使这些时段发电量增加多少（图4-3）。

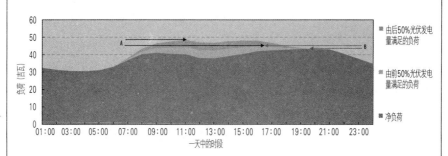

图4-3　接入太阳能光伏时需求高峰的增量下降

注：A=第一批太阳能光伏容量带来的峰值净负荷的减少；B=第二批太阳能光伏容量带来的额外峰值净负荷的减少。

要点：当渗透水平较高时，部署额外太阳能光伏带来的峰值负荷降幅可能会降低。

总之，在占比低时，波动性可再生能源容量可信度可高于其容量系数。在这些情况下，波动性可再生能源给系统增加的容量相应地比给系统增加的能源多。这使之与峰荷或中等灵活电厂发电类似。在波动性可再生能源以均衡方式贡献能源和容量的情况下（容量可信度和容量系数类似），其贡献与基荷电厂类似。

当波动性可再生能源容量可信度低于其容量系数时，其对能源需求的贡献要远远大于对容量需求的贡献。这种能源和容量贡献的组合只有在波动性可再生能源占比高或特定情况下才会出现（例如在用电高峰时段出现在日落之后的国家中利用太阳能光伏）。这种新组合已带动计算技术的发展，用于评估需要多少额外容量可信度以"平衡"波动性可再生能源的容量和能源贡献。

例如，在年电力需求总量达100太瓦时的电力系统中，风电容量系数25%、占比10%相当于4.6吉瓦风电装机容量。如果用容量系数为80%

的基荷技术来满足同样10%的年发电量，这意味着要将1.4吉瓦容量加入系统中。因此，即使风电按装机容量算容量可信度低，这并不意味着需要匹配每吉瓦风电容量以平衡风电在能源和容量方面的贡献。在上面例子中，假设容量可信度可忽略不计，如为0，每兆瓦风电装机容量将需要由0.3兆瓦（1.4/4.6）可调度容量来匹配，以获得和基荷电厂相同的容量贡献。如果风电容量可信度为10%，即4.56吉瓦中有0.46吉瓦用来确保系统容量，每兆瓦风电容量将需用0.2兆瓦（（1.4-0.46）/4.6）可调度容量来匹配。

　　如上面所述，并不是波动性可再生能源需要容量。系统作为整体需要有充足容量和能源。当占比高时，波动性可再生能源这方面贡献往往不对称。其能源贡献要高于容量贡献。在系统层面需要的不是由波动性可再生能源提供"备用"电量，而是满足电力需求的一种具有成本效益的解决方案。因此，当波动性可再生能源占比高时，剩余电源结构在确保容量方面需比能源方面贡献更大。这一角色转变及其经济影响被利用效应捕捉（见正文）。因此应在利用效应方面更全面评估容量可信度低所带来的波动性可再生能源的影响——而不是回到"备用"容量的想法上。

4.3.4　充足性影响

　　现有计算充足性成本的做法往往只侧重于波动性可再生能源对于满足高峰需求的贡献，而未能考虑波动性所产生的重要长期影响。除短缺时段外，波动性可再生能源发电在其他时段却是充裕的，这要求其他发电技术减少发电量以避免弃风、弃光。这些影响（短缺和充足）合起来称为利用效应。长期而言，利用效应意味着成本最优电源结构发生转变。持久性利用效应（第2章）会有利于以峰荷和中等灵活发电的容量系数运行时具有成本效益的技术。此外，平衡效应将有利于可频繁启/停及快速大幅调节的技术。根据现有发电技术，这两种效应有利于类似的技术，如灵活的联合循环燃气发电厂。平衡效应的估计值已在前一节呈现。这一节说明持久性利用效应的经济影响，采用简化计算说明问题。

分析假设剩余电源结构（满足净负荷所需发电量）完全适应波动性可再生能源的存在（长期视角）。一方面，波动性可再生能源降低了对其他发电的需求，这降低了剩余发电的总成本。另一方面，波动性可再生能源改变了剩余电源成本最优的结构。这通常增加剩余电源每兆瓦时成本，因为剩余结构中包含的基荷发电比例降低，中等灵活和峰荷发电比例上升。按每兆瓦时看，基荷发电成本一般要低于中等灵活和峰荷发电的成本。[①]因此，这一转变意味着剩余系统特定成本增加。

这种效应如图4-4所示。在接入风电和太阳能光伏发电组合后，剩余系统发电总量逐一减少。然而，剩余电源结构中不同技术被替代的速度不同。当波动性可再生能源在年发电量中占比超过20%时，基荷发电（容量系数为80%~90%）下降得相对较快，而中等灵活发电（30%~50%和50%~80%）甚至出现绝对值增加。

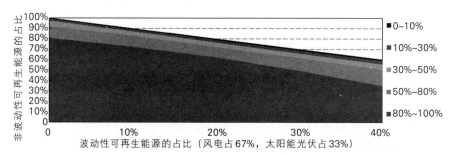

图4-4　在不同的风电和太阳能光伏发电占比情况下，非波动性可再生能源发电量

注：基于德国2011年负荷数据、风电和太阳能光伏发电数据。波动性可再生能源发电量按比例缩放；缩放可能会高估波动性的影响；仅为说明问题。

要点：当占比高时，波动性可再生能源往往会取代基荷发电（红色区域），在需要时可增加峰荷和中等灵活发电（其他区域）。

图4-4的数据可用于指示性地计算利用效应的经济重要性。假设基荷

---

① 在理论上，如果可获得大量有合适资本和运行成本组合的技术，有可能每项技术最低发电成本出现在不同的容量系数，所有技术在其最优容量系数时具有相同的均化发电成本。但当前技术不是这样的情况。

发电成本大约是60美元/兆瓦时，中等灵活发电成本为80美元/兆瓦时，峰荷发电成本为160美元/兆瓦时。按这些假设可直接计算对剩余系统总成本和每兆瓦时成本的影响（表4-1）。为便于比较，表中也包含接入恒定能源（基荷）而不是风电和太阳能光伏发电的影响。绝对值对均化发电成本的假设敏感度很高，因此仅具有指示性。

表4-1　　　　不同技术剩余电源结构每兆瓦时指示性发电成本

基荷				
年占比	0	10%	20%	30%	40%
总的净负荷（太瓦时）	492	443	393	344	295
峰荷发电	2%	3%	3%	3%	4%
中等灵活发电	17%	18%	21%	24%	28%
基荷	81%	79%	76%	73%	68%
平均均化发电成本（美元/兆瓦时）	65.7	66.3	67.1	68.1	69.4
平均均化发电成本的变化（美元/兆瓦时）	0.0	0.6	1.4	2.4	3.8
总成本（10亿美元/年）	32.3	29.3	26.4	23.4	20.5

仅有风电				
年占比	0	10%	20%	30%	40%
总的净负荷（太瓦时）	492	443	393	345	300
峰荷发电	2%	3%	5%	6%	8%
中等灵活发电	17%	18%	22%	30%	43%
基荷	81%	79%	73%	63%	49%
平均均化发电成本（美元/兆瓦时）	65.7	66.8	69.2	72.4	76.7
平均均化发电成本的变化（美元/兆瓦时）	0.0	1.2	3.5	6.8	11.1
总成本（10亿美元/年）	32.3	29.6	27.2	25.0	23.0

2/3风电1/3太阳能光伏发电				
年占比	0%	10%	20%	30%	40%
总的净负荷（太瓦时）	492	443	393	344	296
峰荷发电	2%	3%	4%	5%	7%
中等灵活发电	17%	16%	18%	23%	34%
基荷	81%	81%	78%	71%	59%
平均均化发电成本（美元/兆瓦时）	65.7	66.1	67.5	70.2	73.9
平均均化发电成本的变化（美元/兆瓦时）	0.0	0.4	1.9	4.5	8.2
总成本（10亿美元/年）	32.3	29.3	26.6	24.2	21.8

仅有太阳能光伏				
年占比	0%	10%	20%	30%	40%
总的净负荷（太瓦时）	492	443	394	354	329
峰荷发电	2%	4%	5%	5%	6%
中等灵活发电	17%	15%	24%	45%	71%
基荷	81%	82%	72%	49%	23%
平均均化发电成本（美元/兆瓦时）	65.7	66.7	69.4	74.6	80.3
平均均化发电成本的变化（美元/兆瓦时）	0.0	1.0	3.7	8.9	14.6
总成本（10亿美元/年）	32.3	29.5	27.3	26.4	26.4

注：波动性可再生能源发电量已根据实际值放大；放大波动性可再生能源发电量往往会高估波动性的影响，因此结果是指示性的。基荷发电成本为60美元/兆瓦时，中等灵活发电成本为80美元/兆瓦时，峰荷发电成本为160美元/兆瓦时。

要点：当大规模接入某一项技术时，剩余系统的总成本会下降而剩余系统的特定成本（每兆瓦时）可能会增加。

所有技术都降低了剩余系统的总成本。然而，剩余系统节省的成本并不是"一对一"的。所有技术都取代剩余系统中成本低于平均的发电量；因此，剩余系统每兆瓦时成本上升。就风电而言，当风电渗透率由0增至20%时，成本从65.7美元/兆瓦时增至69.2美元/兆瓦时。就太阳能光伏发电而言，增幅更大，在占比为20%时每兆瓦时成本达到69.4美元。然而，风电和太阳能光伏发电组合起来成本增幅则低得多，当占比为20%时，成本为67.5美元/兆瓦时。这与接入基荷发电时增幅相近，接入基荷发电占比由0增至20%时，成本从65.7美元/兆瓦时增至67.1美元/兆瓦时。

可通过一种假设不会增加剩余系统每兆瓦时成本的参考技术来进行比较。这样的技术会按其在年能源需求中的占比相应地降低剩余系统的成本（成比例降低）。然后可比较剩余系统总成本的差异（图4-5）。风电占比40%可减少29%的成本，基荷可减少37%的成本，成比例降低（按定义）使成本降低40%。

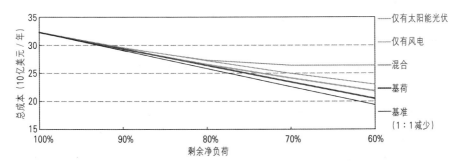

图4-5　不同技术和在年需求中不同占比下满足净负荷的剩余系统总成本

注：总成本的计算基于表4-1的均化发电成本。

要点：波动性可再生能源和基荷发电不是一一对应地减少剩余系统的成本（最下面那条黑线）。

将每兆瓦时成本的增加用增加的发电量表示，则在年占比为10%时，对应风电10.4美元/兆瓦时、太阳能光伏发电8.8美元/兆瓦时和基荷发电5.7美元/兆瓦时。混合部署风电和太阳能光伏发电使成本降至3.8美元/兆瓦时，低于基荷发电的情况。

然而，随着渗透水平不断增加，利用效应变得更显著。当占比为40%时，这些数字分别为风电16.6美元/兆瓦时，太阳能光伏发电21.9美元/兆瓦时。其他研究也报告了类似的波动性可再生能源成本区间（例如NEA，2012）。对于基荷发电，当占比为40%时，效应仍为5.7美元/兆瓦时。

风电和太阳能光伏发电组合的成本要比单独使用风能或太阳能光伏低，但成本还是达到12.3美元/兆瓦时，利用效应要比基荷情况下大。但这一估计可能高估了利用效应的重要性，因为将发电历史数据按比例放大到了相应的渗透水平。

但即使将效应扩大了2倍，在这些渗透水平上成本仍与平衡成本处于同一数量级。

这一关于利用效应重要性的简化计算表明，在高渗透率时利用效应加大了成本的增幅。在高占比时，接入波动性可再生能源也可能强化平衡效应。此说明的目的在于指出平衡效应和利用效应具有相关性，其他处理充足性成本的方式也许没能捕捉到全部的利用效应。这两种效应总会一起出现，最终只有两者结合的影响才是相关的。因此，即使在全面考虑了利用效应影响的情况下，仅按上面的计算将其加到平衡成本上有可能会夸大整体影响，造成误导。

在中等灵活/峰荷发电成本和基荷相差不大的系统中，这样的效应往往不那么重要。例如，依靠水库水能发电厂的系统就是如此，由于水的可获得性，其运行的容量系数可能与中等灵活发电差不多，但发电成本非常低。

上述讨论侧重于剩余系统的发电成本。然而，利用效应与波动性可再生能源也是相关的。如果电量充裕时需要弃风、弃光，这会造成整个电力系统成本的增加。弃风、弃光导致的均化发电成本的增加可以相当大（见第5章）。

4.3.5 价值角度

关于并网成本的讨论已强调了许多与这一方法相关的方法学问题，也介绍了对不同影响组的量化。从讨论中得出的总体结论是：（1）在为提取并网成本定义参考技术方面存在大量问题；（2）不同成本类型不互相独立，且可能未能捕捉全部效应；（3）实际数字根据渗透水平和系统情况会有很大差异。

计算并网成本的方法学问题似乎有两个主要的根源。第一，其试图提取系统总成本的一个子集，这似乎没有很好地界定，反映在选择合适基准技术以提取"纯并网成本"的相关问题上。这在围绕计算充足性成本的问题中也很明显（见专栏4.1）。第二，并网成本的计算试图将并网成本分解成不同要素，这些要素不互相独立。这很容易导致重复计算或遗漏某些效应。

然而，要了解波动性可再生能源部署对系统总成本的影响并不需要重新回到某一种特定基准技术或将成本细分为不同类型。这一节会相应提出两种方法：计算系统总成本，且基于系统总成本计算波动性可再生能源的价值。

部署波动性可再生能源①会触发电力系统或整个能源系统的诸多影响。并网效应的经济影响可通过考察接入波动性可再生能源后系统总成本的情况来理解。一般而言，接入波动性可再生能源发电会触发两种不同的效应：

● 一些成本会增加，如常规发电厂循环成本增加，额外电网基础设施的成本和波动性可再生能源部署本身的成本。这些可称为额外成本。

● 其他一些成本会降低。根据具体情况，这包括燃料成本降低、二氧化碳和其他污染物排放成本降低，对其他发电容量和电网需求降低，损失减少。这些可称为效益或避免的成本。

并网的挑战在这两个层面都可以反映出来：避免的成本和增加的成本。当波动性可再生能源占比较高时，接入更多波动性可再生能源往往带来更少避免的成本和更高额外的成本。例如，在占比较高时，如图4-6所

---

① 讨论侧重于波动性可再生能源，因为波动性可再生能源是本书主要的关注点。同样的方法可应用于任何技术。

示，太阳能光伏对降低净负荷（需由剩余系统满足的负荷）高峰的效益会
迅速降低。这种"回报递减"是经济学的一般原理，并不是波动性可再生
能源特有的。

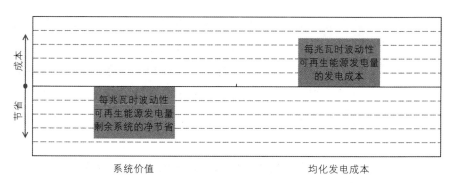

图4-6　系统价值和均化发电成本间关系说明

要点：应将风电和太阳能光伏发电的均化发电成本与其系统价值相
比较。

重要的是上述两种类型无法严格分开。例如，当太阳能光伏占比低
时，可有助于在正午削峰，由此降低对电厂循环的需求。同时，其占比较
高时，可能会造成正午净负荷低谷，增加电厂循环的需求。实际上，经济
学家通常不做上述区分。

并网成本分析似乎经常要试图专门提取"额外的"成本。然而，哪种
成本避免了、哪种成本是额外的，取决于复杂的相互作用，无法清晰区
分。考虑系统总成本则能有效避免这类问题。

除系统总成本外，最好能有一个可直接与波动性可再生能源发电成本
相比较的指标。这里波动性可再生能源的价值就变得非常有用。

接入波动性可再生能源的价值对应其对剩余系统的净效益，即避免的
成本减去增加的成本。[1]剩余系统可定义为将计算波动性可再生能源本身
的投资和运行成本时捕捉到的所有要素都排除之后剩余的部分。确保这两

---

① 从经济角度看，边际价值是相关的。这一讨论同样适用于波动性可再生能源的边际价值。

部分相加就直接构成系统总成本非常重要。评估波动性可再生能源对剩余系统的净效益，或其系统价值，能提供比人为提取和计算具体并网成本更全面的信息。从经济角度看，并网挑战就是所有造成波动性可再生能源价值下降的因素。

许多因素会影响波动性可再生能源的价值（Lamont，2008；Mills and Wiser，2012；Hirth，2013）。最重要的因素已在前几章中做了介绍，即：

- 波动性可再生能源生产和需求的时间和地点的匹配性（相关性）
- 渗透率
- 电力系统和电源的灵活性
- 波动性可再生能源接入系统相较于系统其他变化的速度

净效益也取决于分析中考虑了哪些成本和效益。波动性可再生能源的系统价值取决于分析中考虑的适应过程。这些适应也许是纯运行方面的，安装的资产——除波动性可再生能源本身外——仍保持不变，因而成本和效益也只是运行方面的。然而，如果也考虑更根本的适应过程，成本和效益将包括投资成本和效益，波动性可再生能源的价值也往往会更高（表4-2）。①

在短期，通过调节运行，例如在更大范围内平衡电力系统，可促进波动性可再生能源价值的提高，即使渗透率不断增加（见第6章）。在长期，包括剩余系统的投资和撤资、电源结构的结构性转变和灵活性选项的部署可促进系统整体再优化，降低系统总成本，使波动性可再生能源价值更高，即使是在高渗透率情况下（Denny and O'Malley，2007）。

总之，要去寻找波动性可再生能源的并网成本可能意味着出现错误的问题。要理解波动性可再生能源并网的经济性，需要理解波动性可再生能源的价值。

---

① 其他研究区分了事前分析(将电力系统资产视为给定,接入波动性可再生能源)和事后分析(电力系统资产完全适应波动性可再生能源的存在)。

表4-2 系统适应水平和波动性可再生能源的系统价值

		适应水平		
		仅在运行方面	中间	全面转型
潜在适应性		仅可调整调度和其他运行（投资已沉没）	• 资产可拆除或封存 • 可调整现有资产和需求以增加灵活性 • 波动性可再生能源部署战略改进	结构性变化，例如： • 转向中等灵活和峰荷电厂 • 网络基础设施调整（如智能电网基础设施） • 负荷模式变化 • 可部署额外的储能 • 开发出新技术
波动性可再生能源的系统价值（避免的净成本）	避免的成本	波动性可再生能源引起的燃料节省和排放下降	此外，节省的固定运行和维护成本	最大的资本和燃料成本节省 可更大规模利用波动性可再生能源
	额外的成本	波动性可再生能源引起的平衡成本和电网相关成本上升	平衡和电网相关成本降低	灵活性选项的额外成本平衡及电网相关成本降低

资料来源：adapted from Ueckerdt et al.，2013b。

要点：波动性可再生能源的系统价值取决于系统适应的程度。

4.4 波动性可再生能源价值与发电成本的比较

用系统价值法理解波动性可再生能源并网经济影响的优势在于能建立起与发电成本的直接联系。系统价值代表从波动性可再生能源发电中"获得了什么"。因此，可拿来直接与波动性可再生能源发电成本相比较。如果用每兆瓦时表示，可直接与每兆瓦时波动性可再生能源发电相比较。如果额外波动性可再生能源发电的价值大于其均化发电成本，进一步增加波动性可再生能源渗透率有助于降低系统总成本。此外，系统价值和均化发电成本之差指示系统成本将会增加的幅度（或如果价值超过成本，则指示系统成本会降低的幅度[①]）。

4.5　其他效益

如本章开篇所述，本章对成本和效益的分析侧重于电力系统层面。电力系统之外的其他波动性可再生能源的相关效益包括以下内容：

- 波动性可再生能源部署降低了对化石燃料的需求，因而有助于降低这些燃料的市场价格。
- 波动性可再生能源提供了对化石燃料价格波动的天然对冲，这具有货币价值（NREL，2013b；Awerbuch，2006）。
- 波动性可再生能源部署可能会导致经济活动和创造就业岗位数增加（IEA，2011a）。
- 风电和太阳能光伏耗水量相对较小，有助于减少能源相关的用水量。
- 波动性可再生能源发电不排放其他污染物，如硫化物（SOx）、氮化物（NOx）或颗粒物。

4.6　小结

风电和太阳能光伏发电的部署给电力系统、整体经济和社会带来效益和成本。对波动性可再生能源部署进行经济评估需要适当捕捉这些成本和效益。在电力系统层面，系统总成本分析捕捉了所有相关成本和效益。如前面所讨论的，进一步分解这些成本及试图提取具体的并网成本可能会带来方法学方面的问题。波动性可再生能源（或其他任何技术）对系统总成本的影响可通过计算其（边际）系统价值来评估。

---

① 一些作者建议称之为一项技术系统价值与其LCOE并网成本的(正或负)差值。当前分析未采纳这种定义,以免与传统定义混淆。

第2章讨论的不同并网影响会造成波动性可再生能源系统价值的降低。额外的电网成本，以及平衡和利用效应的综合影响在这方面最相关。

系统整体适应波动性可再生能源的程度决定了在高渗透率时波动性可再生能源价值能在多大程度上保持强劲。因此，高比例波动性可再生能源对系统总成本产生的影响会有动态组成部分：在转型阶段成本可能会上升（反映出波动性可再生能源价值较低），而在长期，多种不同的适应选择可有助于在含高比例波动性可再生能源的情况下实现系统优化。分析这样的选择——既从运行角度又从投资的角度——是本书接下来章节的核心目标。

需采用全面的方法研究并网的影响，以实现波动性可再生能源价值的最大化，使系统总成本降至最低。

参考文献

Awerbuch, S. (2006), "Portfolio-based Electricity Generation Planning: Policy Implications for Renewables and Energy Security", *Mitigation and Adaption Strategies for Global Change*, Vol. 11, Springer, pp. 693–710.

Denny, Eleanor and Mark O'Malley (2007), "Quantifying the Total Net Benefits of Grid Integrated Wind", *IEEE Transactions on Power Systems*, Vol. 26, No. 2, IEEE (Institute of Electrical and Electronics Engineers), pp. 605–615.

Grubb, Michael (1991), "Value of Variable Sources on Power Systems", *IEE Proceedings of Generation, Transmission, and Distribution*, Vol. 138, Issue 2, The Institution of Engineering and Technology, pp. 149–165.

Hirth, Lion, Falko Ueckerdt and Ottmar Edenhofer (2013), "Integration Costs and the Value of Wind Power", USAEE (United States Association for Environmental Economics) Working Paper No. 13–149, USAEE, Cleveland, Ohio.

Hirth, Lion (2013), "The Market Value of Variable Renewables: the Effect of Solar Wind Power Variability on their Relative Price", *Energy Economics*, Vol. 38, Elsevier, Amsterdam, pp. 218–236.

Holttinen, Hannele et al. (2011), "Impacts of Large Amounts of Wind Power on Design and Operation of Power Systems", *Wind Energy*, Vol. 14, Issue 2, Wiley, pp. 179–192.

Holttinen, Hannele et al. (2013), "Design and Operation of Power Systems with Large Amounts of Wind Power", Final Summary Report, IEA WIND Task 25, Phase 2, 2009–11, *www.ieawind.org/task_25/PDF/T75.pdf*.

IEA (International Energy Agency) (2011a), *Deploying Renewables 2011: Best and Future Policy Practice*, OECD (Organisation for Economic Co-operation and Development)/IEA, Paris.

IEA (2011b), *World Energy Outlook 2011*, OECD/IEA, Paris.

IEA (2011c), *Harnessing Variable Renewables: A Guide to the Balancing Challenge*, OECD/IEA, Paris.

IEA (2013a), *Clean energy progress report*, OECD/IEA, Paris.

IEA (2013b), *Medium-Term Renewable Energy Market Report*, OECD/IEA, Paris.

Katzenstein, Warren and Jay Apt (2012), "The Cost of Wind Power Variability", *Energy Policy*, Vol. 51, Elsevier, Amsterdam, pp. 233–243.

Keane, A. et al. (2011), "Capacity Value of Wind Power", *IEEE Transactions on Power Systems, Vol. 26, No. 2, IEEE, pp. 564–572.*

Lamont, Alan (2008), "Assessing the Long-Term System Value of Intermittent Electric Generation Technologies", *Energy Economics*, Vol. 30, Issue 3, Elsevier, Amsterdam, pp. 1208–1231.

Milligan, Michael et al. (2011), "Integration of Variable Generation, Cost-Causation, and Integration Costs", *Electricity Journal*, Vol. 24, Issue 9, Elsevier, Amsterdam, pp. 51–63, also published as NREL Technical Report TP-5500-51860, NREL (National Renewable Energy Laboratory), Golden, Colorado.

Milligan, Michael and Brendan Kirby (2009), *Calculating Wind Integration Costs: Sepa-*

rating Wind Energy Value from Integration Cost Impacts, NREL Technical Report TP-550-46275, NREL, Golden, Colorado.

Mills, Andrew and Ryan Wiser (2012), *Changes in the Economic Value of Variable Generation at High Penetration Levels: A Pilot case Study of California*, LBNL (Lawrence Berkeley National Laboratory) Paper LBNL-5445E, LBNL, Berkeley, California.

NEA (Nuclear Energy Agency) (2012), *Nuclear Energy and Renewables: System Effects in Low-Carbon Electricity Systems*, OECD/NEA, Paris.

NREL (National Renewable Energy Laboratory) (2013a), *The Western Wind and Solar Integration Study Phase 2*, Technical Report NREL/TP-5500-55588, NREL, Golden, Colorado, www.nrel.gov/docs/fy13osti/55588.pdf.

NREL (2013b), *The Use of Solar and Wind as a Physical Hedge against Price Variability within a Generation Portfolio*, NREL, Golden, Colorado, www.nrel.gov/docs/fy13osti/59065.pdf.

PJM (2010), *Rules and Procedures for Determination of Generating Capability*, PJM Manual 21, revision 09, effective date: 1 May 2010, PJM, Valley Forge, Pennsylvania, www.pjm.com/~/media/documents/manuals/m21.ashx.

PV Parity (2013), *Grid Integration Cost of Photo Voltaic Power Generation*, PV Parity, www.pvparity.eu/results/cost-and-benefits-of-pv-grid-integration.

Rahman, Saifur and Mounir Bouzguenda (1994), "A Model to Determine the Degree of Penetration and Energy Cost of Large Scale Utility Interactive Photovoltaic Systems", *IEEE Transactions on Energy Conversion*, Vol. 9, Issue 2, IEEE, pp. 224-230.

Ueckerdt, F. et al. (2013a), System *LCOE: What are the Costs of Variable Renewables?*, http://ssrn.com/abstract=2200572 or http://dx.doi.org/10.2139/ssrn.2200572.

Ueckerdt, F. et al. (2013b), "Integration Costs and Marginal Value: Connecting Two Perspectives on Evaluating Variable Renewables", Proceedings of the 12th Wind Integration Workshop, London.

Xcel Energy (2011), *Public Service Company of Colorado 2 GW and 3 GW Wind Integration Cost Study*, Xcel Energy Inc., Denver, CO., www.xcelenergy.com/staticfiles/xe/Regulatory/Regulatory%20PDFs/PSCo-ERP-2011/Attachment-2.13-1-2G-3G-Wind-Integration-Cost-Study.pdf.

第5章

系统友好型波动性可再生能源部署

要点

• 并网的常见观点是将风电和太阳能光伏发电机组视为"问题",将解决方案留给电力系统其他部分。然而,波动性可再生能源可为自身并网做贡献——为实现具有成本效益的系统转型,波动性可再生能源也必须这样。系统友好型部署的主要目的是使系统总成本降至最低,而不仅仅是将波动性可再生能源的发电成本降至最低。在这方面有5个相关要素。

• 时间。波动性可再生能源的接入需与系统总体长期发展相一致,反之亦然。经验显示,波动性可再生能源容量的部署可能会超过合适的基础设施的发展。这要求以综合方式对待基础设施规划。

• 地点和技术结构。从系统角度看,成本效益不仅是部署成本最低的技术或在资源最好的地方部署。可优化波动性可再生能源(及可调度的可再生能源发电)的结构以获取宝贵的合力——例如,在光照和刮风时段互补的地方(欧洲)。此外,通过为波动性可再生能源发电厂战略性地选址,可降低总的波动性,或可降低并网的成本。

• 技术能力。波动性可再生能源发电厂能提供越来越多的系统服务(如频率和电压支持服务),这些与确保电力系统的可靠运行相关。虽然提供这类服务的能力会增加波动性可再生能源发电厂的投资成本,在系统层面这会是具有成本效益的。

> ● 经济设计规格。波动性可再生能源发电厂的设计可从系统角度优化，而不仅是为了时刻都达到最大发电量。例如，现代风机设计可通过在低风速时段收获相对更多的能量来促进并网。类似地，太阳能光伏发电系统的设计可通过考虑太阳能面板朝向及光伏组件容量与逆变器容量的配比来优化。这降低了波动性，可增加波动性可再生能源发电的价值。
>
> ● 弃风、弃光。偶尔的弃风、弃光（在理想状态下根据市场价格）可提供一条具有成本竞争力的路径，通过考虑基础设施和运行成本节约实现系统总成本的优化。

波动性可再生能源并网的常见观点是将风电和太阳能光伏发电机组视为"问题"。解决方法来自电力系统其他部分。鉴于近期波动性可再生能源发电机组的技术进步及其并网的要求，这种观点越来越不准确。波动性可再生能源可为自身并网做贡献——要实现具有成本效益的并网，波动性可再生能源也必须做到这点。

波动性可再生能源未被视为自身并网的工具也许有历史原因。在波动性可再生能源部署初期，政策重点不是在并网上。过去的重点可归纳如下：

● 尽快实现部署最大化。

● 尽快降低能源成本（按均化发电成本计算）。

这些目标在全球波动性可再生能源部署初期是合理的（不同部署阶段的讨论见 IEA，2011a）。在那些仅希望实现中低比例波动性可再生能源的地方，这些目标可能也是合适的。忽视并网问题降低了政策复杂性，避免需要在不同目标间做取舍。然而，在波动性可再生能源技术预计会成为核心主体的地方，政策目标也许需要修改。政策需考虑系统的相互作用，在超过一定渗透水平后，系统的相互作用会在部署挑战中占据主导地位。这就转变为新的目标，可归纳如下：

● 在合适的时间合适的地点实现适量的部署，即时间和地点。

● 确保波动性可再生能源发电机组有助于提供电网稳定运行所需的一

系列系统服务；即波动性可再生能源的系统能力。

● 实现波动性可再生能源发电价值最大化，同时继续降低成本，即基础设施的规模、波动性可再生能源发电厂的经济设计标准和技术结构。

这些新重点可能会对现有波动性可再生能源支持政策构成挑战。例如，也许有必要向发电机组发出地点和时间信号，使发电机组暴露于市场价格以鼓励在最具价值的地点和时间部署。这可为动态变化的电力系统（例如，在非经合组织成员国）提供机会，这些地方在未来数年会有很高的投资需求。在这些系统中，如果能与整个系统的转变同步，可更容易实现波动性可再生能源渗透率更动态的增长。然而，即使是在快速发展的电力系统中，波动性可再生能源的部署仍可能会超过系统其他部分升级的速度（见下文）。

需很好地设计系统服务能力和经济激励以确保波动性可再生能源技术能成为可靠且具有成本效益电网的一个主要支柱。

5.1　部署的时间和地点

波动性可再生能源的部署速度很容易超过电力系统其他部分的变化速度。根据行政管理要求和可获得的资金量，一个波动性可再生能源项目的开发可以很快，太阳能光伏只需几个月时间，陆上风电项目只需一年。这与建设新电网和发电基础设施所需时间相差很大。在稳定的电力系统中，陈旧资产更替的速度比接入波动性可再生能源的速度要慢，这使得实现整个系统的同步更具挑战性。然而，由于更严格的排放要求、德国将按计划拆除核电站、其他一些国家也在讨论核电站拆除等原因，将会有大量发电容量撤销，这也许会为加速适应提供机会之窗。

5.1.1　与电网基础设施同步

就输电网互联而言，新项目交付周期可能相差很大，在公众反对少、行政管理不太复杂的情况下只需要几年，而在问题更多的情况下则需要数十年。例如，西班牙和法国之间实现互联花了几十年，期间有高层政治干预以确保向前推进完成互联（欧盟委员会，2007；Inelfe，2013）。此外，欧洲和美国的国内输电项目经常晚于计划。然而，电网扩建速度在动态增长系统中也可能是个问题。例如在巴西，2013年6月本书撰写时，大约有600兆瓦（MW）风电容量在等待并网。在风电容量拍卖之后组织提供电网基础设施的拍卖，由于环境约束，风电部署的速度超过了电网基础设施部署的速度。巴西之后改变了这种方式，要参与新容量拍卖，风电项目通常需要位置靠近现有输电线或已有输电线。

波动性可再生能源项目选址需在资源最优地点和靠近现有电网基础设施及负荷中心间做取舍。要在这些要素间确定最佳取舍是一个挑战，尤其是因为这会随波动性可再生能源成本的降低而发生变化。①此外，成本分摊可能带来"鸡和蛋"的问题。建设电网连接偏远地区的波动性可再生能源只有在已建成充足波动性可再生能源容量的情况下才会具有成本效益。然而，最初波动性可再生能源项目发电容量往往较低，因此需在建成全部发电容量或甚至在完全规划好之前找到支付输电费的方式。根据已有监管框架，这类输电项目的成本回收和分摊会具有挑战（详见 Volk，2013）。针对这一问题已使用了许多监管解决方案，如得克萨斯州竞争性可再生能源区（专栏3.5）或爱尔兰门户系统（RETD，2013）。然而，应将电网强化与其他选项放在一起评估，例如若电网只在部分时段或只在某些生产和负荷情况下发电量不充足，可采用不用尽全部可用风电或转变其他电源运行等方法（Holttinen et al.，2013）。

除了连接新项目的输电投资外，整个输电网的规划也是一个关键问题。在较确定地知道未来发电机组和负荷位置时，能以更具成本效益的方式建设输电网。这有助于将整个系统成本降至最低。就输电规划而言，在需要大力强化电网的情况下，最具成本效益的解决方案是根据网络中最终的波动性可再生能源量建设输电网，而不是之后零碎地对输电网进行升级（Holttinen et al.，2013）。

使额外可再生能源和电网容量同步并不意味着波动性可再生能源部署

---

① 其他研究区分了事前分析（将电力系统资产视为给定，接入波动性可再生能源）和事后分析（电力系统资产完全适应波动性可再生能源的存在）。

需要等待输电基础设施。德国近期一项研究分析了这一问题，结果显示推迟电网投资的价值与推迟期间增加弃风、弃光所产生的成本相当（Agora Energiewende，2013；RETD，2013）。

配电网投资通常不会因公众接受度或许可问题而耽搁。实现配电网建设与波动性可再生能源部署同步的挑战主要来自：

- 不了解未来电网要求。
- 分布式太阳能光伏规模扩大的速度。
- 电网基础设施投资周期长（40年及以上）。

例如在德国，几大配电网运营商之一E.ON Bavaria在近几年高峰月份中每天收到数百个连接请求。此外，屋顶太阳能光伏发电部署常常在某些特定社区最为活跃，导致太阳能安装总体分布不均。在缺乏协调部署的情况下，电网规划者要以在长期具有成本效益的方式规划和扩建基础设施尤其困难，无法提前知道哪里会出现此类"热点"。

分析显示，如果系统是按容纳相应比例太阳能光伏设计的，大量分布式太阳能光伏对配电网的成本影响不大（见7.2节）（在典型的欧洲地下配电网中，对每户2.5千瓦至4千瓦装机成本的影响是0.001欧元/千瓦时至0.011欧元/千瓦时），但改造成本会高很多（dena，2013）。鉴于政府雄心勃勃的目标，虽然一定程度的改造不可避免，但预测未来电网所需规模的能力很关键。

5.1.2 与发电基础设施同步

本章进行的模型分析凸显出最优可调度电源结构会随着大规模波动性可再生能源的引入而发生变化（见7.3节）。这一发现与其他考察该问题的研究一致（例如见NREL，2013；DCENR and DETI，2008；NEA，2012；Nicolosi，2012；Hirth，2013）。

这意味着可调度发电的最优投资模式取决于波动性可再生能源的建设轨迹。因此，就波动性可再生能源建设路径提供可预见性和确定性对确保电源结构按未来要求转变至关重要。

在稳定的电力系统中，不可能对现有发电厂优化以应对高比例的波动性可再生能源，因为高比例波动性可再生能源往往会将最优发电厂结构从基荷容量转向中等灵活电厂或峰荷电厂。向自适性系统转型也许会带来额外的管理上的挑战（见第8章和Baritaud，2012）。在电力系统正在动态变化的国家中，投资模式需与波动性可再生能源相一致，从而有可能从实现向优化系统的"跨跃式"发展中受益。

5.2   波动性可再生能源的系统服务能力

电力系统的可靠运行关键取决于大量的系统服务，这些系统服务帮助保持系统频率和电压水平。在大规模断电后重启系统也需要一些特殊能力（所谓的黑启动能力），其中一些服务由系统运营商采购或在专门市场上交易。其他通过电网规程强制要求（在北美称为互联标准），规程规定了与电网相关的任何实体的技术要求。不同系统可以不同方式获取同样的服务。例如，一些在电网规程中做强制要求，而另一些则采用采购或市场机制。

在电力系统中最初接入波动性可再生能源时，需要制定针对波动性可再生能源的具体并网要求，因为这些是新技术，有不同的能力，会对系统产生不同的影响。初期要求的特征是采用"不产生损害"的方法，尽管这点并不总能做到（RETD，2013）。

在一些例子中，最初反应是故障或频率过高时段就将波动性可再生能源与电网断开，在装机容量超过3吉瓦后这种做法实际上开始给系统带来问题。

就风能而言，发现在电压骤降（"电压瞬时跌落"）故障的情况下断开风电的初始要求对系统安全构成了威胁（dena，2005）。同样，这主要不是波动性可再生能源发电技术本身的问题，而是运行方式的问题。通过要求波动性可再生能源发电厂具备故障不间断运行（fault ride through，FRT）的能力。这一问题已得到解决，从西班牙的例子可以看出，在电压瞬时跌落后发生波动性可再生能源发电机组脱网的情况已降至0（图5-1）。

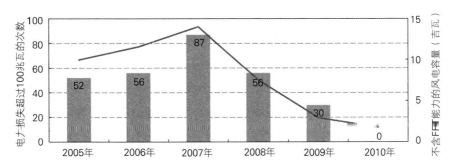

图5-1 西班牙无FRT的风电容量和电压跌落造成电力损失超过100兆瓦次数的变化

注：FRT=故障不间断运行

资料来源：基于 Eléctrica de España 的数据。

要点： 确保波动性可再生能源有合适的技术能力对保障并网很重要。

德国太阳能光伏电厂的电网规程原先规定，如果频率超过50.2赫兹，所有发电厂要与系统断开，在系统受干扰期间可能会出现频率超过50.2赫兹的情况。这样的规定虽在太阳能光伏渗透率低的情况下使系统可以安全运行，在高渗透率的情况下有可能会构成威胁。如果所有太阳能光伏电厂都同时脱网，发电容量损失可能会对系统安全构成风险。在发现这一问题后，德国实施了改造项目，以确保不会因为电网规程的要求而出现骤然电力损失。

在过去几年中，电网规程中出现很多针对波动性可再生能源技术的新要求。但很多情况下这些要求的性质、范围和构想是模棱两可、迥然不同又前后矛盾的（RETD，2013）。在欧洲，这促使欧洲电力输送运营商（ENTSO-E）制定一套针对欧洲所有系统的最低电网规程要求，以建立更一致的框架（ENTSO-E，2013）。

在达到高渗透率时，波动性可再生能源发电可能在某些时段足以满足绝大部分甚至全部电力需求。在这些时段只需要少数甚至不需要常规发电机组就能满足电力需求，需要找到解决方案提供独立于常规发电机组运行的所有相关系统服务。否则，会需要弃风、弃光以为常规发电机组腾出空间。

波动性可再生能源发电厂不是提供给定系统服务最经济的来源。加入模仿常规同步发电机组行为的某些技术能力会增加波动性可再生能源发电厂的成本。此外，从系统角度看，要求波动性可再生能源模仿旧技术的行为也许不是最优的。在制定要求时要考虑到未来系统的需求，还需要将强制性要求的影响与建立获取系统服务更市场化、技术中性的框架进行权衡。

风电和太阳能光伏发电厂的系统服务能力及提供这些服务的相关成本是欧盟资助的 REserviceS 项目的重点（www.reservices-project.eu）。该项目在本书撰写时仍在进行，但已获得了许多重要结果（REserviceS，2013a and 2013b）。

目前的可用技术具备先进的频率和电压支持能力，要持续提供频率和电压服务只需克服少数技术约束（REserviceS，2013a and 2013b）。主要问题如下：

● 如果在电厂未运行（产生有功功率）时要求对无功功率进行动态控制，这意味着会给一些风电技术带来额外成本。

● 由大型低压并网太阳能光伏提供频率控制需要实施通信技术，这可能成本也很高。

● 一些服务可及性取决于天气——根据预测的准确性，只有部分电量的供应是确定的。需通过将分散的电厂聚合来缓解，并需要一个允许接近交付时间竞价的合约框架。

正如第6章中更详细讨论的，改进系统服务市场是改进能源市场总体设计的一个关键组成部分。

5.3　基础设施的规模和弃风、弃光

将波动性可再生能源发电量接入电网要求投资于输配电网基础设施。基础设施所需规模由最大需求时段决定，这反过来又取决于接入电网电源的最大发电量。如果波动性可再生能源发电高峰出现的频率很低，电网基础设施可能总体利用系数低。因此，降低基础设施规模和通过弃风、弃光来削峰，成本可能会更低。在决定基础设施规模时应研究这种选择，以实现系统总成本最小化。波动性可再生能源发电量尖峰越明显，就越能以相对较低的波动性可再生能源发电量损失节省更多的电网容量。以德国为例，通过将太阳能光伏发电厂年能源产量减少5%，可将所需的连接容量

减少30%（Troester and Schmidt，2012）。

弃风、弃光与基础设施规模间的最佳取舍取决于诸多因素，最重要的是波动性可再生能源发电厂和电网基础设施的相对投资成本。最优弃风、弃光水平一般是低的，因为弃风、弃光水平一旦超过某个阈值，发电成本就会大幅上升（图5-2）。

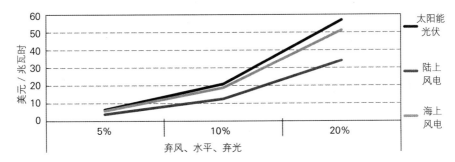

图5-2　风电和太阳能光伏发电成本的增加与弃风、弃光的函数

资料来源：除非另作说明，本章所有图表均来自国际能源署的数据和分析。

要点：少量弃风、弃光导致的成本增加不大。弃风、弃光的程度更高时，额外成本会急剧增加。

5.4　经济设计标准

风机和太阳能光伏系统都在持续改进。客户要求是波动性可再生能源发电厂研究和设计的一个重要驱动因素，而客户的要求又是由设备提供的收入机会所驱动的。与过去政策目标一致，设计也旨在使均化发电成本降至最低，很大程度上不考虑发电的地点和时间。

随着达到高渗透率时波动性可再生能源的角色变化，波动性可再生能源发电厂的最优设计预计也会发生变化。实现系统总成本最小化将日益成为一个重要驱动因素。波动性可再生能源技术很可能具有促进自身并网的巨大潜力。当波动性可再生能源的发电成本是其更广泛部署的主要经济障碍时，降低发电成本是重中之重，这反映在激励结构上。因此，通过略微增加发电厂层面发电成本，从系统角度实现波动性可再生能源总成本效益最大化，这个问题在过去可能相对没有受到关注。

风机工程师在机器设计方面有很多选择。设计的一个重要方面是相对于发电机尺寸风机转子扫过面积的大小。扫风的面积决定风机能"捕捉"到多少风。发电机尺寸决定可将多少转动能量转变为电力。近几年，有一种趋势是相较于发电机组容量增加扫风面积。这种变化背后的驱动因素是根据地点（质量较低厂址）和相对设备成本（叶片相较于发电机）优化能源生产，但这种趋势也有望改进并网（Molly，2012；IEA，2013）。比较同一地点的风机发电量，优化系统的风机每年能带来的发电量不变，但可降低波动性（图5-3）。减少充裕的情况，增加低风速时段的相对产量。

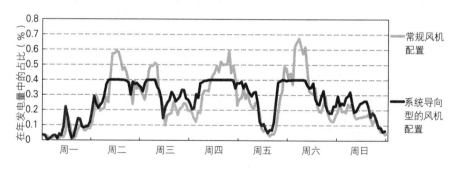

图5-3 两种不同风机设计及所导致的波动性模式的比较

注：常规风机配置2.5兆瓦，高度90米，转子直径85米；系统导向型风机配置3兆瓦，高度140米，转子直径115米。

资料来源：Agora Energiewende，2013。

要点：系统友好型风机设计可降低发电量的波动性。

这一设计改变实际上意味着在高风速时段不提取全部能量，降低了风能利用的效率。但如果高风速时段风能对电力系统价值非常低，则应在风机设计中体现出来。更经济的做法可能是在充足时段直接让风溢出来，而不是安装为将风能全部转化成电能而设计却需要频繁弃风的风机。这种转变的影响可节省电力系统各部分的成本，如降低电网投资的需求，或减轻灵活电厂循环的负担。

对于风机选址也是如此：将下一个风机安装在与现有风机发电量没什么关联或负相关的地方带来的电力价值会更高。将波动性可再生能源发电机组暴露于市场价格中可为这种价值差异发出信号。在其他风机没有发电时，发电的风机电量的市场价格可能会更高。德国当前实施的市场溢价模式就包含这种激励。

太阳能光伏系统也有设计的选择，如关于光伏面板的朝向及组件容量与逆变器容量的配比。

不同面板朝向的系统效益还需要进一步研究，因为目前对此进行评估的研究为数不多（Troester and Schmidt，2012）。在北纬40度，将面板朝东/西15度会使容量系数降低约20%，但清晨和夜晚变化的斜率大约是朝南系统的一半。同等面板容量，东/西朝向情况下，峰值发电量也更低（图5-4）。然而，研究发现，改变朝向会带来许多效益，从系统并网角度看，没有哪个朝向更优。这里分析的是德国的纬度，其他纬度结果会有不同。在靠近赤道的地方，东/西朝向的积极效果往往更高（Troester and Schmidt，2012）。需要将这些设计选择的成本效益与通过减少有功功率（弃风、弃光）来削峰等其他选择放在一起评估。

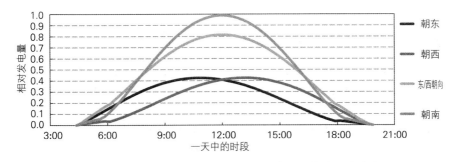

图5-4　德国5月份面板朝向对太阳能光伏发电情况的影响

注：在世界其他同纬度地区情况是一样的。

资料来源：Troester and Schmidt，2012。

要点：在德国，结合朝东和朝西面板发电使变化斜率降低，清晨和夜晚时段发电量略微上升。

5.5 技术结构

　　风电和太阳能光伏发电量都受天气状况影响。在很多地区，风和光照可及性之间存在系统性联系。这样的关联可出现在不同时间范围内：一天之中的短期关联（晴天也许风不大，反之亦然）和季节性关联（秋天可能风更大，夏季可能阳光更充足）。此外，与非波动性可再生能源技术可及性的关联可能也是重要的。生物能产量取决于饲料可及性，而饲料可及性可能随季节而变化。类似地，水电厂水的可及性经常显示出季节性波动。因此，找到合适的技术结构可平衡每个部分的波动性，使电源结构更好地匹配电力需求。例如，在欧洲风电和太阳能光伏发电之间有很好的季节互补性（图5-5）。

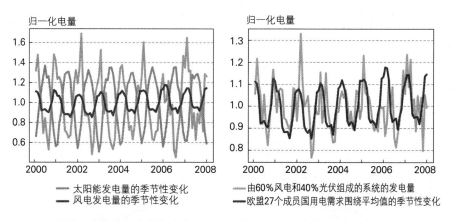

图5-5　欧洲电力需求和太阳能光伏发电、风电及60%风电和40%太阳能光伏发电结构的发电量季节性波动

注：平均值归一化至1。

资料来源：IEA，2011b。

　　要点：在欧洲，从季节角度看，风电和太阳能光伏发电的组合比单独使用两种技术能更好地匹配电力需求。

巴西是个很好的例子，展示了风电和水电间可能的合力。Belo Monte
水电站将作为径流式水电站运行，有相当大的季节波动性。这将导致连接
大坝和负荷中心的输电线利用率低。然而，在巴西这一地区干季与风季吻
合，接入风电容量将在无需增加输电容量的情况下提高现有资产利用率。
因此，风电部署将降低每兆瓦时的输电成本。

5.6　政策和市场考虑

风电和太阳能光伏发电可为自身并网做贡献。上述讨论指出了促成贡
献的两大主题：

●需对电力系统不同部分采取一致、前瞻的方式，包括对波动性可再
生能源发电机组、其他电源和电网基础设施。

●需要将波动性可再生能源发电机组暴露于合适的经济信号，以促进
波动性可再生能源发电厂系统友好型设计、部署和运行。

政策将日益需要使波动性可再生能源的接入与系统整体发展相一致、
使系统整体发展与波动性可再生能源的接入相一致。这可能会有控制波动
性可再生能源发电厂总体部署量和位置的需要。拍卖机制也许可提供一种
具有吸引力的解决方案，以具有竞争力的价格引导总体部署量。为大型风
电和太阳能项目找到优先开发区可有助于引导部署地点。此外，在市场价
格中包含位置信号可有助于更有效地选址（见第6章）。

波动性可再生能源发电机组的技术要求确保波动性可再生能源发电厂
具备未来数年所需的能力，以免进行成本高昂的改造。在使用这样的能力
会带来成本的情况下，可通过在部署时要求具备这些能力，但只有在达到
更高渗透水平时才使用这些能力来实现。然而，技术要求应量身定制，匹
配不同发电技术的优势。在任何情况下，电力市场的设计都应促进以技术
中性的方式提供系统服务。

要影响波动性可再生能源发电机组的经济设计标准，可能需要对经济
支持政策进行更根本的修改。在存在流动现货市场的地方，市场溢价模型
可以是朝着这一方向迈出的重要一步。将波动性可再生能源发电机组暴露

于市场价格会产生激励，鼓励在最需要的时段发电，这将有利于在价值最高时段发电的发电机组。然而，将波动性可再生能源发电机组暴露于市场价格，不应过度增加波动性可再生能源项目的投资风险，否则波动性可再生能源投资前期融资风险溢价的增加可能会超过对系统并网的积极影响。在无法采用市场溢价模型的地方，可将激励与转子直径和发电机容量之比相关联。类似地，太阳能光伏电厂的报酬可与逆变器和面板容量之比相挂钩。但在对支持政策实施这类改变前，建议对这类选项的相对成本效益进行更详细的研究。

参考文献

Agora Energiewende (2013), *Entwicklung der Windenergie in Deutschland (Develop-ment of Wind Energy in Germany)*, Agora Energiewende, Berlin, www.agora-energiewende. de/fileadmin/downloads/ publikationen/Agora_Kurzstudie_Entwick-lung_der_Windenergie_in_Deutschland_web.pdf, accessed 94 June 2013.

Baritaud, Manuel (2012), "Securing Power During the Transition", IEA Insight Paper, OECD/IEA (International Energy Agency), Paris.

DCENR (Department of Communications, Energy and Natural Resources) and DETI (Department of Enterprise, Trade and Investment) (2008), *All Island Grid Study*, by ESB International, Dublin.

dena (Deutsche Energie-Agentur GmbH) (2005), *Energiewirtschaftliche Planung für die Netzintegration von Windenergie in Deutschland an Land und Offshore bis zum Jahr 2020* (Economic Planning for the Grid Integration of Land-based and Offshore Wind Energy in Germany Until 2020), Final Report, www. dena.de/file-admin/user_upload/Publikationen/Energiesysteme/Dokumente/dena-Netzstudie. pdf.

dena (2013), *Verteilnetzstudie (Distribution Grid Study)*, Final Report, www.dena.de/ fileadmin / user_ upload / Projekte / Energiesysteme / Dokumente / denaVNS_Ab-schlussbericht.pdf.

ENTSO-E (European Network of Transmission Operators for electricity) (2013), *Net-work Code on Requirements for Generators*, www.entsoe.eu/major-projects/net-work-code-development/requirementsfor-generators/.

European Commission (2007), Projet d'Intérêt Européen EL3, "Interconnexion élec-trique France-Espagne", Premier Rapport d'Etape du Coordinateur Européen, Mario Monti, European Commission, Brussels, http://ec.europa.eu/energy/infra-structure/tent_e/doc/high_voltage/2007_12_high_voltage_report_fr.pdf, accessed 29 August 2013.

Hirth, L. (2013), "The Market Value of Variable Renewables", *Energy Economics*, Vol. 38, Issue C, Elsevier, Amsterdam, pp. 218-236.

Holttinen, Hannele et al. (2013), "Design and operation of power systems with large amounts of wind power", Final Summary Report, IEA WIND Task 25, Phase Two 2009-11, www.ieawind.org/task_25/PDF/T75.pdf.

IEA (International Energy Agency) (2011a), *Deploying Renewables 2011*: Best and fu-ture policy practice, OECD/IEA, Paris.

IEA (2011b), *Solar Energy Perspectives*, OECD/IEA, Paris.

IEA (2013), *Technology Roadmap Wind Power*, OECD/IEA, Paris.

Inelfe (2013), INterconnexion ELectrique France Espagne, *www.inelfe.eu*.

Molly, J.P. (2012), "Design of Wind Turbines and Storage: A Question of System Op-timisation", DEWI Magazin, No. 40, DEWI (Deutsches Windenergie Institut), Wil-helmshaven, www.dewi.de/dewi/fileadmin/pdf/publications/Magazin_40/04.pdf.

NEA (Nuclear Energy Agency) (2012), *Nuclear Energy and Renewables: System Ef-fects in Low-Carbon Electricity Systems*, OECD/NEA, Paris.

Nicolosi, Marco (2012), The Economics of Renewable Electricity Market Integration. An Empirical and Model-Based Analysis of Regulatory Frameworks and their Impacts on the Power Market, PhD thesis, University of Cologne.

NREL (National Renewable Energy Laboratory) (2013), *Renewable Electricity Futures Study, Volume 1: Exploration of High-Penetration Renewable Electricity Futures*, NREL, Golden, Colorado, www.nrel. gov/docs/fy12osti/52409-1.pdf.

REserviceS (2013a), "Capabilities and costs for ancillary services provision by wind power plants" Deliverable D3.1 available at www.reservices-project.eu/publications-results/.

REserviceS (2013b), "Ancillary Services by Solar PV: Capabilities and Costs "Deliverable D4.1 available at www.reservices-project.eu/publications-results/.

RETD (Renewable Energy Technology Deployment) (2013), RES-E-NEXT: Next Generation of RES-E Policy Instruments, RETD, Utrecht, http://iea-retd.org/archives/publications/res-e-next.

Troester, E. and J.D. Schmidt (2012), "Evaluating the Impact of PV Module Orientation on System Operation", 2nd International Workshop on Large-Scale Integration of Solar Power into Power Systems, Lisbon. www.smooth-pv.info/doc/5a_3_Presentation_SIW12-76_Troester_121113.pdf.

Volk, D. (2013), *Electricity Networks: Infrastructure and Operations*, IEA Insight Paper, OECD/IEA, Paris.

第6章

波动性可再生能源并网的运行措施

要点

● 运行措施是波动性可再生能源并网的关键组成部分，在几乎所有电力系统中都会产生非常有利的成本效益比。无论在何时何地部署风电和太阳能光伏发电，在含波动性可再生能源情况下优化系统运行都应是一个重点。对于动态和稳定系统都是如此。

● 系统运行经常要应对需求的波动性和不确定性。然而，在发电侧引入波动性对系统运行是个新现象。在波动性可再生能源渗透率高的国家中，系统运营商的现有经验显示要根据这种新情况调节运行。

● 在波动性可再生能源比例中等的情况下，可调度发电机组提供的灵活性常常大于所需。但在某个时点可获得多少灵活性取决于机组的运行方式。

● 输电和联网能力是系统运行实现成本效益的宝贵资源，尤其是在波动性可再生能源占比高的情况下。更好地利用现有基础设施常常是比新投资更具成本效益的解决方案，尤其是在稳定电力系统中。

● 风电和太阳能光伏发电大规模聚合可大幅降低波动性可再生能源发电的波动性和不确定性，由此减少相关挑战。但只有在平衡区布局和运行使平滑效果可以出现的情况下才会产生这些效益。

> ● 准确预测系统层面的波动性可再生能源发电量是波动性可再生能源并网重要且具有成本效益的运行操作，但系统运营商需有获得有效利用该信息的工具。
>
> ● 由于波动性可再生能源发电量会发生变化，目前普遍认为应动态计算波动性可再生能源引起的备用电量。机构的"惯性"可能会对修改运行备用电量的定义和采购构成重大障碍。
>
> ● 除系统运营商使用的协议和程序外，市场设计也要促进有效的运行。对案例研究地区批发市场设计的分析揭示出存在很大改进空间：
>
> 包括运行备用市场在内的系统服务市场往往不够完善。
>
> 应允许短期批发市场上的交易尽可能接近实时，以有效应对波动性和不确定性，尤其应缩短安排计划的时间和调度间隔。
>
> 市场价格应反映出优化系统运行的地理位置约束。
>
> 应鼓励波动性可再生能源融入市场。
>
> 在尽可能的范围内，市场出清应根据系统约束和整个系统成本共同优化发电量。

将波动性可再生能源接入现有电力系统的选择可大致分为两组：旨在更好地利用现有系统资产或略微升级系统资产的措施，以及需要新投资的措施。本章侧重第一套选择，第二套选择将在下一章中阐述。

改变电力系统的运行操作可能需要时间、人力资源和特定工具。在稳定电力系统中，仅靠优化运行可能就足以以成本效益的方式消纳中低比例波动性可再生能源。然而，无论系统情况如何，未能采用好的运行程序会给波动性可再生能源并网带来不必要的高成本。在没有波动性可再生能源部署的情况下，优化运行也往往具有成本效益，因而为采纳优化运行提供了充分理由。

运行措施的主要对象是：

● 可调度发电厂运行。

● 输电和联网运行。

● 平衡区域合作与一体化。

- 运行备用电量的定义和部署。
- 波动性可再生能源发电的可见性、可控性和预测。

决定给定电力系统运行实践的影响因素有很多，特别是系统的历史演变会给运行协议带来很大影响。

运行决定经常是由诸多重要约束条件（包括可靠性和环境标准）下的经济考量驱动的。因此，电力市场的设计会对上述运行措施产生关键影响。市场运行应促进优化运行，在这方面存在广泛的可带来良好表现的市场设计。

本章首先描述系统运行的相关方面，讨论了上述要素（6.1 至 6.6 节）。其次评估了案例研究系统目前的市场运行在促进优化运行方面的表现（6.7 节）。

6.1　发电厂的运行

在波动性可再生能源比例中等的情况下，可调度电厂发电机组提供的灵活性往往大于需求。但在某个时点实际可获得多少灵活性取决于机组的运行方式。

发电厂的运行决定是在实时（real-time）之前的不同时间范围内做出的，有时候这些决定是由市场运营商做出的。市场运营商根据收到的报价排定计划表，有时候发电厂运营商决定发电厂的调度方式（市场上或垂直一体化公用事业的自调度）。需提前做出是否启动某个发电厂的决定（安排发电厂）。对有些技术这一决定做出的时间要早于其他技术。例如，启动大多数中等灵活发电厂需要数小时，而峰荷发电通常 30 分钟内就可上线。此外，运行的发电厂的实际发电量（经常称为发电厂调度）也需要提前决定。在给定时间间隔（调度间隔），每座发电厂目标发电量水平设为固定值。

技术约束要求在发电机组组合和发电厂调度方面有一定程度的提前计划。然而实际上，许多电力系统往往远早于技术要求的提前时间就锁定运行决定，有时候提前数周甚至数月。发电企业和消费者之间的长期合同可能阻碍发电厂以具有成本效益的方式提供灵活性满足净负荷的变化。这样的情况对于实现成本最低的系统运行来说是不可取的，尤其是在波动性可再生能源渗透率高的情况下。

鉴于波动性可再生能源的预测越接近实时就越准确，在理想状态下，应使发电厂计划表能接近实时作相应更新。否则，一座发电厂可能在技术上能够提供灵活性，却由于有约束力的计划表而无法这样做，而计划表又是基于过时的信息。在发电厂计划表由电力市场上的交易决定的地方，"关闸"这个术语指如何在接近于实时情况下根据市场参与者报价改变发电计划。

调度间隔长度在这种情况下也是相关的因素。在调度间隔内，电力需求、波动性可再生能源发电量和可调度发电厂自身发电量的波动都需要依赖运行备用电量来平衡，而运行备用电量往往成本较高。更短的调度间隔使发电调度更准确地照顾到波动性，由此降低依赖专门备用电量的需求（图6-1）。

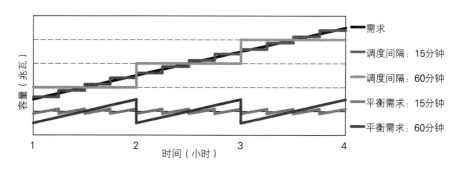

图6-1 调度间隔长度对备用电量需求的影响

资料来源：除非另作说明，本章所有图表均来自国际能源署（IEA）的数据和分析。

要点：缩短发电调度间隔可降低备用电量需求。

给定的发电厂调度与电力需求共同决定输电系统的负荷流动模式。这种流动模式需尊重电网的运行约束。在理想状态下，发电机组组合和发电厂调度过程中已经考虑了电网约束。否则，系统运营商可能需要在之后改变发电厂计划以确保功率流保持在可接受范围内。这一步要求留出充足的提前时间。会对可实现的关闸时间产生负面影响。为避免这点，（例如）得克萨斯州电力可靠性委员会（ERCOT）市场使用节点边际电价确保发电计划安排和调度遵守电网约束。这使之较实时提前5分钟调节发电计划。相反，在包括部分西北欧案例研究地区（德国和法国）的欧洲电力交易所（EPEX）现货市场中，由于没有节点价格信号，可能需要系统运营商干预，导致关闸时间长达45分钟。

发电厂运行计划可直接考虑到输电网电流以外的其他约束。在编排发电计划表时，也可考虑系统服务的提供，如频率和电压服务。这在美国一些市场中已成为普遍做法。在计划过程中包含系统服务可减少甚至消除对单独系统服务市场的需求。

总之，编排发电计划时应：

• 尽可能接近实时对计划表进行频繁更新（较实时提前5分钟是最佳实践）。

• 旨在缩短调度间隔（5分钟是当前的最佳实践）。

• 避免用物理约束的发电计划表长期锁定发电厂（有义务尽可能在短期提供发电容量是最佳实践）。

• 在优化发电计划表时包含电网约束，理想状态下按输电网每个节点。

• 实现发电计划表和系统服务供应的共同优化。

上述要点既可在开放拆分的市场框架下实施，也可在垂直一体化系统中实施，但机制会因总体监管范式而不同。

6.2　输电和联网运行

输电和联网能力是实现具有成本效益的系统运行的宝贵资源，尤其是当波动性可再生能源占比高的时候。与新投资相比，更好地利用现有基础设施往往是更具成本效益的解决方案，尤其是在稳定电力系统中。

提升电网基础设施的运行有3种主要途径。这些措施旨在：

- 优化互联的利用率。

- 提升可用的输电容量。

- 优化安全裕度的计算。

在大多数情况下，联网能力的标准运行不面向实现商业驱动的功率流的有效交换。垂直一体化市场模型在历史上占据主导，这往往产生依赖于长期交换计划表交易固定功率流的旧协议，和/或将平衡区之间互联作为以防意外的协议。因此，将联网能力用于短期交易可能并不常见，这类交易的机构框架在很多电力系统中也不尽完善。

然而，联网能力是可以用于短期交易的。在理想状态下，互联计划表允许以短于1小时的间隔改变功率流（与缩短发电调度间隔类似）。互联容量可用于共同优化两个相邻市场中发电量的利用或平衡发电量。作为欧洲市场耦合进程的组成部分，在现货市场交易中隐含考虑了不同欧洲国家间的可用联网能力，由此自动优化了互联计划表（CASC，2013；Baritaud and Volk，2013）。

除改变互联利用方式外，可通过某些措施更好地利用或增加输电网的物理容量。其中一项措施是动态增容（DLR）。输电线的最大容量通常受线路弧垂约束，这是由电流相关的温升引起的。环境温度低和/或风会对输电线产生冷却效应，由此减少线路弧垂。考虑风力和温度数据动态设定输电容量可在一年中很多时段显著提高容量，因为标准输电线路容量通常依赖于最糟糕情况下的保守假设。例如，每秒1米的微风可使输电线容量增加多达44%；试点研究发现在90%的时段容量可增加30%以上（Aivaliotis，2010）。风的冷却效应和高风电发电量之间的关联使之非常适合风电并网。动态增容已在实践中得到成功实施。例如，德国输电系统运营商（TSO）50Hertz在使用动态增容的输电线路上已使输电容量平均增加30%左右（50Hertz，2012）。虽然创新技术可能会带来更大的效益，动态增容的影响取决于系统环境。[1]

---

① 一些作者建议称之为一项技术系统价值与其LCOE并网成本的(正或负)差值。当前分析未采纳这种定义，以免与传统定义混淆。

系统运营商将功率流保持在最大限值下以保持一定裕度，应对意外情况。n-1标准是决定这一裕度大小的常见指标。这种方法的主要思路是使系统即使在出现意外的情况下也能运转。这是一种成本高昂的保障供应安全的方式。一个可能的替代方法是实行所谓特殊保护计划（SPS）（RETD，2013）。SPS的基本原理是系统主动对意外做出反应，通过这种反应维持稳定运行。这虽然可以是一种低成本释放输电容量的方式，但可能会增加系统运行的复杂性。

通过更好地管理电网，或部署新技术，可控制经过系统的功率流——控制的程度一般取决于新技术部署的程度。使用输电转换就是新技术的一个例子，不需要大规模部署新的输电设备就可实现更大的电网灵活性。该技术利用先进的建模技术转变输电系统的电力结构（拓扑学）以改进对意外事件的响应，降低输电损失或改进可再生能源的并网。这些方法的目的在于有意断开输电线以实现上述一个或多个目标。当前有两个由美国能源部高级研究项目署-能源（ARPA-E）资助的项目正在开发工具和方法对这一概念进行示范。[1]

还可部署特殊输电设备以实现对电力系统最大限度的利用，这样成本会更高，但能更好地控制地区间的功率流。可减少环流，实现波动性可再生能源向负荷电量转移的最大化。这类技术的例子存在已有一段时间，允许加强对交流电网络功率流的控制，或将电力转化为高压直流电（HVDC），可更高效地实现长距离输电并控制线路中的功率流。更新的技术包括功率流控制器，这是由另一个ARPA-E项目开发的[2]，在引导功率流方面虽没有灵活交流输电系统那么强大，但成本要低得多。这些一般是固定到现有电线上控制功率流的设备，从而实现输电系统利用最

---

[1] 一个简化例子如下：如果一个假设的可再生能源设施成本在低资源区大约为0.40美元/千瓦时，在高资源区大约为0.20美元/千瓦时，这使得可投资0.20美元/千瓦时于新输电网以获得更好资源带来的好处。但如果波动性可再生能源设施成本在低资源区降至0.20美元/千瓦时，在高资源区降至0.10美元/千瓦时，可用于输电上的资本将减少一半。

[2] 当前正在对动态增容和其他增加输电线容量的措施开展更详细的研究，这项研究是欧洲Twenties项目的组成部分，www.twenties-project.eu。

大化。

实现输电网优化利用的难度取决于市场结构。如果系统运营商也拥有输电资产，可能没什么动力优化运行，因为新投资会增进资产基础。在系统运营商不拥有任何系统资产的情况下，就不会有这个问题（Volk，2013）。垂直一体化公用事业没什么动力与周边地区进行短期电力交易，而缺乏准确市场价格会使得难以动态建立交易计划表或为电力交易准确定价。

6.3　平衡区域合作和一体化

风电和太阳能光伏发电大规模聚合会大幅降低波动性可再生能源发电的波动性和不确定性，由此减少相关挑战。然而，只有平衡区域布局出现平滑效果，才会有这些好处。

如果波动性可再生能源发电"锁定"在小的平衡域区内，平滑效果将是有限的，因为发电量会通过使用主动措施（发电、储能和需求侧响应）在本地平衡，而不是依赖于通过电网进行被动平滑。这可能会导致一个平衡区域启用向上备用电量而相邻地区启用向下备用电量的情况。

这一问题已在德国电力系统中成功解决。由于历史原因，德国有4个不同的平衡区域。在2008年12月前，这些平衡区都独立运行，导致出现上述矛盾情况（在相邻平衡区域启用方向相反的备用电量）。按照多步骤协议，4个输电系统运营商率先开展合作，允许平衡区域间抵消不平衡而不启用方向相反的备用电量（Elia，2012）。在采取"不反向平衡"的第一步后，合作扩展至一个共同的平衡市场。这使德国在动态扩大波动性可再生能源规模的同时实际降低了对备用电量的需求（图6-2）。这一程序只有在平衡区域间衔接得足够好的情况下才可能实施。

美国西部的模型结果也显示了扩大地理区域系统平衡的显著好处。此外，如之前章节所讨论的，结果也显示缩短关闸时间和交易间隔能带来很明显的节省（图6-3）。

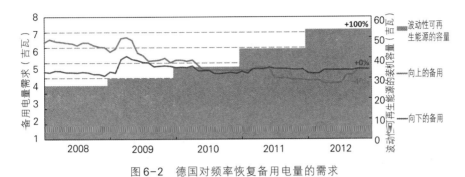

图6-2 德国对频率恢复备用电量的需求

注：频率恢复备用电量也称二级备用电量；在30秒~15分钟的响应时间内自动启用；二级备用电量对应美国术语中的监管备用电量。

资料来源：Hirth and Ziegenhagen，2013。

要点：加强平衡区域协调使德国输电系统运营商在波动性可再生能源容量大幅增加的情况下降低了备用电量需求。

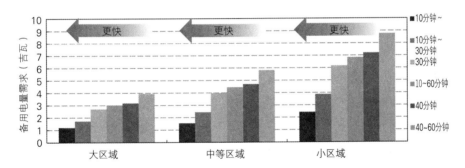

图6-3 扩大平衡区域和加快市场运行的好处

注：图例中第一个数是调度间隔的长度；第二个数是预测的提前时间。

资料来源：NREL，2013。

要点：扩大平衡区、缩短调度间隔和缩短预测时间都能降低保持运行备用电量的需求。

在平衡成本能以强制性电网费的方式直接或间接转嫁给用户的地方，可能没什么动力通过协调提高效率。在竞争性和垂直一体化市场模式下都可能会有这个问题。在这两种情况下，可能需要监管干预为合作提供激励。

6.4 运行备用的定义和部署

确定系统备用电量的规模需在供应安全和成本间达成平衡。当前流行的做法是使用相当简单、明确的规则来确立必要的备用电量水平。通常，大部分备用电量是用于应对最大系统部件（发电机或输电线）的损失。最大发电厂跳闸可能是最大的单一事件，这个电量作为备用电量，既作为即时快速响应备用电量，也作为更慢的人工启动的备用电量。此外，也有正常运行的备用电量，如针对负荷预测失误和调度间隔内的负荷波动性。这通常基于过去的经验，为应对最大意外事件，往往以 1.5~2 倍的电量作为备用电量。

增加波动性可再生能源会给电力系统带来又一不确定因素。然而，这种不确定性通常与负荷不确定性或发电中断无关联。这意味着发电中断事件、极端负荷变化和波动性可再生能源波动不太可能同时发生。在设定备用电量大小时将所有不同风险综合考虑是关键。近期法国输电系统运营商 RTE 对将 10 吉瓦风电接入法国电力系统影响的分析就说明了这点。其中一项计算假设完全不对风力发电量进行预测。在这种假设下，备用需求增加了 100%。另一项计算假设采用最先进的预测，在这种假设下，备用需求仅增加了 10%（Bornard，2013）。

设定备用的另一重要方面是波动性可再生能源在不同时段和不同的预测发电水平不确定性水平是不同的。这意味着当波动性可再生能源在电力系统中获得更大占比、开始变得与设定备用电量相关时，不同的天气所需备用电量会有不同。在不确定性高的时候会需要更多备用电量（例如，刮风天气或阴天应保持更多的备用电量，而风和日丽的日子较少的备用电量就足够）。这一程序称为动态备用配置，在波动性可再生能源占比高的情况下，这会变得越来越重要。

例如，西班牙输电系统运营商考虑到事件同时发生的概率低，采用预测负荷的 2% 加上最可能的风电水平与较低的风电水平（超过该水平概率为 85%）两者的范围值的方法。这些变化代表负荷发电和风电可能的最大瞬时事件和最大发电量损失（Gil，De la Torre and Rivas，2010）。在西班牙和葡萄牙，输电系统运营商已在测试备用配置的概率性方法（Holttinen et al.，2012），将基于断电和负荷风险及波动性可再生能源的不确定性动态地计算备用电量。其他输电系统运营商也在开发基于风险的备用电量配置，如Hydro Quebec（Menemenlis，Huneault and Robitaille，2013）。一般而言，在波动性可再生能源占比较高的情况下概率性措施可用于优化系统运行（Kiviluoma，2012）。

　　机构"惰性"可能会对修改备用电量的定义和大小构成重大障碍。此外，根据波动性可再生能源发电机组组合和现有系统的特征，最优备用电量和系统服务组合会因系统不同而不同。因此，需针对具体情况进行详细研究以决定修改后的定义。作为DS3项目[①]的组成部分，爱尔兰输电系统运营商EirGrid当前正成功将之付诸实施。

6.5　波动性可再生能源发电的可视性和可控性

　　系统运营商需要关于所有系统相关部件状态的准确实时信息和合适的控制工具以保障供应安全。当风电和太阳能光伏发电构成发电量较大比例时——即使只是在有限时段内——波动性可再生能源发电的可见性和可控性就会变得关键。由于有很高比例的波动性可再生能源发电量不是直接与输电系统相连，输电系统运营商经常不能直接看到波动性可再生能源的发电水平，而只能看到输电系统不同变电站当前的净负荷。此外，如果有系统安全需要，输电系统运营商可能也无法直接控制来减少波动性可再生能源的发电量。

　　在波动性可再生能源并网方面处于领先的一些输电系统运营商已制定了确保波动性可再生能源发电可见性和可控性的战略。[②]在西班牙，西班

---

　　① 　详见项目网站www.eirgrid.com/operations/ds3。
　　② 　对于非常小的装置,如装机容量为几千瓦的屋顶太阳能光伏系统,安装控制设备可能不划算。但即使是这样的小型装置,电网规程也应包含关于系统承压时段行为的条款(见第5章)。

牙电力机构（Red Eléctrica de España ， REE）在2006年建立了一个可再生能源控制中心（CECRE），[①]这是全世界范围内监测和控制这类发电的一项开拓性举措。通过可再生能源控制中心，系统运营商收到98.6%的西班牙装机风电的遥测，其中96%是可控的（能在15分钟内将产量调至给定的设定点）。

要点：可再生能源控制中心是西班牙风电成功并网的一个重要因素。

这已通过聚合可再生能源来源控制中心中所有超过10兆瓦的分布式资源，并将可再生能源来源控制中心与可再生能源控制中心相连接实现。这一组织架构（图6-4），和REE开发的软件应用程序，被用于分析系统

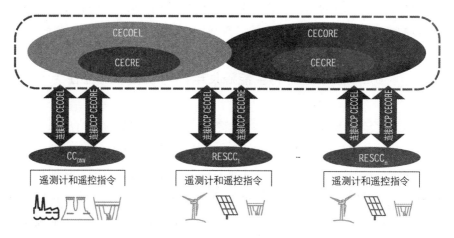

图6-4　可再生能源控制中心的运转

注：CC_conv = 常规发电控制中心；CECOEL = Centro de Control Eléctrico（电力控制中心）；CECORE = Centro de Control de Red（网络控制中心）；CECRE = Centro de Control de Energía Renovable（可再生能源控制中心）；ICCP = 控制中心间通信协议；RESCC = 可再生能源来源控制中心。

资料来源：REE，2013。

---

① 可再生能源控制中心动画介绍见 www.ree.es/ingles/sala_prensa/web/infografias_detalle.aspx?id_infografia=9 。

所能接受的最大风电量。实时监测和控制波动性可再生能源发电量减少了弃风、弃光的次数和数量，在实现可再生能源并网最大化的同时保持电力供应的质量和安全（REE，2013）。

6.6　波动性可再生能源发电的预测

准确预测系统层面的波动性可再生能源发电量是实现波动性可再生能源并网的一项重要而具有成本效益的运行实践。北美电力可靠性公司（NERC）表示，"需加强波动性发电发电量的测量和预测，以确保大电力系统的可靠性"及"风力预测必须纳入实时运行实践及日常运行规划中"（NERC，2009）。近期对世界各地电网运营商的一项调查发现，其近乎一致认为，实现大量风电并网的能力将取决于运用合适的风电预测和管理不确定性（Jones，2011）。

重要的是要区别单个大型风电场和太阳能发电厂或数个小型发电厂聚合层面的预测和全系统发电量的预测。前者与在市场上出售波动性可再生能源电量及解决不平衡相关。后者是系统运营商正确预计供求平衡状况、在必要情况下以明智方式尽早干预的关键。此外，使用先进的备用电量计算程序系统，全系统预测对于确立备用电量需求也很重要。两者预测的要求也许会不同，有可能某些预测技术更适合其中一种操作。在任何情况下，获得高时空分辨率的准确发电数据对于开发准确的预测技术很重要。

正如本章一开始提到的，可调度发电厂往往要求很长的提前时间来启动运行，这限制了其实时提供灵活性的能力。好的预测可实现更具有成本效益的实时平衡，减少备用需求。西部风电和太阳能发电并网研究（GE Energy，2010）发现，利用预测和日前机组组合中包含的风电，"使西部电力协调委员会（WECC）运行成本降低14%，约合每年50亿美元，即每兆瓦时风电和太阳能发电12美元至20美元"（GE Energy，2010）。据估计，得克萨斯州电力可靠性委员会系统中预测的价值每年达数亿美元（表6-1）。

虽然预测在近几年有重大改进（见第2章），这一领域的研究仍很活跃。

表6-1　得克萨斯州电力可靠性委员会案例研究地区风电预测的价值

风电装机容量	预测的年运行成本的节省 （先进预测与没有预测）
5.0吉瓦	2 000万美元
10.0吉瓦	1.8亿美元
15.0吉瓦	5.1亿美元

资料来源：Piwko，2009。

要点：有效利用波动性可再生能源的预测可大幅节省运行成本。

6.7　运行措施的市场设计

6.7.1　电力市场设计：运行方面

本章第一部分指出了在波动性可再生能源渗透率高的情况下实现最优系统运行的关键要素。为激励这样的运行结果，市场需提供合适的价格信号。第2章强调的波动性可再生能源发电机组属性可转化成下列合适市场价格信号的标准：

● 短期边际成本低：

● 波动性可再生能源发电机组的报价应反映出短期边际成本，[1]即向波动性可再生能源发电机组支付的额外费用应尽量不影响价格形成。

● 波动性：

价格信号时间分辨率高的重要性上升，即价格只在短时段内有效。

允许价差大的重要性上升。

不确定性：

短期价格信号的重要性上升，即价格形成接近于实时并基于当前的系统状态。

---

①　这并不意味其实际报价是短期边际成本;在短缺时段报价可能远高于短期边际成本。然而,不应有低于短期边际成本报价的动力。

- 位置约束和模块化：

价格信号空间分辨率高的重要性上升，即价格因地点不同而不同。

- 异步技术：

系统服务市场的重要性上升，即要有除大功率发电产品外的价格。

除充足的价格信号外，市场设计应促进获取最具成本效益的灵活资源来平衡系统。

基于这些考虑，国际能源署已找出对在含高占比波动性可再生能源情况下与电力市场运行相关的市场设计方面进行评估的 8 个关键方面。其中包括批发市场及系统服务市场的运行，下面对此做简要描述。值得注意的是，大部分措施即使在没有部署波动性可再生能源的情况下也很重要。

6.7.2　非波动性可再生能源发电的调度

关于非波动性可再生能源发电厂调度的市场规则会影响通过市场可获得多少技术上存在的灵活性。在对很多发电厂按物理约束的长期合同进行调度的地方，其平衡波动性可再生能源的灵活性将会丧失。

集中式强制性电力库要求所有发电企业在有组织的现货市场上为发电量报价。在这种情况下，实体短期市场会包含所有可用的发电资产，在市场上可能的交易方数量会达到最大。市场参与者可通过不会导致实物交割义务的金融工具对长期价格风险进行对冲。

6.7.3　波动性可再生能源发电的调度

基于绩效的激励（如生产税收抵扣或上网电价），通过为单位发电量提供报酬来收回成本。因此，波动性可再生能源发电企业会有动力低于成本售电，在某些情况下这会导致次优市场结果，甚至出现市场价格为负的情况。此外，在一些市场中波动性可再生能源发电企业可被优先调度，这会进一步导致次优的市场结果。

在原则上，在决定波动性可再生能源运行时应只考虑短期成本。市场溢价计划虽无法完全做到这一点，但却是向这一方向迈出的一步。

6.7.4　调度间隔

电量是以一定时段内的稳定发电量来交易的，这称为交易块。很多系统的交易块是一小时。然而，波动性可再生能源和负荷在一小时内会显现出波动性，因此缩短交易块可使基于市场的发电更高效地追踪净负荷，而无需依赖备用电量（图6-1）。在一些市场中，调度命令的间隔尺度与交易块不同。例如，即使报价以小时为间隔，实时调度在同一间隔中会执行数次。在得克萨斯州电力可靠性委员会就是这样的情况（每小时交易，每5分钟调度）。频繁更新调度可以不依赖于备用电量对短期波动性进行管理。调度间隔的最佳实践是5分钟，但通常调度间隔往往是一小时。

调度间隔可能是垂直一体化公用事业具有优势的一个领域，因为垂直一体化公用事业不受任何市场计划表约束，可在任何想要的时候对系统进行重新调度，但当前往往没有这样做。

6.7.5 最后一次计划表更新：关闸时间

关闸时间指可更接近于实时进行电量交易。大多数市场中有日前市场，日前市场在发电前一天正午关闭。之后是日内市场，在电量实物交割的同一天进行。关闸后就无法更改电量供应或需求的报价。

然而，波动性可再生能源的预测在接近实时运行时会显著改善。因此为了能利用这一重要信息，市场需使交易尽可能接近实时运行。在统一做出运行决定的系统中，关闸时间指系统运营商更新发电计划表的最后时点。集中式电力库市场可实现更短的关闸时间。

得克萨斯州电力可靠性委员会市场按照最佳实践，关闸时间为5分钟。其他市场关闸时间在45分钟（德国）及以上。

6.7.6 系统服务的定义

系统服务是支持电力系统稳定性和可靠性所必需的。如前面所解释的，系统服务要求可能取决于预测的波动性可再生能源发电量。此外，在波动性可再生能源渗透率高的系统中，新的系统服务产品可能会变得相关，如快速的频率响应以应对系统惯性降低或增加备用电量以应对爬坡事件。在波动性可再生能源渗透率高的情况下，可能需改变系统服务市场上交易的产品。第8章会对这一问题详细阐述。

为比较市场运行，在如何定义运行备用方面会做区分。

6.7.7 系统服务市场

在波动性可再生能源渗透率高的情况下，辅助服务竞争性市场的组织和为不同系统服务提供充分报酬变得更为相关。系统服务的定义讲的是哪些产品存在于市场上，而系统服务市场反映出这些产品实际是如何交易的。例如，应允许所有的资源在市场上竞价，包括波动性可再生能源和灵活资源，如需求侧集成和储能。

6.7.8 电网表现

可对市场进行设计，在市场出清中包括电网约束，使市场与相关电网约束共同优化。这可以通过使供求在网络中很多点出清来实现，考虑到既定发电机只能满足不支持电网瓶颈的负荷。这种做法称为节点边际电价（LMP）或节点电价（详见 Volk，2013），自1998年4月以来已在PJM区域输电组织（RTO）实施，自2010年12月以来已在得克萨斯州电力可靠性委员会电力市场实施。

转向节点电价的中间步骤是将市场区域分割成不同区，以防在某些线路出现阻塞。这种程序用于NordPool市场（甚至是在一国之内）、意大利和EpexSpot市场（在德国和法国案例研究地区间）。建立更多区域或节点需与市场流动性和市场力进行权衡。

6.7.9 互联管理

应允许互联电流在短时间内改变，电流应只在短时间内固定。目前许多市场中的常见做法是对进行长期的互联容量拍卖，在日前甚至中长期安排互联电流计划，以及在数小时内固定电流。互联电流计划可纳入市场运行，通过市场耦合利用所有物理上可用的互联容量。当前这一做法正在欧盟实施。

6.7.10 案例研究市场设计分析

应注意到由于波动性可再生能源的地理平滑和整体规模经济的影响，增加市场区面积会产生重大效益（Baritaud and Volk，2013），因此应将增加市场区面积及将平衡区与市场整合作为重点。以下分析假设已将市场和平衡区尽可能扩大，分析只侧重于实际市场设计特征。

作为案例研究地区波动性可再生能源并网第三阶段（GIVAR Ⅲ）项目的组成部分，国际能源署已对电力市场设计进行了详细调研（Mueller，Chandler and Patriarca）。评估包含以下内容：

- 大电量交易的监管安排。
- 备用电量交易的监管安排概述。
- 发电容量或其他服务长期合同的监管协议。
- 互联容量分配的监管安排。
- 关于电网费的监管安排。
- 关于可再生能源机组弃风、弃光的监管安排。

在西北欧案例研究中包含了4个不同现货市场或交易所。北欧国家（丹麦、芬兰、挪威和瑞典）的北欧电力交易所现货市场（Nord Pool Spot）、德国和法国的欧洲电力交易所现货市场（EPEX Spot）、英国电力交易和输电安排（BETTA）以及爱尔兰岛的单一电力市场（SEM）。分析也涵盖了得克萨斯州电力可靠性委员会、意大利、西班牙和葡萄牙（在伊比利亚半岛电力市场MIBEL）、印度、日本和巴西的市场设计。

市场设计显示了可实现具有成本效益的波动性可再生能源在并网方面显著差异程度。前一节指出了电力市场运行的8个关键方面（汇总见表6-2），通过在每个方面给市场设计打分，综合得出电力市场设计评估的结果。系统得分越高，在波动性可再生能源渗透率高的情况下，市场在运行时间尺度上越可能有好的表现，详情见 Mueller、Chandler和Patriarca即将出版的文章。

重要的是要牢记电力市场是否存在并不能决定电力系统在有高比例波动性可再生能源情况下是否能以具有成本效益的方式运行。在上述维度得分高、设计优良的市场运行有可能实现具有成本效益的运行。但即使是在系统运行没有市场化的地方，也可实施本章前半部分描述的最佳实践。

为了评估不同的案例研究地区，基于电力市场对系统运行中的角色做了区分。在系统运行主要由短期发电企业报价和发电企业及用户之间的私人合同驱动的地方，采用上述市场运行评分框架。在系统运行没有基于短期报价或发电企业和负荷之间的直接合同的地方，采用另一个评分体系。案例研究中有3个属于第二类。

表6-2 选择的电力市场设计维度

维度	解释	评分
非波动性可再生能源的调度	除波动性可再生能源外，所有发电厂的机组组合和调度	• 低：市场由约束调度流程的长期双边合同主导 • 中：具有流动性的电力交易所或集中式电力库，有一些约束调度流程的长期双边合同 • 高：集中式电力库；可在整个发电组合中优化调度
波动性可再生能源的调度	在多大程度上波动性可再生能源发电企业有低于短期成本报价的动机。波动性可再生能源支持机制的架构可能会影响波动性可再生能源的竞价策略	• 低：对波动性可再生能源发电提供固定报酬（如上网电价）。运行独立于市场价格信号 • 中：奖励是在市场价格上的溢价（如上网溢价） • 高：波动性可再生能源没有低于短期边际成本报价的动机
调度间隔	发电机组需保持稳定发电量的时间间隔。间隔越短，调度计划就能越好地追踪负荷变化而无需依赖备用	• 低：调度间隔大于或等于1小时 • 中：短于1小时但长于10分钟 • 高：接近实时调度，短于10分钟
最后一次计划表更新	可基于批发电力市场上报价最后一次更新调度的时间	• 低：运行前一天或更早 • 中：运行当天但较实时提前30分钟以上 • 高：较实时提前不到30分钟
系统服务的定义	定义系统服务产品尤其是运行备用电量的程序。对备用电量计算中包含波动性可再生能源发电量的情况进行评分	• 低：备用电量需求长期固定，备用电量需求计算中不包含波动性可再生能源的运行 • 中：不同预定义水平，包含波动性可再生能源的运行 • 高：随机，即在备用电量需求定义中包含波动性可再生能源发电的不同情景
系统服务市场	提供系统服务尤其是运行备用电量的市场信号和报酬机制。定价机制被视为市场效率的指标	• 低：一些服务有报酬，但不按边际价格支付 • 中低：所有服务都有报酬，但不基于边际价格 • 中高：一些服务有报酬，基于边际价格 • 高：所有服务都有报酬，基于边际价格
电网表示	市场中是否体现网络约束，即市场清算是否考虑电网约束	• 低：电网没有得到体现，单一市场区 • 中：几个市场区 • 高：输电系统得到全面体现（节点边际电价）
连接管理	与相邻市场交易的互联容量的分配	• 低：进行互联容量的长期拍卖 • 中：日前，显式拍卖 • 高：通过统一现货市场全面整合容量的分配（隐式拍卖）

要点：可根据含高比例波动性可再生能源时电力市场运行的表现对其进行比较。

在日本，从交易量看，与运行管理完全垂直一体化的本地EPCO（电力公司）相比，日本电力交易所（JEPX）的作用很小。在印度，调度流程主要由邦负荷调度中心（SLDC）管理，发电企业报酬基于费率。[①]在巴西，通过长期合同和拍卖进行的电量交易与发电厂调度分开（争夺市场而非在市场中竞争）。交易基于长期拍卖和购电协议（PPA），而发电机组由系统运营商（Operador Nacional do Sistema Elétrico）实时调度，系统运营商的目标是在保持系统安全的情况下实现总成本最小化。然而，在所有这些情况下，都可实施本章前半部分概述的最佳实践。因此对这些系统根据一般性三级评分（评分解释见附件D）进行评估。下面概述图中忽略了评分不适用的地方（见图6-5）。

电力市场设计分8个维度共3组：调度、系统服务及电网显示和管理。

就调度特征而言，得克萨斯州电力可靠性委员会在所有评估的市场中表现最佳，在波动性可再生能源调度方面可做一些改进：

● 几乎所有发电资源（包括波动性可再生能源和非波动性可再生能源）都通过考虑系统安全和总成本（包括发电和阻塞成本）的优化流程接近实时调度（比实际发电提前几分钟或几秒钟）。调度流程是有效的，因为调度可切实优化绝大部分功率流。其他市场中不可能达到同等程度，如在法国有很大部分电力供应是通过长期双边合同获取的，这会降低市场动态发现最优发电结构的能力。

● 此外，虽然得克萨斯州电力可靠性委员会在实物交割前几分钟还能重新优化发电计划，但在其他市场中，如意大利、德国和西班牙，最终发电计划在日内市场实物交割前就已固定下来（有些情况下提前几个小时）。固定发电计划（电力交易所关闸时间）和实物交割之间存在一定的时间差，使面对短期不确定性时的灵活性降低。近实时调度使得克萨斯州电力可靠性委员会能考虑最后一刻系统需求、波动性可再生能源发电量的波动或其他干扰如跳闸或输电意外事件。这在市场调度与实物交割之间有较长

---

① 对于非常小的装置，如装机容量为几千瓦的屋顶太阳能光伏系统，安装控制设备可能不划算。但即使是这样的小型装置，电网规程也应包含关于系统承压时段行为的条款（见第5章）。

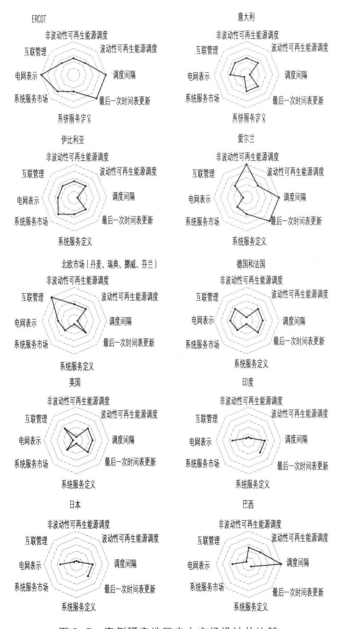

图6-5 案例研究地区电力市场设计的比较

注：没有评分的地方表示该项不适用。例如，垂直一体化公司中不进行系统服务的交易。

要点：市场运行表现水平不一，在系统服务市场运行中没有市场得到最高分。

时间间隔的系统中是不可能的。在那些市场中，最后一刻的波动必须通过成本可能比较高昂的备用电量来解决。得克萨斯州电力可靠性委员会根据报价安排发电厂计划。市场主体可在接近实物交割时间更新报价，这又为电力市场带来额外的灵活性，因为这使市场主体可对不断变化的市场环境做出反应。

• 就波动性可再生能源的调度而言，市场运行可能会受完全独立于当前市场价格发电的波动性可再生能源发电企业的影响。在能获得额外溢价的地方，波动性可再生能源发电企业可能也有低于短期成本报价的动机。但风电和太阳能光伏发电实际边际成本几乎为零，总是属于被最先调度的技术之列。

在系统服务的定义或系统服务市场方面，所分析的市场中没有一个得到最高分。

• 大多数情况下系统服务市场并不是实际的市场，而是运营商要求或采购某些服务依据的计划。要成为市场，需根据边际价格对系统服务尤其是运行备用电量给予报酬。在现实中，所有分析的市场都没有做好其中一个或几个方面。对辅助服务采取边际定价的市场（如西班牙和得克萨斯州电力可靠性委员会）获得了高分，即使这些市场没有对所有服务给予报酬（例如主要频率响应）。缺乏精心设计的系统服务市场及其对整体市场设计的影响在第8章中讨论。

• 运行备用电量的定义也往往没有达到最佳实践。在理想情况下，备用电量需求的计算会考虑波动性可再生能源渗透率和基于概率性预测的波动性可再生能源发电情景。即使在波动性可再生能源渗透率高的系统中，也没有这样做，而是往往使用旧的计算程序，为长期设定固定的备用电量需求。

电网显示是得克萨斯州电力可靠性委员会市场的强项之一，该市场在2010年经历了重大变革，实施了新的市场模式。

新市场结构的一个关键特征是电力系统的节点表示，这使得可以在间隔尺度很小的水平处理阻塞问题，找出电网瓶颈，确定输电系统4 000个节点每一处的电价。节点边际电价使得克萨斯州电力可靠性委员会可通过市场机制管理输电阻塞，产生价格信号，清晰指示哪里最需要新投资以管理阻塞并保持可靠性。在市场出清中考虑准确的电网表现也使得在非常接近实时（5分钟）情况下根据报价优化发电计划。如果在市场出清中不考虑电网约束，则如此短的关闸时间是不可行的。在这类情况下，如果市场结果导致电网阻塞，系统运营商需要有充足的时间重新调度系统。得克萨斯州电力可靠性委员会是分析的案例研究地区中唯一有节点电价的，其他系统基于分区电价捕捉系统阻塞（如意大利和北欧市场）。

北欧市场是连接管理最佳实践的一个例子。连接12个北欧市场区和中西欧（CWE）市场的输电容量拍卖隐含在日前电力市场中。

6.8　政策和市场考虑

改进系统和市场运行是无悔的选择。无论是否有波动性可再生能源并网，几乎总是具有成本效益。然而，采纳优化运行的效益会随着波动性可再生能源渗透率的上升而增加。无论在何时何地部署风电和太阳能光伏发电，都应考虑在包含波动性可再生能源的情况下优化系统运行。

由于波动性可再生能源的地理平滑和整体规模经济效益，增加实现系统实时平衡（平衡区）范围的大小会产生重大效益。这其中许多效益也可通过更好地协调相邻平衡区的运行来实现。增加市场区的面积，以及整合平衡区和市场应成为一个重点。

在这种情况下，在不同系统运营商和其他利益相关方之间协调和更新协议与程序则尤为重要。系统运营商和协议经常要处理需求的波动性和不确定性及可调度发电意外不可用的风险。但一般而言，在发电侧引入波动性和波动性可再生能源预测的不确定性却是系统运行中的新现象。在波动性可再生能源渗透率较高的国家中（伊比利亚半岛国家、丹麦、爱尔兰、德国），系统运营商确立的经验可使我们了解如何根据这一新情况调节运行，其他运营商应抓住机会从这些例子中学习。

除系统运营商使用的协议和程序外，市场设计需促进电力系统的高效运行。批发市场设计的分析揭示出仍有很大的改进空间，特别是在以下方面：

• 系统服务市场往往不完善。在大多数分析的国家中，当前用于计算运行备用电量的程序都与最佳实践相去甚远。此外，大多数市场缺乏透明度和竞争。在明确的市场产品定义和所有可用灵活性资源的市场整合方面也有可改进的空间（例如，互联、需求侧集成）。对于这一问题，第8章会在系统转型背景下进一步讨论。

• 出于历史原因，往往较电力实物交割提前数小时做出运行决定，这是没必要的，运行决定应转向更接近实时，以有效应对波动性和不确定性。尤其应缩短计划安排时间和调度间隔。

• 可深化波动性可再生能源的市场融合。市场出清能根据系统约束和整个系统的成本优化波动性可再生能源发电及可调度发电。应鼓励波动性可再生能源参与服务市场。

参考文献

50Hertz(2012),GIVAR III Case Study Review Germany,personal communication,December 2012.

Aivaliotis, S. K.(2010), *Dynamic Line Ratings for Optimal and Reliable Power Flow*, www.ferc.gov/ eventcalendar/Files/20100623162026-Aivaliotis,%20The%20Valley%20Group%206-24-10.pdf,accessed 28 August 2013.

Baritaud, M. and D. Volk(2013), *Seamless Power Markets. Insights Paper*, OECD/IEA,Paris.

Bornard,P.(2013),"Débat sur la Transition Energétique: Perspectives de Développement des Réseaux Electriques dans le Cadre de la Transition Energétique",RTE unpublished internal working document,February 2013.

CASC.EU(Central Auction Office for Cross Border Transmission Capacity for Central Western Europe)(2013),www.casc.eu/en.

Elia(2012), *Information zum Netzregelverbund und der internationalen Weiterentwicklung*, www.regelleistung.net/ip/action/downloadStaticFiles?download=&index=ca9KYOSgJlo%3D,accessed 28 August 2013.

GE Energy(2010), *Western Wind and Solar Integration Study*,prepared for the NREL (National

Renewable Energy Laboratory),May 2010.

Gil, A., M. De la Torre and R. Rivas, R.(2010),"Influence of Wind Energy Forecast in Deterministic and Probabilistic Sizing of Reserves",Presentation at the 9th International Workshop on Large-Scale Integration of Wind Power into Power Systems as well as on Transmission Networks for Offshore Wind Power Plants,October 2010,Quebec.

Hirth, L. and I. Ziegenhagen(2013), Control Power and Variable Renewables: A Glimpse at German Data,Fondazione Eni Enrico Mattei,Milan.

Holttinen,H. et al.(2012),"Methodologies to determine operating reserves due to increased wind power", IEEE(Institute of Electrical and Electronics Engineers) Transactions on Sustainable Energy,Vol. 3,No. 4,IEEE,pp. 713-723.

Jones(2011), *Strategies and Decision Support Systems for Integrating Variable Energy Resources in Control Centers for Reliable Grid Operations*,Alstom Grid,Inc., Washington DC, www1.eere.energy. gov/wind/pdfs/doe_wind_integration_report.pdf,accessed 15 August 2013.

Kiviluoma, J.(2012),"Short-term energy balancing with increasing levels of wind energy", IEEE Transactions on Sustainable Energy,Vol. 3,No. 4,IEEE,pp. 769-776.

Menemenlis,N.,M. Huneault and A. Robitaille(2013),"Impacts of Wind Integration on System Using Dynamic Reserves — Case Study",Presentation at the 12th Wind Integration Workshop,November 2013,London.

Mueller,S.,H. Chandler and E. Patriarca(forthcoming), *Grid Integration of Variable Renewables: Case Studies of Wholesale Electricity Market Design*,OECD/IEA,Paris.

NERC (North American Electric Reliability Corporation) (2009) , "NERC Special Re-
port: Accommodating High Levels of Variable Generation", NERC, Princeton, NJ,
www.uwig.org/IVGTF_Report_041609.pdf, accessed 15 August 2013.

NREL(National Renewable Energy Laboratory) (2013) , *Examination of Potential Bene-
fits of an Energy Imbalance Market in the Western Interconnection*, NREL, Gold-
en, CO., www.nrel.gov/docs/ fy13osti/57115.pdf, accessed 28 August 2013.

Piwko, R. (2009) "The Value of Wind Power Forecasting", Presentation before the Util-
ity Wind.

11 Integration Group Workshop on Wind Forecasting Applications for Utility Planning
and Operations, Phoenix, Arizona, February 18-19.

REE (Red Eléctrica de Espa.a) (2013) , Renewable energies, Wind power generation
in real-time, REE web site, www.ree.es/ingles/operacion/regimen_especial.asp,
accessed 28 August 2013.

RETD (Renewable Energy Technology Deployment) (2013) , "RES-E Next Generation
of RES-E Policy Instruments" , RETD, http://iea-retd. org/wp-content/uploads/
2013/07/RES-E-NEXT_IEA-RETD_2013. pdf, accessed 28 August.

Volk, D. (2013) , *Electricity Networks: Infrastructure and Operations*, IEA Insight Pa-
per, OECD/IEA, Paris.

第7章

灵活性投资选项

要点

- 以系统友好的方式优化电力系统的运行和部署波动性可再生能源（VRE）是实现具有成本效益的波动性可再生能源并网的一个前提条件。然而，在达到一定程度后进一步增加波动性可再生能源的容量会要求对系统灵活性进行额外的投资。当前有4种不同的灵活资源：电网基础设施、可调度发电、储能和需求侧集成。其中每一项都构成一大类或一个技术族，包含不同的具体灵活性选择。所有灵活性选择都有助于波动性可再生能源并网，但各有不同的优缺点。

- 电网基础设施是唯一能带来巨大双重效益的灵活性选择。首先，电网基础设施是获得更遥远资源的前提条件（地点灵活性），但也通过实现波动性可再生能源发电量在较大区域内聚合的固有平滑效益为降低波动性做出巨大贡献（时间灵活性）。这使电网基础设施的贡献比较独特。

- 可调度发电提供灵活性的成本不一，取决于技术和运行机制。目前在几乎所有的电力系统中，可调度发电都是占据主导的灵活资源。在长期，灵活的可调度发电在波动性可再生能源发电量持续走低时期（连续几天）对满足需求是十分关键的。

- 储能可提供各类不同服务，取决于使用什么技术和在电网中的方式（集中式与分布式）。通常是多种效益相结合使储能投资在目前具有经济性。成本可能会相差很大，主要取决于前期成本、容量能量比（某个时刻可释放或储存的能量与可储存的总能量相比）和充电/放电周期次数。但成本通常要高于其他灵活资源。

- 需求侧集成（DSI）有望以具有成本效益的方式提供灵活性。然而目前估算显示涉及的成本很多，尤其是实现家电智能运行的额外投资成本是不确定的，文献中的值差别可达10倍。分布式蓄热和区域供暖应用及蓄冷，都是提高电力需求灵活性的有吸引力的选择。

- 用简化指标——均化灵活性成本（LCOF）——比较不同灵活资源提供灵活性的成本。高度灵活的发电（如水库水电厂和选定的化石燃料技术）、电网基础设施和需求侧集成（包括蓄热）能以非常低的成本提供灵活性（低至每兆瓦时1~5美元，在不太有利的条件下达到每兆瓦时20美元）。电力储存的成本要高得多，介于每兆瓦时20美元（在有利位置的抽水蓄能）与每兆瓦时500多美元（低利用率分布式电池蓄电）之间。需要从不同资源提供的效益角度来看待成本。

- 使用两种不同经济模拟工具研究不同灵活资源的成本效益。成本指建设和运行灵活资源的额外成本，而效益指与基线情况相比在电力系统其他部分节省的投资和运行成本。

- 在对额外灵活性需求高的情况下，额外灵活性的成本效益会更好，如在波动性可再生能源比例较高的情况下。此外，在以协调的方式部署了几种选择的情况下，额外灵活性的成本效益会更高。

- 与其他灵活性选项相比，需求侧集成尤其是分布式蓄热，有更好的成本效益表现，展现出巨大潜力。然而，关于其在实际生活应用中的全部潜力仍存在一定的不确定性。

- 储能的成本效益情况不那么好，反映出更高的成本。在现有水库水电厂加入抽水蓄能功能显示出良好的成本效益率。

- 互联使分布式灵活性选项得以高效地利用，与储能和需求侧集成形成合力。西北欧案例研究模型显示，大幅增加互联会带来有利的成本效益。

- 改造现有发电厂增加灵活性的成本效益区间大，由具体项目的成本驱动。

　　优化电力系统的运行是实现具有成本效益的波动性可再生能源并网的前提条件。在波动性可再生能源部署水平较低时，通过调节系统运行的方式可能就足以成功实现并网。但到一定时候仅关注运行是不够的。与动态系统相比，在稳定系统中运行措施可能足以实现更高的渗透率。替代旧的系统资产或满足不断增加的需求需要有新投资。当波动性可再生能源容量接入得非常快时，[①]可能需要专门的投资以增加系统总体灵活性，即使没有需求增长或基础设施被拆除。在这两种情况下，需要协调投资模式以确保有连贯一致的资产组合。

　　本章阐明了4种灵活资源投资的技术和经济方面：

- 电网基础设施。
- 可调度发电。
- 储能。
- 需求侧集成。

　　对每种资源的分析是基于相关的技术特征，解释其可如何为波动性可再生能源并网做贡献。对每种资源的经济分析则采用从均化发电成本（LCOE）中衍生出的一个指标，称为均化灵活性成本（LCOF）。对于每种资源，均化灵活性成本提供了用这种资源提供灵活性的指示性成本。对于所选的灵活性选项，成本分析以电力系统模型的成本效益分析作为补充。在每种资源讨论的最后有市场设计和政策考虑。本章对每种资源分别讨论，为第8章进行综合讨论奠定基础。

7.1　衡量灵活性资源的成本和效益

　　本节解释了在对不同选项进行经济性评估时使用的工具，之后再分别讨论每种灵活资源。

　　灵活资源的经济分析需达成微妙的平衡。一方面，所有灵活资源都可为

---

① 快速指远快于替换旧的基础设施或满足增量需求所需的投资水平。

波动性可再生能源成功并网做贡献。另一方面，如以下几节所述，其贡献情况因资源不同而不同。例如，灵活发电对于覆盖波动性可再生能源发电量低的时间十分重要。然而，一旦净负荷为负，发电不可避免会弃风、弃光；但储能、需求侧集成和（在一些情况下）互联可以做到这点。因此，所计算的成本不能直接拿来比较，因为不同的灵活资源提供的服务有所不同。

7.1.1　均化灵活性成本

灵活性资源的成本分析是基于一个称为均化灵活性成本（LCOF）的简化指标。均化灵活性成本估计提高1兆瓦时发电或消费的灵活性的相关额外成本。例如，就储能而言，均化灵活性成本估计假设储能设备在某种特定运行机制下储存1兆瓦时电量用于之后消费的成本。类似地，均化灵活性成本估计输送1兆瓦时电量经过一段距离的成本，同样使用一组特定假设。[①]表7-1归纳了计算均化灵活性成本的不同定义及计算方法。

表7-1　　　　不同灵活性选择的均化灵活性成本定义及计算方法

电网基础设施均化灵活性成本	输电均化灵活性成本表示使用输电线输送1兆瓦时电量经过给定距离的成本。敏感度考虑不同输电线/电缆技术、利用率和输电线长度 配电均化灵活性成本表示如果要使配电网达到使分布式太阳能光伏发电功率流不受限制地流向输电系统，则新建配电网所需的额外成本。用美元/兆瓦时年太阳能光伏发电量表示。评估基于简化的配电网，包含对太阳能光伏系统大小和配电线长度的敏感度分析
可调度发电均化灵活性成本	均化灵活性成本测量不同发电技术每兆瓦时成本的差异，比较不同的运行机制；基线情况的特征是采用参考容量系数和循环机制；灵活性情况下容量系数更低，循环增加
储能均化灵活性成本	均化灵活性成本捕捉建设和运行一个储能设备的成本，以每兆瓦时回收的电量表示。分析考虑不同技术、利用模式和能量容量比。均化灵活性成本包括电量损失的成本（价格为40美元/兆瓦时）但不包括发电的初始成本
需求侧集成均化灵活性成本	对于小规模应用而言，均化灵活性成本计算允许分布式蓄热设备智能运行的额外资本和运行成本，用设备每兆瓦时电量消费表示。在大规模甩负荷选项下，均化灵活性成本用不同工业流程每兆瓦时负荷损失值表示。均化灵活性成本包括损失，价格为40美元/兆瓦时，以及智能电表的成本

要点：针对不同的灵活性选择用特定方法计算均化灵活性成本。

---

① 全部假设见附件A。

7.1.2　成本效益分析的方法学

均化灵活性成本的分析只展现了部分情况。例如，均化灵活性成本可估计储存电量与一定距离输电相比成本的大小。但无法说明储能是否比输电更有价值或在什么情况下储能比输电更有价值。

为完成经济分析，本章使用了两个先进的电力系统模型。这两个模型都经过专门设计，考虑到灵活性和可再生能源资源对电力系统和市场的运行产生的影响。第一个模型，可再生能源系统投资模型（IMRES），用于模拟一个样本电力系统，确定不同灵活性选择带来的附加值。使用IMRES的电力系统建模旨在捕捉与许多实际中的系统相关的属性，但IMRES系统本身不对应任何现实中的电力系统。IMRES系统没有互联，但有相对较大的峰荷需求，在80吉瓦（GW）左右。IMRES系统尤其适合研究平衡和利用效应（第2章）相结合对最优电源结构产生的影响及如何在规模大但封闭的系统中以具有成本效益的方式应对这些影响。

此外，为更详细地分析互联，国际能源署（IEA）与Pöyry管理咨询（英国）有限公司（以下称Pöyry）开展了合作。国际能源署使用Pöyry的BID3模型，对包括互联在内的灵活性选项进行了经济分析。BID3模型基于Pöyry典型情景中含高比例波动性可再生能源的改编版本，涵盖了西北欧案例研究地区的国家（丹麦、芬兰、法国、德国、爱尔兰、挪威、瑞典和英国）。

7.1.3　IMRES

电力系统的特征

用德国2011年电力需求、风电和太阳能光伏发电量的每小时时间序列作为构建测试系统的基础。[①]根据每日装机容量将风电和太阳能光伏发电量归一化，并根据分析的不同波动性可再生能源渗透情景将之成比例放大。虽然成比例放大可能会夸大波动性，但所观察样本的时间序列中装机容量很大，2011年底太阳能光伏装机容量达24.8吉瓦，陆上风电装机容

---

　　①　然而，IMRES系统并不代表德国的电力系统，因为其假设互联为零，且发电机组可能截然不同。

量达28.9吉瓦。之所以选择德国，是因为德国波动性可再生能源多，在地理上和技术上呈现多样化。

装机的常规发电机组通过IMRES模型在内部实现优化，且完全独立于当前德国的发电厂结构。在组成发电厂结构时，模型可在核能、煤炭、联合循环燃气轮机（CCGT）和开放循环燃气轮机（OCGT）中选择。模型假设与周边系统间无互联、无网络阻塞或损失（铜金属板）。波动性可再生能源发电在IMRES模型中不可被优先调度。因此，只要能有助于减少系统成本（例如，为避免关停发电厂随后又要重新启动的成本），就会选择弃风、弃光。

IMRES模型

IMRES模型使用含机组组合[①]约束的发电扩容公式。运用这种方法可对投资决定和系统运行进行综合分析。IMRES模型的主要特点是除资本和可变成本外，还明确表示了与更密集启停机制相关的成本（模型的详细描述见附件B）。

经典扩容模型，如筛分曲线模型（NEA，2012），只评估资本成本高、可变成本低的发电技术和资本成本低、可变成本高的发电技术之间的权衡。这种方法通常不考虑其他成本项（如启动成本）和其他技术因素（如单个发电机组的不可分性、发电厂最低发电水平、调节限度和备用需求）。IMRES通过明确包括系统运行期间发电厂的性能，改进了投资评估，研究波动性可再生能源对最优投资模式的运行影响。

情景和灵活性选择

IMRES分析考虑了两种截然不同的情景。对于每一种情景，计算了超过35个不同的敏感度，包含不同的波动性可再生能源发电装机容量、不同灵活性选择及燃料价格水平。

• 在以往的情景下，对发电厂装机结构进行优化以满足全部电力需求（没有可再生能源的贡献）。然后，加入不同比例的波动性可再生能源和灵

---

①　在电力系统中，机组组合是一个决策过程，不仅决定满足最低成本发电标准（经济调度）系统中每座发电厂的发电量，也决定每小时应在线和离线的发电厂。

活性选择，系统运行要考虑这些新要素。这种情况接近于稳定电力系统中波动性可再生能源并网的现实。重要的是要注意以往发电厂的结构。在此情景下考虑了所有的系统成本——包括所有常规发电厂的投资成本。在以往的情景下，波动性可再生能源发电和额外灵活性选择没有为避免电力系统其他部分的投资成本做贡献。因此，这一情景更接近于波动性可再生能源并网的"最糟糕情况"。

● 在转型情景下，IMRES根据净负荷优化发电厂的装机结构，即优化常规发电厂以满足部分电力需求和平衡波动性可再生能源。此外，在一些敏感度分析中，发电厂投资的优化受灵活性选择的影响，即存在其他灵活性选择，这些可降低发电厂的投资需求。这种情况更接近于动态电力系统中的现实。转型情景是更有利于波动性可再生能源并网的情景，通过利用波动性可再生能源发电、灵活性选择和火电厂之间的合力降低系统成本。

针对这两种情景本章分析不同的部署水平和不同的灵活性选项组合。灵活性选项成本效益的计算方法是用节省的净系统成本除以灵活性选项自身的成本。

本章总结了用IMRES得出的结果，侧重于需求侧响应、储能和灵活发电的成本效益分析。在各节分别对结果进行呈现和讨论。结合多种灵活性选项的结果将在第8章中呈现。详细方法学和结果见de Sisternes和Mueller（即将出版）。

7.1.4 BID3

1.系统特征

BID3模拟以西北欧案例研究地区国家的数据建模。基于Pöyry的典型情景，国际能源署开发了一个含高比例波动性可再生能源的情景，风电和太阳能光伏发电在年发电量中占比大约为30%。互联水平、电力需求和发电厂装机组合来自Pöyry针对2030年的典型情景。

2.BID3模型

BID3是一个经济调度模型，该模型优化系统中所有发电站的每小时发电量，考虑了燃料价格和运行约束。BID3全面捕捉火电、水电、波动性可再生能源和跨境净转移容量（NTC）约束间的相互作用。系统安全通过评估缺电时间期望值（LOLE）来确立，基于全年每小时火电厂的可用性、波动性可再生能源资源和水电的可用发电量及互联的贡献。建模基于Pöyry欧洲电力市场各电厂的数据库，该数据库每季度更新。

BID3的关键特征包括：

● 火电厂的调度。假设所有电厂都以具有成本效益的方式报价，以成本最低的方式调度电厂——短期可变成本低的电厂优先于短期可变成本高的电厂调度。这反映一个完全竞争的市场，是成本最低的解决方案。与启动和部分负荷相关的成本也包含在优化中。该模型也考虑所有主要发电厂的动态，包括最低稳定发电量、最短上线时间和最短离线时间。

● 波动性可再生能源发电。波动性可再生资源每小时发电量模型基于详细的风速和太阳辐射数据，由于其他发电厂或系统的运行约束，可在必要情况下弃风、弃光。

● 水电厂的调度。水库水电厂使用水价值法进行调度，用随机动态程序计算蓄水的选择权价值。这就形成一条水价值曲线，储存每兆瓦时电量的选择权价值是水库水位高度、竞争对手水库水位高度和在一年中时间的函数。

● 需求侧响应和储能。需求侧和储能运行建模方式高端，可模拟电动车和热等灵活负荷，同时尊重需求侧和储能的约束。

● 互联流量。互联得到优化利用——这相当于一个市场耦合安排。

对BID3模型的进一步描述见附件B，也可从Pöyry网站上获得。[①]

3.情景和敏感度

使用Pöyry典型情景的高波动性可再生能源版本，对互联、储能、需求侧集成及互联与后两种选择中任意一种的组合（互联和储能，互联和需求侧集成）进行敏感度测试。此外，也分析了改造水电厂在不增加水库容量情况下增加水电厂容量的成本效益。本章相应小节对结果进行展示和讨

---

① www.poyry.com/bid3.

论。[①]对比的归纳见第8章。

7.2 电网基础设施

电网基础设施包含将发电量与用电需求相连的所有资产，最重要的是高压输电线、配电系统线路和许多其他设备如变压站等。电网基础设施将遥远的资源聚合，由此给整个电力系统带来重要的组合和规模效益。电网基础设施为波动性可再生能源并网做出关键而独特的贡献。

7.2.1 技术概述

输配电网都是安装有额外控制和管理设备的复杂网络，这些设备有时非常复杂。以下概述简要介绍了最重要的部分，不考虑一些有时同样重要但技术性很强的要素。

7.2.2 输电网

输电网最重要的组成部分是高压线。通常高压线两端有所谓的变电站，在变电站中与以下所谓的进行功率流交换：

- 大型发电机组或负荷。
- 同一系统的其他输电线。
- 相邻电力系统（互联）。
- 配电网。

目前所有大型电力系统都使用交流电。交流电的技术属性使其无法在地下或海面下传输数万米以上。因此，最广泛使用的输电技术是众所周知的交流高架线路技术。

如果牵引距离超过几百公里，由于交流电的属性和所导致的损失，交流高架线路的成本会上升。在这种情况下，用专门的换流站将交流电变换为直流电，再将直流电变换成交流电会具有经济性。这种技术称为高压直

---

① 本章各节展示的这些结果由一项模型研究生成。该研究使用 Pöyry 和国际能源署之间商定的用于最初的环境的方法学和假设。这些结果可能不适合其他情况。因此,这里提出的建议、观点、预期、预测或推荐都不代表或保证未来的事件和情况。

流（HVDC）技术。可在地下或海面下铺设高压直流电缆，技术难度不大，但由于土木工程和电缆的成本，安装电缆的成本要高出几倍。

交流线是同步的，而直流线并不同步。这使得调节和控制直流线上的功率流更简单（不会直接产生环流问题），①且可将运行不同步的系统连接起来。然而，使用直流线会失去同步连接的一些优点（尤其是惯性响应）。②

高压直流技术在原本为交流电的系统中点对点连接方面是成熟的，在网孔高压直流电网方面经验要少得多。当实施更复杂的网络拓扑时会引起一些技术挑战，如海上高压直流电网（Bahrman and Johnson，2007）。

在经合组织（OECD）成员国中，输电项目通常许可申请时间长（国际互联项目长达10年甚至更长）。建设周期通常很短，往往不到两年，但时间取决于路线长度和地形。输电资产生命周期通常为40年到50年或更长。

7.2.3　配电网

传统上，配电网的作用是在本地向中小型用户配电。配电网通常有几层（与树枝类似）：③网络中大型分支在高压运行（在50千伏到100千伏之间），中型分支在中压运行（从5千伏到几十千伏），最小的分支以低压连接到各户家庭（100伏到400伏）。由于配电网上有几个电压阶跃，变压站成为配电网的重要组成部分。

由于电线距离较短，配电网可使用地下电缆输送交流电。配电网高压部分采用地下电缆通常只有在人口密集的城市地区比较常见，而地下电缆在电网中压和低压部分的应用也会随人口密度而变化。铺设地下电缆意味

---

① 电量总是沿电阻最小的路径流动。在网孔网络中，这意味着当电量在两个直接相连的网格点之间流动时，不仅在直接连接的路径上，在连接两点所有可能的路径上都会有电流。这些其他的电流称为环流。在网孔更好的电网中，环流往往会更高。

② 现代高压直流线使用所谓电压源转换器（VSCs），可用于提供一些系统服务，尤其是电压支持。

③ 配电网的拓扑会因诸多因素发生变化，有四种标准布局（称为放射型、开放回路、闭合回路和格子状拓扑）。

着前期成本升高，但一般维护成本更低，可靠性也往往更高。

配电网大小通常是一次设定，考虑其 40~50 年的整个生命周期，由于土木工程，尤其是铺设电缆构成了成本中的很大部分，因此最初选择较大电网规模通常比之后扩容的成本要低。

在低压及中压水平经常没什么主动控制或实时测量（"安装即忘记"法）。只要是以将电量分配给被动负荷为主要目的，这种方法就具有合理性。但当发电量很大部分连入配电网时，配电网的作用就变得复杂。配电网也充当起发电量的"收集电网"，导致更复杂的负荷流动模式，有时会对传统的规划和运行方法构成挑战（Volk，2013）。当有高比例的分布式波动性可再生能源时，使配电网更"智能"，实现需求侧集成，变得越来越重要。

7.2.4　对波动性可再生能源并网的贡献

有许多与波动性可再生能源发电量和电力系统资源地理聚合相关的效益。电网基础设施是唯一能直接提供地理聚合的灵活资源。因此，与其他灵活性选项相比，电网基础设施的贡献是不同的甚至是独特的。

7.2.5　波动性

波动性可再生能源发电的地理聚合会带来很大的平滑效果，因为在聚合时单个波动性可再生能源发电机组的统计波动在一定程度上得以抵消。这种平滑效果会自动、迅速在整个互联网络中发生。虽然灵活发电、需求侧响应和储能可应对剩余的波动性，电网基础设施由于其内在技术属性，可部分地消除波动性。

正如第 2 章中所提到的，与太阳能光伏发电相比，风电可从非常大的规模聚合中受益更多。聚合效益也会根据方向不同而不同，如地区是沿天气系统路径还是垂直于这些路径互联。

7.2.6　不确定性

输电网强化会有助于降低波动性可再生能源相关的不确定性，因为与预测单一地点相比，预测多点的聚合发电量时预测失误要更小（Focken et al.，2001；图 7-1）。通过将空间分布广阔的地方整合起来，相关性弱的预测失误能部分抵消。因此，平均而言，这些统计平滑效果会使对一个区域的预测失误低于对一个地方的预测。

7.2.7 地点

只有输电基础设施才能完全消除波动性可再生能源资源丰富地区和需求中心所在地之间的地区不匹配。然而，总是需要在"多走一英里"寻找更有利的资源和建设必要输电线的额外成本之间进行权衡。因此，要在接近负荷选址还是接近最佳资源选址之间进行权衡。这一平衡会动态变化。波动性可再生能源系统成本变得越低，获取最优资源的压力就越小。[①]

7.2.8 模块化

强化配电网通常是增加对分布式小型发电机组承载能力的有效选择。事实上，往往是配电层面的约束导致了小型风场的弃风（Ecofys，2013）。然而，电网强化需要与其他选择进行权衡，如改善波动性可再生能源发电厂的运行、需求侧响应选项或分布式储能。

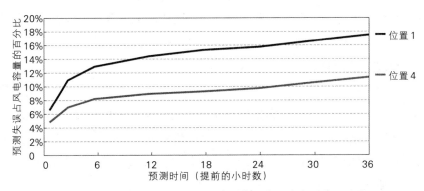

图7-1　2004年芬兰平均绝对预测失误占风电容量的百分比

资料来源：Holttinen et al.，2006。

要点：强化输电网有助于降低聚合发电预测与单点预测相比的预测失误。

---

① 均化发电成本为0.30欧元/千瓦时(/kWh)时满负荷小时数翻一番，可节省0.15欧元/千瓦时。均化发电成本为0.20欧元/千瓦时时满负荷小时数翻一番，只能节省0.10欧元/千瓦时。虽然在这两种情况下相对优势都是50%，但成本影响的绝对值是不同的。

7.2.9　异步技术

与小型系统相比，大型同步连接的电力系统只有在渗透率更高的情况下才会受到异步发电的影响。因此，交流电电网基础设施可为减轻这种影响做出重要的贡献（表7-2）。

此外，可在电网中加入其他设备提高可控性，增强功率传输能力。这些称为灵活交流输电系统（FACTS）。除其他效益外，灵活交流输电系统可帮助在不依赖同步发电机组的情况下提供某些系统服务，但不会直接增加系统惯性。

表 7-2　　　　　　　　　电网基础设施对波动性可再生能源并网的贡献

	不确定性	波动性			地点约束	模块化	异步
		斜坡	充足	短缺			
输电	√	√√	√	√	√√	××	√
配电	o	√	√	o	××	√√	×
互联	√	√√	√√	√	o	××	√√

注：√√：非常适合；√：适合；o：中；×：不太适合；××：不适合。

资料来源：除非另行说明，本章所有图表均来自国际能源署的数据和分析。

要点：电网基础设施是解决资源丰富地点与需求中心不匹配的唯一选择，并为所有其他领域做出很大贡献。

7.2.10　经济性分析

与发电投资相比，电网基础设施成本低。虽然成本有很大差异，建设1公里输电线的平均成本在每1000兆瓦（MW）100万美元左右。发电容量成本在每兆瓦100万美元左右。因此，将成本增加1%左右可能会建设10千米。如果连接的距离很远（几百千米）和安装更复杂，如海底高压直流电连接，成本有可能达到很高水平。

电网基础设施要求有前期支出。电网只有达到足够大的规模，安装才具有经济性，因此，从这个意义上说，电网投资是波动的。电网通常是为40~50年的寿命周期设计的（Kirchen and Strbac，2004）。输电投资是"沉没"投资；资产转售价值低，无法经济地对输电容量进行重新配置。

7.2.11　成本

输电项目的投资包含两大部分：输电线路的成本和电站的成本。数据往往和具体项目相关；尤其是输电线路成本取决于当地地形和获取路权的成本。因此，应将报告的数据（表7-3）视作对经合组织成员国典型情况的指示。

表7-3　　　　　　　　　　　典型输电网基础设施的经济参数

类型	电站成本 （百万美元/线）	线路成本 （美元/兆瓦/千米）	电站损失 （%）	损失 （100千米%）	损失 （1 000千米%）	利用系数 （FLH）	O&M成本 （美元/千米/年）	O&M成本 （美元/兆瓦时）
交流高架线路	50~70	1 000~1 500	0.25	1.15~1.20	7.5~8	3 000~6 000	35~40	0.35~0.55
直流高架线路（VSC）	200~350	900~1 200	0.6~0.7	1.50~1.60	4.5~5	3 000~6 000	35~40	0.35~0.55
直流电缆（VSC）	200~350	1 700~2 000	0.6~0.7	1.65~1.75	4.5~5	3 000~6 000	10~15	0.10~0.20

注：FLH=满负荷小时数；O&M=运行和维护。FLH代表电网基础设施的典型利用系数，在输电线专用于满负荷小时数低的波动性可再生能源发电厂的情况下，这个值可能会更低。

要点：输电线成本由两大部分组成：线路成本和变电站成本。

直流电连接的线路成本和损失要比交流电高架线路低，但电站成本要高得多。因此，直流电技术用于长距离输电会更具经济性。在为本研究对报告的项目成本进行的元分析中也发现了这种一般趋势（图7-2）。

通过单线输送1兆瓦时电（例如连接偏远地区资源时）的成本关键取决于距离和电线的利用率。当距离短（50千米）利用率高时，成本低至2美元/兆瓦时~4美元/兆瓦时。即使在更长距离（250千米），单位成本介于5~15美元/兆瓦时。长距离输电的成本会更高，尤其是在利用率低的情况下。海底电缆成本是直流高架线路成本的两倍（图7-3）。

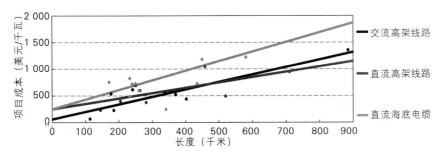

图 7-2 对输电项目报告成本的分析

注：各点显示的是从收集的项目数据中获得的数据点。各线对应不同项目类型的典型成本：交流高架线路（AC OHL）：60美元/千瓦电站成本，1.4美元/千瓦/公里；直流高架线路（DC OHL）：250美元/千瓦电站成本，1美元/千瓦/公里；直流海底电缆（DC subsea）：250美元/千瓦电站成本，1.8美元/千瓦/公里）。

要点： 在长距离的情况下，直流高架线路成本要低于交流高架线路。直流海底电缆成本要高于直流高架线路成本。

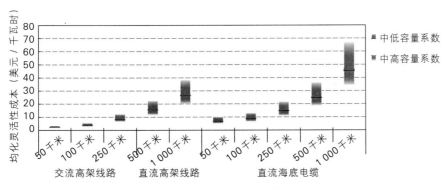

图 7-3 输电投资的均化灵活性成本

注：方法学详见附件A。

要点： 与其他选择相比，输电均化灵活性成本从低到中，取决于线路长度和容量系数。

配电

配电基础设施的投资成本往往与具体项目相关，包含两大部分：线路成本（低压、中压和高压），以及变电站成本（高压/中压和中压/低压）。特别是线路成本取决于技术、电网设计和相关长度。从农村到城市地区，这些参数可能会相差很大。这类项目没有典型情况，因此应把报告的数据视为经合组织成员国的指示性数据（表7-4）。

表7-4   配电网基础设施的经济参数

类型	电缆成本 （千美元/公里）	额外成本 （千美元/项目）	损失典型长度 （%）	利用系数 （%）	运行与维护成本 （美元/公里/年）
中压：输电	75~100	275~325	1	40~50	10~20
中压：配电	75~100	120~180	0.75	30~35	10~20
低压：电缆	120~140		1	40~45	10~20
变电站：高压/中压	1 300~1 800			70~80	
变电站：中压/低压	5~25			60~65	

要点：配电网的成本由两大部分组成：线路成本和变电站成本。土木工程成本占很大部分。

均化灵活性成本分析表示将新建配电系统与一定量分布式太阳能光伏发电相连，使电量输送到输电网的额外成本（图7-4）。太阳能光伏系统容量用每个连接的用户的装机容量表示。成本非常容易受系统规模的影响。对于小型系统，成本非常低（低于2美元/兆瓦时），反映出与仅有负荷的参照情况相比没什么增量要求。系统容量更大时，增量成本会上升，在系统平均规模为4千瓦的情况下达到大约10美元/兆瓦时的水平。这是估计含分布式波动性可再生能源时配电网成本的保守方法。更高端的管理策略、需求侧集成和分布式储能都能为实现这些成本的最小化做贡献，在对电网基础设施额外成本做更详细评估时应考虑这些因素。

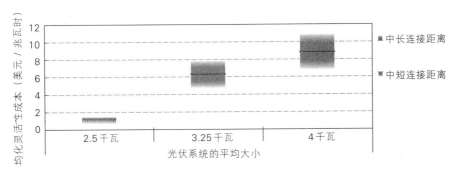

图 7-4　配电网投资的均化灵活性成本

注：方法学详见附件 A。

要点：实现许多分布式太阳能光伏发电站并网的额外配电网成本取决于发电厂的规模。

7.2.12　成本效益分析

针对西北欧案例研究地区开展的经济建模考察了案例研究国家间额外互联的成本效益（表7-5）。正如引言中解释的，模型系统对应高比例波动性可再生能源的情景（占系统总发电量27%），基于对Pöyry2030年典型情景的改编。因此，基线情况下的互联水平已经比目前观察到的要高很多（63吉瓦，与2010年的44吉瓦相比）。因此，研究考察的是与典型情景相比，额外互联在多大程度上会促进实现更高比例波动性可再生能源的并网。假设已有大规模波动性可再生能源接入。

表 7-5　　在互联增加的情况下西北欧国家间的互联（兆瓦）

自\到	丹麦	芬兰	法国	英国	德国	爱尔兰	挪威	瑞典
丹麦					3 700		1 600	3 940
芬兰							1 000	3 850
法国				5 488	5 100			
英国			5 488			2 060	2 100	
德国	3 100		5 800				2 100	2 100
爱尔兰				1 940				
挪威	1 600	1 000		2 100	2 100			6 400
瑞典	3 480	4 250			2 100		6 250	

要点：互联增加的情景考察了在63吉瓦基础上增加16吉瓦互联容量的成本效益。

增加16吉瓦互联避免了对联合循环燃气轮机（CCGT）电厂3吉瓦投资（法国、德国和英国），使得可以更好地利用低成本的发电资产。总的来说，与每年3.4亿欧元的年化成本相比，每年系统节省了4亿欧元。这产生了一个总体上有利的效益成本比1.2。关键是要注意到基线情况下互联水平已经很高，凸显出互联对大规模波动性可再生能源并网的重要性。

7.2.13　政策和市场考虑

输配电网基础设施的政策和市场挑战有所不同（图7-5）。

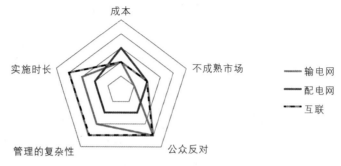

图7-5　电网基础设施部署的主要挑战

要点：管理的复杂性、实施时长和公众反对是与新电网基础设施部署最相关的挑战。

在许多电力系统发达的国家中，公众反对是投资高架输电线路的主要障碍。与其他灵活性选项（如发电或储能）相比，新输电线路的前期成本并不高。然而，这并不意味着成本分摊是直接的。在远海铺设海底电缆的情况下，成本同技术和管理挑战一同会成为重大障碍。

要分清新输电基础设施的效益和受益人以实现公平的成本分摊往往很难，几乎不可能。此外，与成本效益分摊相关的管理对于国际项目尤其复杂，可能涉及一些只是间接受益的中转国家。使这一点更相关的是输电系统（被认为是自然垄断）通常受制于强有力的监管。因此，新的输电线路要取决于监管审批。

在没有普遍接受的方法学确定项目成本效益的情况下，新的输电线路可能会面临很多争议。实践中，没有完全有说服力的监管测试来证明拟议的投资是合理的或甚至证明这是提议的几个电网建设选择中最优的。目前在欧洲和美国大部分地区主导的标准是要遵守规定的安全标准并消除电网瓶颈。这些标准不仅在系统内遵守，也适用于系统之间。一些国家特别包含了经济效率标准，但不清楚这在实际中如何应用（Volk，2013）。

在配电层面的情况有所不同。配电系统的政策和市场框架是基于系统被动为所连接负荷服务的角色构想的。随着分布式发电的增加，系统角色变得更为复杂，这在运行和规划程序中尚未反映出来。在规划方面，要准确确定电网容量变得更复杂，因为需要考虑分布式发电的演变。更多关于分布式波动性可再生能源资产扩建轨迹和最终目标渗透率的信息可有助于更好、更具成本效益地进行系统规划和扩建。这包括要在输配电层面更好地协调基础设施扩建（详见 Volk，2013）。

在运行侧，更动态的负荷流动模式，包括功率流向输电网的逆流，需要更详细的系统实时信息，并可能需要更高端的控制设备以保证可靠且具有成本效益的运行。

由于配电网运行和投资往往也受到很多监管，配电网作用的不断变化，以及波动性可再生能源并网的创新投资需求，也对旧的成本回收机制构成挑战。在自我消费和分布式输入比例不断提高的情况下以创新的方式为配电网基础设施融资是确保这一灵活性选项未来能做出一定贡献的关键。

7.3 可调度发电

可调度[1]发电技术可分为可调度非可再生能源（non-RE）技术和固定可再生能源（firm RE）技术。这构成两大类技术组合，每一类中都包含许多子技术。[2]

---

[1] 波动性可再生能源本身可增加或减少发电量,受即时资源的可获得性限制。从这个意义上说,波动性可再生能源也是可调度的。

[2] 先进的波动性可再生能源部署和运行策略可对促进并网做出的贡献在第 5 章中有讨论。

可调度发电（非可再生能源和固定可再生能源技术）提供了目前所有电力系统中的大部分电量。随着波动性可再生能源技术占比不断增加，可调度技术的作用必将发生变化。可调度技术对整体电源结构的贡献必然会减小，同时可能会持续成为灵活性的宝贵来源。然而，与其他灵活性选项不同，非可再生能源发电经常伴随着外部性，如二氧化碳（CO_2）和其他排放或核废料堆积。

本节简单讨论了不同的可调度发电技术，主要侧重于灵活性方面。更详细的信息见国际能源署的其他文章，如《能源技术展望2012》（IEA，2012a）和全套国际能源署路线图（可在网上获取：www.iea.org）。

7.3.1 技术概述

评估可调度发电作为一种灵活性选项提出了测量各种技术灵活性的问题。"灵活"对于发电厂可意味着许多不同的东西。正如加利福尼亚公用事业委员会（CPUC）所述（CPUC，2013）：

"……一些蒸汽机组被视为具有灵活性，是因为一旦运行可快速调节发电量，但其启动时间很长。而一些往复式发电机组被视为具有灵活性，是因为启动时间短，但一旦启动就没什么可调节的灵活性。"

发电厂的灵活性可分成不同维度。[①]与讨论最相关的是：

• 可调节性：给定一个较长的提前时间，可选择的可能的发电水平。发电厂的最小发电量是可调节性的下限，而最大发电量是上限。

• 调节率：可改变发电量水平的速度。

• 提前时间：使发电量可用所需要提前通知的时间，即发电厂的启动时间。

可按这些维度对各种技术进行评估（表7-6）。由此可得出各种技术的不同情况，以更全面地了解某项技术是否对实现高比例波动性可再生能源并网有帮助及如何提供帮助。

---

① 原则上，可对所有灵活资源进行类似分析。但这对发电资源最重要，为分析简便起见，这里只陈述电厂的灵活性。

表7-6			根据灵活性维度对灵活性发电的评估	

	技术	最小稳定发电量 （%）	调节率 （%/分）	提前时间 （小时）
固定可再生 能源	水库水能	5~6**	15~25	<0.1
	固体生物质能	***	***	***
	沼气	***	***	***
	太阳能 CSP/STE[1]	20~30	4~8	1~4****
	地热能	10~20	5~6	1~2
可调度非再 生能源	内燃机发动机 CC	0	10~100	0.1~0.16
	燃气 CCGT 不灵活	40~50	0.8~6	2~4
	燃气 CCGT 灵活	15~30*****	6~15	1~2
	燃气 OCGT	0~30	7~30	0.1~1
	蒸汽涡轮机（气/油）	10~50	0.6~7	1~4
	煤炭不灵活	40~60	0.6~4	5~7
	煤炭灵活	20~40	4~8	2~5
	褐煤	40~60	0.6~6	2~8
	核能不灵活	100******	0******	Na******
	核能灵活	40~60******	0.3~5	Na******

注：CC=联合循环；CSP=集中式太阳能；STE=太阳热能；Na=不适用。此表显示现有发电厂的典型特征；特定安排，尤其是新建灵活煤炭、褐煤和核电厂可能会增加发电灵活性；运行和环境约束可对实际中可获得多少这种技术灵活性产生重大影响。

[1]含储能。

**环境和其他约束可对这种灵活性的可用性产生重大影响。

***固体生物质能和沼气可在有燃煤和燃气电站特征的发电厂中燃烧，因此固体生物质能和沼气的数据包含在燃煤和燃气电厂的数据中。

****如果无法完全蓄热，提前时间会高很多。

*****蒸汽循环支路发电厂在低效率时达到15%。

******安全监管规定可能会禁止核电站改变发电量。报告的启动时间从热状态下的2小时到2天不等。

要点：发电厂在技术灵活性方面显示出很大差别。

可调度非可再生能源和固定可再生能源在灵活性的不同维度上有明显的多样性。但可以进行一些分组：

· 不灵活的发电技术包括不灵活的核电站、褐煤和燃煤电厂，一些以油/气作为燃料的蒸汽涡轮机。如果对燃气CCGT发电厂做相应设计，在一定程度上也可包括在内。大多数地热发电厂也属于这一类。这种发电厂类型是为基荷运行设计的；由于在高压下工作的厚壁机械的热应力受到限制，启动和调节运行都很少且耗时。

· 灵活的发电技术包括灵活CCGT、灵活煤炭、生物质能、沼气和CSP技术。这些发电站设计为中等灵活电厂运行，可调节发电水平应对负荷的变化，并在相当短的时间内启动。

· 高度灵活的发电厂，如水库水能、①内燃机或者航改燃气轮机和OCGT的子集，构成了最灵活的类型。提高这些发电厂运行灵活性的额外成本可以非常低。标准OCGT技术的灵活性不如前两者，但仍比大多数中等灵活电厂的灵活性要好。

重要的是，要注意到燃料类型本身并不会决定发电厂的灵活程度。不同燃气和燃煤电厂的设计特征会带来截然不同的表现。与不灵活的CCGT相比，灵活的燃煤电厂最低发电水平可以更低，调节能力更好。类似地，水电厂不同类型的涡轮机在提供灵活性方面也有不同的表现。在核电站中，发电厂在燃料循环中的位置会对能否参与负荷跟踪有很大影响，即使其设计成能参与负荷跟踪，且安全规定也允许这样。然而，核电站循环可能会增加运行风险，因为这会影响到堆芯核反应的动态（NEA，2012）。

常规发电领域的研发产生了优化的发电站，可与波动性可再生能源形成互补。一个尤为重要的特征是最小发电量水平低，但在发电水平低的时候不会对发电厂的效率产生重大影响。此外，调节坡度高也可是一个理想的特征。常规发电厂能涵盖的调节坡度越高，满足给定净负荷变化所需发电厂的数量就越少，由此可降低每次调节的最小发电量（VDE，2012）。

---

① 水库水能往往受环境和其他因素制约，但在很多情况下可非常好地提供灵活性。环境规定的设计应考虑到水库水能对实现整个电力系统脱碳的重要性。

7.3.2 对波动性可再生能源并网的贡献

1.波动性

目前，灵活的发电技术是几乎所有电力系统中系统灵活性的主要来源。在案例研究地区中，只有丹麦在平衡电力生产和消费方面对互联的依赖程度与对灵活发电技术类似（互联4.3吉瓦，发电装机容量8.6吉瓦）。

灵活发电技术需能调节至非常低的运行水平或完全关停，从而为波动性可再生能源发电快速腾出空间。也需要能迅速开始发电（在15~30分钟内），并且可提高发电量以涵盖波动性可再生能源发电量低的时段。灵活发电在涵盖波动性可再生能源持续短缺时段方面发挥着关键作用，如通过依赖大型水库水能备用电量。一些情景下100%的能源供应来自可再生来源，灵活的燃气发电也许可在涵盖短缺时段方面发挥作用。例如，用合成甲烷或生物甲烷作为长期储能，实际上是依赖灵活性资源发电。然而，目前尚不清楚这样的选择何时及是否具有成本效益。

如果灵活电源能迅速退出但又有能力在短时间内发电，则可借助灵活电源应对高波动性可再生能源发电的影响。然而，一旦净负荷为负，灵活电源无法为缓解过剩时段做贡献。这可能是这种灵活性选择为波动性可再生能源并网做贡献的最大单一局限性（表7-7）。

表7-7　　　　　　可调度发电对波动性可再生能源并网的贡献

	不确定性	波动性			地点约束	模块化	异步
		斜坡	充足	短缺			
可调度发电	√√	√√	√√ ××	√√	×	o	√

注：√√: 非常适合；√: 适合；o: 中；×: 不太适合；××: 不适合。

要点：可调度发电可以通过减轻各种影响为波动性可再生能源并网做出贡献。

在这方面很有希望的进展目前在丹麦。丹麦的电力系统高度依赖于热电联产（CHP）发电厂。如果其运行方式优先考虑供热需求，则热电联产发电厂可能实际上会降低系统的灵活性（Hirth，2013；Lund et al.，2010）。然而，丹麦热电联产发电厂中都安装了电锅炉，使其可进行电力生产和消费，这使得发电厂可根据系统条件转向任何最佳的运行模式（专栏7.1）。

专栏7.1　　　　　　丹麦电力系统中整合了热电

电力工业与供热制冷行业间的相互作用对于实现大规模波动性可再生能源发电的有效并网很重要。如果实施方式得当，供热和制冷应用可成为宝贵灵活性的来源。然而，目前大多数国家的惯常做法使热电联产发电非常不灵活，因为发电计划往往由热负荷决定。

供热和制冷的智能解决方案能：

● 提供具有成本效益的储能应用。

● 使热电联产发电厂发电非常灵活，甚至允许发电量为负（电力消费）。

热能储存可比电力储存更具成本效益。商业解决方案运用各种不同的技术和物理效应；最常用的是储存热水、熔盐和冰。为用户侧电热水器配备储能和智能响应能力，可以低成本提高电力消费的灵活性。

在更大的规模上，区域热电联产发电厂可以转型，以提供各种灵活性服务。丹麦广泛运用分布式热电联产和区域供暖（DH），此前已受到国际能源署的赞扬（IEA，2008）。丹麦的案例为热电联产可如何促进波动性可再生能源并网提供了有益洞察。

2010年丹麦全部发电量中大约80%来自热电联产发电厂，这与经合组织成员国10%的平均值形成鲜明反差。丹麦风电渗透率也非常高，约占2012年年发电量的1/3（在2010年大约占20%），远高于经合组织成员国3%的平均值。丹麦的目标是到2020年风电占年需求的50%。

2005年，丹麦制定政策确保热电联产的扩建能朝着有利于波动性可再生能源并网的方向：

● 立法规定热电联产发电厂将由根据发电量获得固定费用转向完全融入电力市场。根据电厂规模，这种转变是强制性或自愿的——超过10兆瓦的大型发电厂被要求立即参与市场。

● 热电联产发电厂融入电力市场是一个渐进的过程。2005年将热电联产发电厂引入日前现货市场；2006年引入选定的运行备用电量市场；2009年成为自动一级备用电量市场的组成部分。

● 发电厂继续得到补贴。在2005年做出改变时，将补贴转为容量费，以确保发电厂保持运行和在电力市场上具有可用性。目前这种容量费仍有效，有上网溢价的特征，在电价高的时候会设定上限。

监管激励了灵活热电联产电厂的发展。热电联产电厂根据当前的供热需求、电力需求和可用发电量尤其是风电动态调节运行，而不会因为供热需求而增加必须运行的发电机组的发电量（图7-6）。

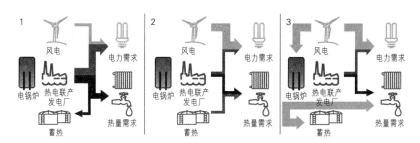

图7-6　风电和热电联产的运行模式

要点：丹麦热电联产发电厂的运行促进大量风电的并网。

在供热需求高而风力发电量为中或低的条件下，热电联产发电厂依赖化石燃料满足热负荷和电力需求。可将产生的热储存起来，如果这样可提高满足供热需求的成本效益。在风力发电量高而供热需求低的时段，如有必要，热电联产发电厂可供电给蓄热设备。在风电输入非常高、超过电力需求的情况下，多余电量可为电锅炉所用，直接满足供热需求，或充入蓄热设备，或两者兼用。

丹麦的例子说明了电力工业与供热和制冷行业间的联系带来的潜力，尤其是在城市地区，大型集中的散热系统有更高的效率，可降低损失。

2.不确定性

发电机组能上线的速度越快，就越能动态地在短时间内改变发电量，机组就能越好地应对不确定性。根据经验，在大型基荷发电厂中，厚壁机器高压运行时的热应力限制了其快速启动和调节的能力（图7-7；VDE，2012）。

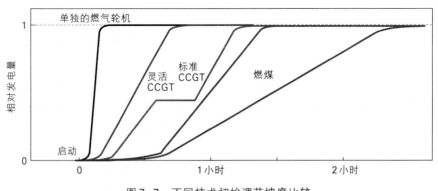

图7-7 不同技术初始调节坡度比较

资料来源：VDE，2012。

要点：发电厂在启动后多快能达到满负荷发电量方面显示出差异。

目前，可调度发电提供了应对由电源本身和需求引起的不确定性所需的几乎全部运行备用电量。

3.地点约束

可调度发电并不直接有助于解决与地点约束相关的问题。然而，在风资源或太阳能资源与可调度发电有利地点吻合时，两种资源可分享输电基础设施，由此降低系统总成本。

4.模块化

可调度微型发电，如汽车衍生产品，可在家庭层面部署，并与分布式波动性可再生能源选项融合，建成自给自足的微型系统。这类发电技术可实现热电联产，已在一些市场中得到部署（例如Lichtblick，2013）。此外，在电力故障频发的国家中（例如印度），分布式柴油发动机很常见。大型可调度发电技术无助于减轻模块化的影响。

5.异步技术

几乎所有可调度发电机组都是同步的。然而，在波动性可再生能源替代了大部分可调度发电，由此减少了从可调度发电中获得的系统服务时，异步发电的问题就出现了。

如果是为这类运行而设计，同步发电机组可在不提供任何有功功率时为电网提供无功功率服务（称为同步冷凝器运行）。例如，在德国退役核电厂 Biblis A 的发电机目前正以这种方式运行来提供无功功率。这种运行也可以为系统提供一些惯性。对有功功率发电厂进行这种能力的改造不可能具有成本效益，但如德国的例子所示，使用退役电厂可以是具有成本效益的。

7.3.3　经济性分析

1.成本

评估常规发电提供灵活性的相关成本是复杂的。需要找到定义和比较以下两种情景的方法：一种情景下可调度发电不灵活运行，另一种情景下可调度发电灵活运行。

可调度发电更灵活的运行将与以下因素相关：

- 有时候低于满负荷运行。
- 改变发电量水平的频率更高、提前通知时间更短、幅度更大。
- 发电厂启停更频繁。

上述任何一项操作在多大程度上会带来额外成本与发电厂的技术和设计高度相关。例如，一方面，一个水库水电站按上述方式运行可能并不会产生什么额外成本。另一方面，对于一个（在技术和经济上）为全天候满负荷运行而设计的发电厂而言，提高运行的灵活性将会产生额外的成本。这些成本产生的形式可能有：

- 由于启停造成成本和排放的增加。
- 由于部分负荷运行造成效率的损失。
- 由于负荷率降低造成每千瓦时发电成本的升高。

（1）部分负荷运行和启停的影响

化石燃料发电机组频繁启停会引起热应力和压力。随着时间推移，这些会导致部件过早出现故障，使维护和维修次数增多。与持续运行相比，启动一个发电机或增加其发电量会增加排放。以部分负荷运行发电机会影响排放率，降低燃料效率（热耗率）（国家可再生能源实验室（NREL），2013）（图7-8）。

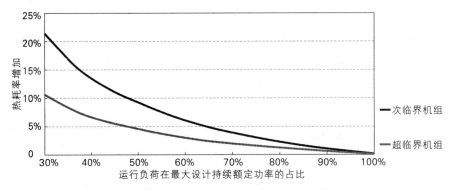

图7-8　燃煤发电厂部分负荷运行时热耗率的增加

资料来源：IEA，2010。

要点：在部分负荷运行时，提供1千瓦时电所需的能量增加。

美国国家可再生能源实验室近期就电厂启停对排放和运行成本的影响进行了一项名为"西部风能和太阳能并网研究阶段Ⅱ"的全面研究。

研究调查了美国西部年渗透率为33%的不同波动性可再生能源组合对运行的影响。研究的发电厂组合包括许多燃煤电厂（NREL，2013）。研究显示部分负荷运行带来的 CO_2 排放占 CO_2 总排放量不到1%；启动带来的 CO_2 排放甚至更小，共占到0.1%。

同一研究发现，化石燃料发电每兆瓦时启停成本从不含波动性可再生能源情景下的0.47美元/兆瓦时增至高波动性可再生能源情景（33%的波动性可再生能源，根据情景风电和太阳能光伏占发电8%~25%）下的1.28美元/兆瓦时。在高波动性可再生能源情景下，波动性可再生能源发电每兆瓦时启停成本介于0.14~0.67美元之间（NREL，2013）。

值得注意的是，研究的系统中包含许多不灵活的老旧发电厂。新的CCGT发电厂和现代基荷电厂在部分负荷运行的情况下对热耗率的影响要更小（GE Energy，2013；Siemens，2013）。

通过资本或运行和维护项目改进基荷的设计以更适应启停，以及通过改进运行程序或流程（例如使发电机保持热的状态），可以降低启停成本（Aptech，2012）。在北美有记录的案例中，这类改造是融入不灵活核能发电的具有成本效益的方法（Cochran and Lew，2013）。

（2）负荷率降低的影响

针对 IMRES 测试系统详细研究了接入波动性可再生能源发电对常规发电厂容量系数的影响。分析揭示了旧情景和转型情景的重大区别。在前一种情景下，将波动性可再生能源接入电力充足的系统中，发电厂没有针对已有的波动性可再生能源发电进行优化。在这种情景下，中等灵活发电机组（给定假设的燃料价格；这些是燃气发电厂）被替代，满负荷小时数大幅下降。燃煤发电也大幅减少。与此相反，在转型情景下，对发电组合进行了调整以适应波动性可再生能源发电，不同技术的满负荷小时数大体上恢复。

正如第 2 章所解释的，发电厂层面满负荷小时数降低很大程度上是暂时性影响，是由发电结构不适应造成的。第 8 章会在整体系统转型背景下讨论对可调度发电厂组合的结构性调整和对系统总成本产生的影响。

发电厂的调整会使得转向更适合较短运行时间（表7-8）和更高灵活水平的技术（表7-6）。根据当前的发电技术，这两种影响指向的技术是类似的。

对于灵活发电的均化灵活性成本的计算（图7-9），两种参数是变化的。首先，启停机制设定为低、中、高水平（详见附件 A）。其次，典型容量系数降低至通常容量系数的 0~20% 之间。因此，如果满负荷小时数没有受到影响，灵活技术（往复式发动机、灵活 CCGT 和灵活煤炭）的均化灵活性成本不到 1 美元/兆瓦时。如果满负荷小时数降低，成本会高得多，不灵活技术（核能、不灵活煤炭）均化灵活性成本达到 20 美元/兆瓦时以上。

表 7-8   不同发电技术的成本和典型容量系数

类型		资本成本		非燃料运行和维护成本		容量系数	
				可变	固定		
		美元/千瓦时 低	美元/千瓦时 高	美元/兆瓦时	美元/千瓦	满负荷小时数 低	满负荷小时数 高
波动性可再生能源（VRE）	陆上风电	1 300	2 200	0	50	1 800	4 500
	海上风电	3 000	6 000	0	100	3 500	4 500
	太阳能光伏	1 100	6 000	0	30	800	2 000
	径流式水电站	1 900	6 000	0	50	2 500	5 000
固定可再生能源	水库水能	1 000	7 650	0	25	2 000	5 000
	固体生物质能	2 400	4 200	4	80	6 000	8 000
	沼气	2 700	5 000	4	80	5 000	7 000
	太阳能 CSP/STE	3 800	8 000	4	40	2 500	3 500
	地热能	2 000	5 900	4	80	7 000	8 000
可调度非可再生能源	联合循环内燃机	600	1 700	3.5	20	1 500	2 500
	燃气 CCGT 灵活	800	1 500	5	25	3 500	5 500
	燃气 CCGT 不灵活	600	1 400	5	25	3 500	5 500
	燃气 OCGT	400	900	4	20	100	1 500
	蒸汽轮机（气/油）	400	900	4	20	3 500	5 500
	煤炭不灵活	1 250	2 000	8	40	6 000	8 000
	煤炭灵活	1 250	2 500	7	35	4 000	6 000
	褐煤	2 400	2 800	8	40	7 000	8 000
	核能灵活	3 500	7 000	7	70	7 000	8 000
	核能不灵活	3 500	7 000	7	70	7 000	8 000

要点：发电技术显示出不同的成本结构和典型容量系数。

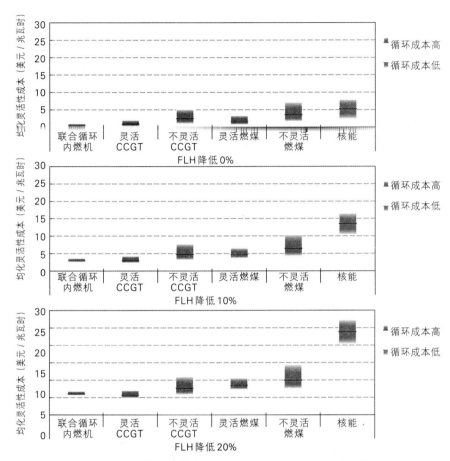

图7-9　灵活发电的均化灵活性成本

注：方法学详见附件A。

要点：比启停相关成本相比，减少发电厂的满负荷小时数会对均化灵活性成本产生更大的影响。

2.成本效益分析

（1）IMRES分析

更灵活的发电厂组合。 IMRES测试系统的两种不同情景代表两种类型非常不同的发电厂组合。在旧情景下，发电结构中包含大量不太灵活的基荷电厂。在转型情景下，发电结构转向更灵活的发电机组。在波动性可再生能源占比为30%的情况下，转型情景下非可再生能源的系统年成本比旧情景下低15.6亿美元，在波动性可再生能源占比为45%的情况下，则要低出18.3亿美元。结果凸显出需使可调度电厂的投资模式转向灵活机组。

燃煤电厂的改造。在旧情景下运用IMRES测试系统模拟研究了改造不灵活燃煤电厂的成本效益。IMRES系统中装机容量超过30吉瓦的燃煤电厂最低发电水平是最大发电量的70%，将这一最低水平降至50%。因此，煤炭在总发电量中占更大比例，这节省了燃料，但增加了处理CO_2排放的成本。此外，燃煤机组启动成本降低。

假设改造燃煤电厂的成本在10~20美元/千瓦之间（相当于每个800兆瓦燃煤机组的资本开支大约为800万~1 600万美元），在波动性可再生能源渗透率为30%和45%时，IMRES成本效益分析都产生积极的成本效益（图7-10）。使用不同的启动成本假设进行同样的分析。将模拟完全重复运行，将每次启动成本的假设从100美元/兆瓦增至250美元/兆瓦。这使燃煤电厂改造的成本效益平衡提高了大约2倍。

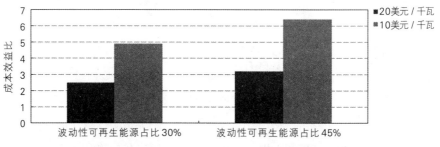

图7-10　IMRES测试系统的燃煤发电机组改造的成本效益

注：成本指改造发电厂的成本。

要点：改造旧的燃煤电厂可以是增加灵活性的具有成本效益的方法，但如果由此造成发电结构中煤炭占比增加，可能会导致CO_2排放量增加。

发电厂改造的成本与具体的发电机组高度相关，取决于增加电厂灵活性所采取的确切措施。然而，在发电厂内改进发电厂控制设备和运行程序往往能以低成本实现性能的大幅提升（Cochran and Lew，2013）。

接入水库水能发电容量。将 3 吉瓦和 6 吉瓦水库水能发电容量接入
IMRES 系统中，在两种情景下都产生积极的成本效益（图 7-11）。接入水
库水能发电降低了燃料成本及 CO_2 排放量，因为水电替代了火电。在
IMRES 模拟中，接入水库水能是唯一没有导致 CO_2 排放量增加的灵活性
选项。

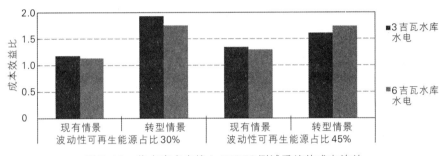

图 7-11　将水库水电接入 IMRES 测试系统的成本效益

要点：水库水能是具有成本效益的灵活性来源，是 IMRES 系统中唯
一没有导致 CO_2 排放量增加的灵活性选项。

（2）对西北欧地区的分析

对西北欧案例研究地区进行的经济建模考察了改造水电厂以在不增加
现有水库情况下增加可用发电容量的成本和效益。特别将大约 7 吉瓦水能
装机容量加入到电力系统中（主要在挪威、瑞典和法国）。分析也考虑了
强化挪威和瑞典及其他欧洲国家间现有互联（增加了 8.6 吉瓦互联容量）
的影响。

水电厂改造的成本假设介于 750~1 300 美元/千瓦之间，而陆地互联的
成本假设为 1 300 美元/千瓦/千米，海底电缆的互联成本为 2 600 美元/千
瓦/千米。

得出水电改造的效益成本比在 0.6（高改造成本，有额外互联）和 1.4
（低改造成本，无额外互联）之间。

额外的水电容量有许多额外效应：

● 避免建设大约6吉瓦的CCGT发电厂，节省资本开支和可变成本（主要是燃料）。

● 提高现有燃煤电厂的利用率，从额外的系统灵活性中受益。

● 降低抽水蓄能的利用率，部分被灵活的水能发电替代，灵活的水能发电能提供类似的服务，但不像蓄能电厂那样会出现效率损失。

3.政策和市场考虑

在波动性可再生能源占比高的系统中，可调度发电的角色发生了变化。不再需要满足系统的全部电力需求，而仅需要满足考虑了风电和太阳能光伏发电后剩余的净负荷。

这一角色转变体现在不同的发电厂结构上。如IMRES模型所示，为满足波动性更大的净负荷而优化后的发电厂结构中会有更多灵活的发电技术。灵活发电厂需要在短时间内频繁启停。灵活电厂也需要在运行期间动态改变发电量水平。

稳定的电力系统（几乎没有或无负荷增长及资产替换需求）和动态的系统可调度发电的政策和市场挑战是不同的。在稳定系统中发电厂不可能为与波动性可再生能源发电形成互补而进行优化。①

即使有运转良好的市场设计，并非所有现有发电厂都会依然具有竞争力。事实上，一些发电厂从市场上退出将有助于重新建立优化的发电组合。这一转型期会带来许多挑战。此前作为电力安全行动计划的组成部分，国际能源署的分析已经研究了这些挑战（Baritaud，2012）。本书第8章会在整体系统转型和市场设计的背景下讨论这些挑战。总的来说，成熟的系统需要应对两个挑战：缩小发电组合中不适应高比例波动性可再生能源部分的规模，同时为扩大灵活发电规模提供合适的投资信号。然而，现有发电厂可能也对波动性可再生能源的并网有价值。例如，改造现有发电厂可以是中短期提高电力系统灵活性的具有成本效益的选择。此外，将一些发电厂保持冷备用状态以满

---

① 水库水能发电占比高的系统是这种一般趋势的一个重要例外。

足波动性可再生能源发电量低时段的用电需求可能是经济上最高效的做法。

动态系统则处于更有利的地位。动态系统可着重在增加波动性可再生能源容量的同时建设灵活可调度发电，避免发电厂结构不适应的相关挑战。要从这一机会中受益，投资信号需确保灵活的发电厂容量得以建成，目前一般情况往往不是这样。

考虑到典型发电厂的寿命周期，化石燃料发电是唯一可能锁定未来25~30年CO_2排放量的灵活性选项。因此，化石燃料发电作为一种灵活性选项的作用总是要放到CO_2排放目标的背景下来评估。

投资于灵活发电的主要挑战包括初始资本开支高和公众反对（图7-12）；后一个问题往往称为邻避（别建在我家后院）。

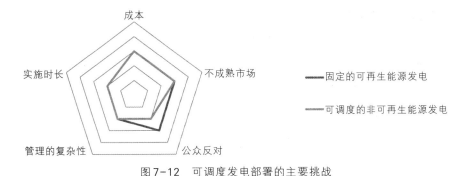

图7-12　可调度发电部署的主要挑战

要点：可调度发电面临的总体障碍相对较低。

可调度发电通常基于成熟的技术，因此技术方面和研发问题不会是主要的政策问题。市场可能缺乏成熟度，这在一定程度上反映电力市场没有完全代表所有由灵活发电提供的服务，并给予报酬（见第8章）。

对于成熟技术而言，因为有专业经验，最佳实践也已为人熟知，行政管理的复杂性和实施的时间尺度不会构成主要障碍。环境影响评估可能是涉及的最复杂、最耗时的流程。

7.4 储能

按本书定义，储能包含所有可在给定时间吸收电能之后重新释放电能的技术。储能是一种非常强大且有效的灵活性选项。获得低成本、分布式储能可对电力工业产生重大影响，且有助于更容易地解决大部分波动性可再生能源并网问题。然而，目前储能比其他灵活性选项成本高，又有多种不同应用，使对其经济性的评估微妙而复杂。

本书的分析侧重于典型充放电时间为数小时的储能技术。在相关情况下也提及其他有季节性周期的技术（如氢储能和电转气）。但这些没有包括在详细的技术经济评估中。国际能源署的其他一些论文提供了对这些技术更详细的评估（国际能源署，即将出版；Inage，2009）。

7.4.1 技术概述

储能技术大致可按以下方面分类：

- 储能原理；
- 响应时间、充放电间隔持续时间；
- 规模及在电力系统中的角色（见专栏7.2）。

除这些根本区别外，其他特征也很关键，如成熟水平和成本、效率和寿命周期（表7-9和表7-11）。

虽然只有几种不同的基本储能机制，其在规模、响应时间和充/放电时间方面差别很大。因此，不应将储能视为一个单一选项，而应将其视为由相当多样化的技术构成的一个技术组合。

1.机械储能

机械储能指将电能转化为机械能或势能储存起来，之后再转化为电能的技术。目前，有两大技术使用机械储能：抽水蓄能和压缩空气储能（CAES）。机械储能技术是在电网上储存电量最成熟的方法，抽水蓄能占目前电力储存装机容量的99%，并仍在快速发展（IEA，2012b）。

这些技术往往受前期投资成本高和地理要求的影响，地理要求会限制其部署潜力或使其在一些地方成本更高。此外，抽水蓄能和压缩空气储能技术都只能应用于电网层面。①抽水蓄能的响应时间在几秒到几分钟之间，一般完全充/放电可储存足够运行数小时的能量。压缩空气储能响应时间（分钟）更长，能储存（几小时至几天）相当的能源。飞轮的响应时间很短，一般可储存供运行几分钟的能量。

专栏7.2　　　　分布式和集中式储能：地点很重要

分布式储能指与低压和中压电网相连的储能设备，通常安装在接近负荷中心或可再生电源的地方。系统规模一般在100瓦至大约10兆瓦之间（放电时间最长为数小时）。分布式储能设备通常设计为在本地提供备用电源，提高波动性可再生能源发电质量（减小波动性和提供频率及电压支持），增加波动性可再生能源发电的自消费，减轻电网阻塞并推迟对电网和变电站的本地投资。合适的技术包括模块化设备，尤其是电池和电容器，但也包括飞轮。

集中式或电网层面的储能指一般与输电网相连的储能设备，特征是有更高的储能容量（大于10兆瓦）。应用包括价格套利、负荷跟踪、提供运行备用电量和其他辅助服务并减轻阻塞。相关选项有抽水蓄能、电池和压缩空气储能。

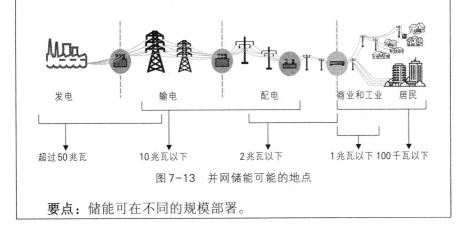

发电	输电	配电	商业和工业	居民
超过50兆瓦	10兆瓦以下	2兆瓦以下	1兆瓦以下	100千瓦以下

图7-13　并网储能可能的地点

要点：储能可在不同的规模部署。

---

① 虽然使用小型容器如气球的分布式压缩空气储能系统已经过测试，在效用率方面,压缩空气储能和燃气轮机结合要求很大的电网连接容量。

2.电化学储能

电化学储能利用与两个或两个以上电化学电池的化学反应来实现电流。其实例包括锂离子电池、钠硫电池、全钒氧化还原液流电池和铅酸电池。这些技术在分布式和集中式系统中都已成功部署，适于不同规模的移动和固定设备应用。然而，由于能源密度、寿命周期、充电能力、安全性、再循环能力和系统成本方面的挑战，很难实现广泛部署。电化学储能响应时间一般为几秒钟，放电时间为几分钟至几小时。

3.电磁储能

电磁储能技术使用静态电场或磁场储存电能。其实例包括超级电容器储能和超导储能（SMES）。这些技术一般循环寿命长、功率密度高，但能量密度要低很多，使之最适合为系统短时供电。这些技术成本高，因而有大量关于如何提高其能量密度的研究。这些技术几乎能即时响应，可储存足够运行几秒至几分钟的能量（图7-14）。

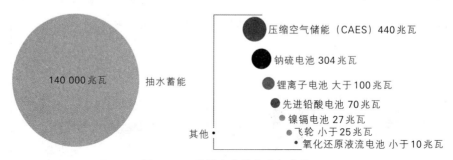

图7-14　世界电力储存装机容量

资料来源：EPRI，2012；和IEA，2012b。

要点：抽水蓄能是目前规模最大的电力储存形式。

专栏7.3　　　　　**几秒至几小时甚至更长：时间尺度很重要**

电力系统运行考虑不同的时间尺度，从几分之一秒（用于频率和电压控制）到几天、几个季度，在考虑基础设施建设时甚至是数年。这些需求可分为以下几类：

电能质量调节。非常快且持续时间短的服务，如电压控制和非常短的频率控制，放电时间为几秒。

电能过渡。短时频率支持，放电时间为几分钟。

能源管理。均化每小时和每日的不平衡。

季节性平衡。均化长期供/求的不平衡。

电力系统的需求和储能技术的技术性特征带来了复杂的潜在应用模式（图7-15）。

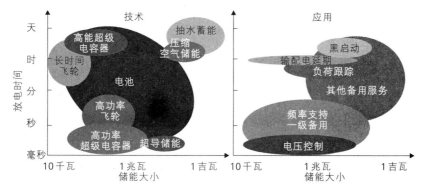

图7-15　电力系统应用和适合的储能技术示例

要点：不同储能技术最适合的电力系统应用可能会不同。

应注意到，放电时间更长的技术如能足够快地响应，可能也能够提供更短时间的服务。例如，抽水蓄能就非常适合提供主要备用电量。但反过来不行：飞轮放电时间短，意味着其储能总量小。这些能量对于要求有更多持续发电量的应用如"黑启动"服务来说是不够的。

4.化学储能

化学储能使用化学能量载体储存电量，如通过电解。实验性能量载体包括氢和合成甲烷（甲烷化）。电力被转化、储存、再转化为想要的最终利用形式（如电、热或液体燃料）。这些储能技术能量密度高且可用于大规模储能设施，因而具有巨大技术潜力。但其前期成本高，大规模应用缺少现成基础设施（如燃料电池汽车的氢储能）。此外，其往返转换效率可能非常低，为40%甚至更低，而且长期也受自放电问题的影响。一般的响应时间与再转化技术相关（例如，火电厂、燃料电池），介于几分钟到几小时之间。放电时间大约为几天到几周。

表7-9归纳了所选电力储存技术的技术特征。

表7-9　　　　　　　　　　　　所选储能技术的技术特征

类型	成熟阶段	典型发电量（兆瓦）	响应时间	效率（%）	寿命周期	
					年	周期
抽水蓄能	成熟	100~5000	秒–分	70~85	30~50	20 000~50 000
压缩空气储能	部署	100~300	分	50~75	30~40	10 000~25 000
飞轮	部署*/示范**	0.001~20	<秒–分	85~95	20~30	50 000~10 000 000
锂（Li-ion）电池	部署	0.001~5	秒	80~90	10~15	5 000~10 000
钠硫（NaS）电池	部署	1~200	秒	75~85	10~15	2 000~5 000
铅酸电池	部署	0.001~200	秒	65~85	5~15	2 500~10 000
全钒氧化还原液流电池（VRB）	部署	0.001~5	秒	65~85	5~20	>10 000
超导储能	示范	<10	<秒	90~95	20	>30 000
超级电容器	示范	<1	<秒	85~98	20~30	10 000~100 000 000

*低速。

**高速。

资料来源：国际能源署分析，基于来自Bradbury、EPRI、IRENA、ETSAP、JRC-IET、KEMA、Limerick、NREL、Sandia和ZFES的数据。

要点：储能技术包含各类技术特征。

7.4.2　对波动性可再生能源并网的贡献

储能的应用具有解决许多甚至全部波动性可再生能源并网相关问题的潜力。然而，不同类型储能最适合解决的挑战不同。以下段落讨论了这些技术性考虑，经济性评估包含在下一节。

1.波动性

储能既可以是电源，也可以是用电需求来源。因此其与波动性可再生能源的波动性形成理想的互补，在供电充裕时段创造需求，在短缺时段供电。根据地点和技术，可处理不同时间尺度的波动性。

储能可以削峰，并在需求高峰期释放这些能量。太阳能光伏发电明显的日高峰就是一个很好的例子——尤其是因为日高峰的出现是频繁且可预见的，由此便可精确地确定储能规模和管理程序。也可利用储能平滑一小时内的波动，降低短期波动性。

在中长期，大容量储能可弥合季节性能量不平衡。例如，在一些月份波动性可再生能源持续过剩，而在另一些月份则持续短缺。大规模储能是唯一可能弥合这类长期不平衡的技术选项。大型水库抽水蓄能电站是一种选择。此外还有化学储能技术。

2.不确定性

储能本身不会增加波动性可再生能源发电预测的准确性。但储能可通过提供快速响应备用电量、在短缺时段介入和在意外供应过剩时段充电来减轻预测失误的影响。然而，由于储能运行受系统状态约束（只有在电量未满时才能充电，只有在有电量时才能放电），因此将需要包含一定裕度以容纳预测失误。

提供电力系统备用电量可以是储能对系统可靠性做出的十分重要的技术贡献。根据系统情况，储能提供的备用电量可比其提供的传统能源管理服务更重要。一个很好的例子是英国的Dinorwig抽水蓄能电厂。这个1.7吉瓦的发电厂由于响应时间短，能在2分钟内从静止状态达到满负荷（或在20秒内就能从旋转状态达到满负荷），因此可提供短期运行备用电量。

3.地点

储能无法解决电力供求可能在地理位置上不匹配的问题，但可通过平滑发电侧发电量和更好地利用电网基础设施减轻这种不匹配的影响，即建设高容量连接电线的需要。尽管如此，储能的贡献将无法替代对电网投资的巨大需求。

4.模块化

分布式储能可非常有效地减轻波动性可再生能源发电分布式部署相关

的影响。通过在时间上平滑发电量，可大幅降低对配电网基础设施的影响。储能也可帮助增加自消费，由此降低将电量输入电网消费的需要。

在小规模部署时，储能设备的控制成为一个关键问题。首先，安全清晰的通信标准需提高储能设备的可视性和可控性。其次，关于产权、准入和控制的监管规定对确保储能运行实现全系统效益的最大化很重要。

专栏7.4   储能对家庭的影响：德国的太阳能光伏发电

在家庭应用中，太阳能光伏发电的占比受太阳能光伏系统大小和消费模式的影响很大。此外，占比在一年中会随太阳能光伏发电和家庭消费的季节性而发生变化。

在德国，家庭规模太阳能光伏发电厂年发电量大约30%可能直接由家庭消费。电网连接是必不可少的，以在太阳能光伏系统发电量超过需求时将电量输送到电网，在太阳能光伏系统没有发电时为家庭供电。

将家庭规模太阳能光伏系统与峰值容量为1.5千瓦、有两小时储能容量（3千瓦时）的储能设备结合，可储存多余太阳能光伏发电量在需要时使用，由此将太阳能光伏发电占比增至大约45%。

该分析基于德国南部安装有5千瓦太阳能光伏系统（对应年发电量约5兆瓦时）家庭的平均标准消费情况。不同负荷情况、不同太阳能光伏系统规模和更大的储能设备可能会进一步增加发电量。

这类措施在多大程度上对最终用户具有成本效益主要由电力定价机制和储能成本决定。从系统角度而言，措施的成本效益是由在系统其他部分避免的成本决定的。这反过来主要取决于设备的运行方式。根据电费的设计，从系统角度最优的运行不一定符合单个消费者的利益。

---

5. 异步技术

储能可在减轻波动性可再生能源异步发电的一些影响方面发挥作用。抽水蓄能是一种同步发电技术，因此在抽水和放电时都可为系统提供惯性。

在监管规定（电网规程）允许的情况下，储能也可为提供快速频率响应服务做贡献，仿效当前由同步发电机组提供的惯性响应。此外，在位置接近负荷时，快速响应储能技术可帮助控制电压水平。

表 7-10 总结了储能对波动性可再生能源并网不同方面可能做出的贡献。重要的是要牢记应对不同的并网挑战可能会需要不同的储能技术。

表 7-10　　　　　　储能对波动性可再生能源并网的贡献

	不确定性	波动性			地点约束	模块化	异步
		斜坡	充足	短缺			
分布式储能	√	√	√	√	×	√√	o
电网层面的储能	√	√√	√√	√√	×	××	√

注：√√：非常适合；√：适合；o：中；×：不太适合；××：不适合。

要点：储能可通过减轻包括过剩在内的各种影响为波动性可再生能源并网做贡献。

7.4.3 经济性分析

1.成本

技术成熟程度和性能的差异意味着储能技术成本区间很大。一般而言，所有电力储存技术都有很高的前期成本。按每千瓦测量，成本通常与发电技术相当或高于发电技术的成本。此外，技术在成本结构上显示出很大的差异，区别容量（最大发电量或消费量）成本和能源（可储存的能量）成本是很重要的。以大型水库为例，能源对应的是水库水量，而容量则由某一时刻有多少水可流出水库决定。

例如，在抽水蓄能的情况下，容量成本与导管、涡轮机和发电站相关，而能源成本代表扩大水库的增量成本，这通常要更小。与此相反，电池技术中储存额外能量的成本非常高。因此，在要求能源和容量比更低的应用中电池技术会更具成本效益。相反，与容量需求相比，储能需求越大，越适合抽水蓄能电站（表 7-11）。

目前，最成熟和具有成本效益的大型储能选择是抽水蓄能，仍有非常大的尚未开发的潜力（JRC，2013）。在将储能加到现有水库水能装置中（回抽）只需做很小改造的一些例外情况下，成本可低至 500 美元/千瓦。从这一低端起，有连续的不同项目类型，根据其他项目驱动因素（灌溉、洪水控制等）和地理状况（自然水库的可用性），成本在一些极端情况下达到 5 000 美元/千瓦甚至更高。典型项目成本大约为 1 200 美元/千瓦。电池储能技术前期成本仍然非常高，对于未来成本降低的前景有不同的评估结果（BNEF，2012；Black and Veatch，2012）。然而，一些近期技术发展（如锂离子电池）是针对便携式应用而优化的，与电力系统应用不是很相关。

表 7-11　　　　　　　　　　　所选电力储存技术的经济参数

类型	投资成本		运行与维护成本 CAPEX 所占的百分比/年	放电时间
	电力成本 美元/千瓦	能源成本 美元/千瓦时		
抽水蓄能	500~4 600	0~200	1	小时
压缩空气储能	500~1 500	10~150	1.5~2	小时
飞轮	130~500	1 000~4 500	不详	分
锂离子电池	900~3 500	500~2 300	1~1.5	分~小时
钠硫电池	300~2 500	275~550	1.5	小时
铅酸电池	250~840	60~300	2	小时
全钒氧化还原液流电池	1 000~4 000	350~800	2	小时
超导储能	130~515	900~9 000	不详	分
超级电容器	130~515	380~5 200	不详	秒~分

　　注：CAPEX=资本开支。电力成本（容量成本）和能源成本被视为总投资成本两个相加的部分。

　　资料来源：国际能源署分析，基于 Bradbury、EPRI、IRENA、ETSAP、JRC-IET、KEMA、NREL、Sandia 和 ZFES 的数据。

　　要点：报告的成本区间很广，反映出关于实际成本水平存在很高的不确定性。

用于比较不同灵活性选项的均化灵活性成本计算（图7-16）揭示出储能（储存电力用于之后使用）的成本相对较高（详见附件A）。对于同一技术，储能的均化灵活性成本最易受利用率影响。其均化灵活性成本对每日周期次数和每个周期释放的能量都高度敏感。周期越频繁或每个周期释放的能量越多，每兆瓦时储能成本就越低。只要效率超过60%，效率和能量损失相关成本的影响就不那么明显。

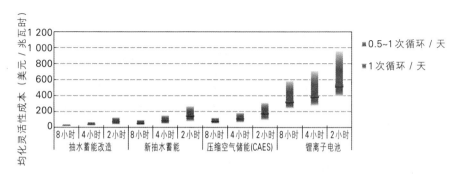

图7-16 不同电力储存应用的均化灵活性成本

注：方法学详见附件A。

要点： 电力储存的成本一般很高，但变化区间很广。

成本也取决于技术，根据成本假设的不同，锂离子电池成本区间会很大。

这些成本都是指示性的，没有反映储能可提供的全部服务，但有助于对不同的选择进行初步比较。

2.成本效益分析

两种经济建模研究——IMRES和Pöyry的BID3——都评估了不同情景下储能的成本效益比。由于储能可提供各种不同的服务（电能质量、电能过渡和能源管理），对潜在效益进行全面建模是具有挑战性的（Strbac et al., 2013）。

在IMRES模型中，储能以集中式抽水蓄能的形式实施，有低、中或高容量（分别是2吉瓦、4吉瓦或8吉瓦），有8个满负荷小时的储能容量和80%的往返效率。在IMRES模型中储能的潜在效益包括提高发电资产的利用率——减少弃风、弃光，在旧发电情景下减少启动次数和提供运行备用电量。在转型情景下，储能也可以避免常规发电厂的投资。

在旧情景下，储能只有在波动性可再生能源渗透率为45%或在低容量情况下才能达到积极的成本效益比（图7-17）。在转型情况下，全部3种储能水平的效益成本比都大于2。

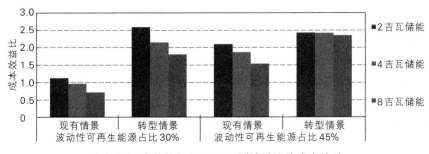

图7-17 将储能加入IMRES测试系统的成本效益

要点：在部署量低或波动性可再生能源占比非常高的情况下储能可能具有成本效益。

Pöyry对西北欧案例研究地区的分析产生可比的结果。将8吉瓦抽水蓄能容量加入整个案例研究地区产生的成本效益比为1。鉴于该系统规模大于IMRES模型系统，其额外的储能容量与IMRES分析中2吉瓦储能情景具有可比性。

应注意到这是对抽水蓄能效益成本比的保守评价。首先，假设的成本为1 200美元/千瓦，这个假设对于只需要改造现有发电厂就能加入储能的情况来说是高的。在乐观假设下，可使观测到的效益成本比翻一番。此外，模型中没有包含特定备用的提供（例如非常快的频率响应）。最后，储能也许可以推迟或避免电网投资，当前分析中也没有对此建模，但这点已显示出可以增加储能的总体价值（Strbac et al., 2013）。

总之，在波动性可再生能源达到很高的渗透率后，电力储存可能在电力系统中变得具有成本效益。然而，鉴于其成本相对高，储能将是在更具成本效益的解决方案潜力用尽后部署的选择之一。任何情况下都不应该因为储能成本过高而对之一概不予考虑。在特定情况下，如果各种效益相一致，储能可成为目前波动性可再生能源并网的有价值的选择。

这些结果与其他并网研究的发现是一致的；对代表 2020 年爱尔兰系统可能的发电结构的测试系统的研究发现，"由于抽水蓄能资本成本高，效率低下，从系统经济性角度看，只有当测试系统中风电占比超过约 48%~51% 时储能才具有经济性"（Tuohy and O'Malley，2011）。西部风能和太阳能并网研究评估了额外抽水蓄能的价格套利效益。虽然在包含了预测失误的情况下效益大幅增加，但仍不足以使这样的电厂在经济上具有可行性（GE Energy，2010）。

3. 政策和市场考虑

电力储存技术可能代表了解决波动性可再生能源大多数系统影响的一种宝贵的灵活性资源。然而，一系列障碍仍然阻碍储能的更广泛采纳以实现波动性可再生能源并网（图 7-18）。电网层面的大量储能（抽水蓄能和压缩空气储能）与更多的分布式选择尤其是电池面临的障碍是有所不同的。

成本高和市场相对不成熟是分布式选择的最大障碍。但成本对于大规模选项而言也是相关的；除此之外大规模选项还可能会有公众接受度和许可程序复杂的问题。因此政策应侧重于降低关键储能技术的成本。在这种背景下，很重要的是要区分已获得很多研究关注的领域（例如，锂离子技术由于计算机行业和汽车行业的发展而得到了很多关注）和未获得很多研究关注的技术。后者可成为加强研发的重要目标。

正如上文所论述的，储能可为电力系统提供多种不同的服务。服务组合会使储能项目具有可行性，这将是一般规律而不是例外。一个清晰的监管框架可促进所提供服务的整合，确定可由受监管的输配电运营商提供的服务，以避免在拆分市场中与发电企业竞争。此外，监管和市场环境需使储能可与其他选择公平竞争。这尤其会对系统服务市场的设计产生影响。

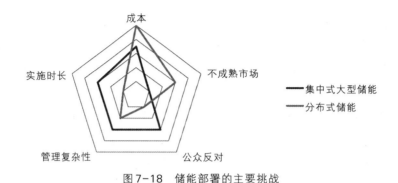

图7-18 储能部署的主要挑战

要点：成本高仍然是电力储存最重要的障碍，尤其是对于分布式选项。

7.5 需求侧集成

需求侧集成可定义为两项活动的结合：一方面是影响或远程管理负荷的活动，包括能源效率和需求侧管理，另一方面是消费者的主动响应（需求侧响应）。在历史上，需求侧管理项目旨在实现削峰和能效提升以推迟投资和节省燃料成本。除减少直接成本外，需求侧集成也可有助于提升系统可靠性、市场运行、环境效益和——当前的重点——波动性可再生能源的并网。

7.5.1 技术概述

在住宅、商业和工业部门有许多负荷类型可能适合需求侧集成的目的（表7-12）。虽然行业、应用和设备多样，但给定流程需求侧集成的潜力取决于共同的属性，可归纳为实现以下目标之一的能力：

●转移总体容量系数低的应用和/或设备（如电动车充电、水泵和家用电器）的电力消费时间。

●调节容量系数高但可在一定时间内调节消费的设备（如空调、废水处理和照明）的设置点，其灵活性通常来自热惯性、固有储能或服务质量对需求渐进降低（如小幅降低照明强度）的敏感度低。

表7-12　　　　　　　　　　所选需求侧集成流程的分类

流程		相关流程	负荷转移/甩负荷
家庭和商业应用	供暖、通风和空调	储热	转移
	冰箱（冷藏库）	储热	转移
	电热水器	储热	转移
	抽水，淡水和污水处理（包括水的淡化）	储水	转移/甩负荷
	电动车充电	储电	转移
	使用智能家用电器（洗衣机、滚筒烘干机、洗碗机）	使用模式的变化	转移
工业流程和其他	电解铝	电解、储热	甩负荷
	水泥厂	碾磨	甩负荷
	木浆生产	机械精炼	转移
	电弧炉	熔化	甩负荷
	氯碱电解	电解	转移/甩负荷
	农业抽水	储水	转移/甩负荷

资料来源：EWI，2009；IEA分析。

要点：需求侧集成流程可分为负荷转移和甩负荷流程。

● 在异常情况下提前很短时间通知按已知成本中断电力消费（如在大型高耗能行业中）。

对需求侧集成应用来说，负荷转移和甩负荷是相关的。负荷转移指一些电力需求在时间上的转移，[①]需求侧集成甩负荷指减少的电力消费是"失去的负荷"，因为所涉及的流程不允许之后恢复负荷。利用率非常高的工业流程通常是这样（如炼铝厂或水泥厂）。

虽然一些资源直接关闭即可，需求侧集成应用可能给电力系统带来的灵活性一般取决于所涉及的物理流程。这些特指需求侧集成应用的响应时

---

① 如果损失为零，负荷转移应用中总电力需求保持不变。

间（表7-13），在某些情况下指持续服务供应可能持续的时间。例如，单个冷藏库的设定点不能无限期地设在标称温度（nominal temperature）之下。

表7-13   所选需求侧集成流程的响应时间

最终用途	类型	调小	关闭	响应时间
供热、通风与空调	冷冻系统	设定点调节		15分钟
	柜式机组	设定点调节	关闭压缩机	5秒~5分钟
照明	开/关	减小亮度	2档/关	5秒~5分钟
冰箱/冷冻库		设定点调节		15分钟
数据中心		设定点调节，减少计算机处理		15分钟
农业抽水			关闭选定泵	5秒~5分钟
废水			关闭选定泵	5秒~5分钟

资料来源：LBNL，2012。

要点：需求侧集成流程的响应时间可从几秒钟到几分钟不等。

为实现需求侧集成的潜力，需满足以下前提条件：

- 高度精确地计量电力消费时间。
- 为消费者提供时（空）准确性高的价格信号。
- 为以系统友好的方式运行负荷提供激励。
- 制定有利于建立能管理消费者负荷的负荷集成商的政策和规定。
- 能远程控制负荷的基础设施。

在大多数国家，只有大用户才满足上述条件，限制了这一领域的参与。目前，需求侧集成常用作响应系统异常状况（通常是意外事件或需求高峰期间的短期容量短缺）的一种方式。然而，随着近期低成本、高可靠性的多功能IT基础设施的出现，需求侧集成能力现在可触及更多细分市场，并以更高端的方式转变消费模式。

按照上面对需求侧管理和需求侧响应的区分，需求侧集成项目可分为以下几类（图7-19）（MIT，2011）：

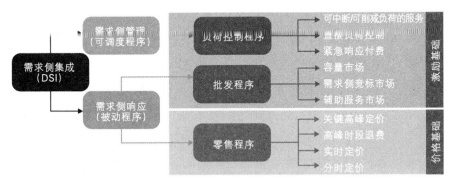

图7-19　需求侧集成项目的类型

资料来源：MIT，2011。

要点：需求侧集成项目可分为可调度项目和被动项目。

• 可调度项目，也称负荷管理或控制项目，使电网运行商或第三方负荷集成商可直接控制负荷响应，也常为用户参与提供激励。

• 被动项目，依赖于用户根据向其发出的各种信号自愿做出的反应。目前使用的最常见信号是价格，虽然其他类型的信息，如环境信号或社区比较数据，在未来可能是有用的。被动项目可进一步分为由系统运营商管理的批发项目和向用户提供零售价格的零售项目，零售价格由随时间变化的特定定价结构慎重决定。

需求侧集成的成本效益情况可能会受管理需求侧集成的合同安排的影响。一个很好的例子是电动公司Better Place与系统运营商PJM近期合作完成的一项研究。①这项研究在3种情景下针对电动车充电对系统的影响

_____

① PJM互连是一个区域输电组织,协调特拉华州、伊利诺伊州、印第安纳州、肯塔基州、马里兰州、密歇根州、新泽西州、北卡罗来纳州、俄亥俄州、宾夕法尼亚州、田纳西州、弗吉尼亚州、西弗吉尼亚州和哥伦比亚特区全境或部分地区批发电量的移动。

进行评估：

- 无管理的充电。
- 基于消费价格的分时电价（TOU）充电。
- 通过一个中央网络运营商（CNO）进行的有管理的充电。

根据这项分析，选择分时电价的消费者每年的节省不到10%，但在系统层面，与无管理的充电相比没有明显的效益。分时电价对削峰没有产生很大影响，因为分时电价通常将高峰转移到原先定为峰值的一个小时之后。然而，与无管理的充电相比，通过中央网络运营商协调的智能充电将系统成本影响降低了1/2，同时使与用电相关的驱动成本降低了20%。总之，这些结果显示与将所有消费者暴露于同样的实时价格相比，对负荷管理采取协调的方式可为消费者和整个系统带来更高的净效益。有管理的项目也可实现更快且时间可能更长的响应，往往更适合快速响应应用（图7-20）。

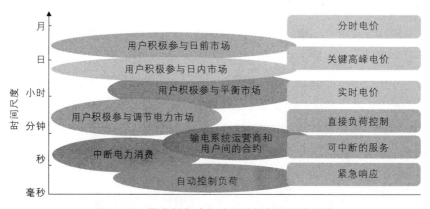

图7-20 需求侧集成与响应时间和机制的函数

要点：有管理的项目可实现更快响应。

由于在需求侧集成创新项目大规模推广方面经验有限，对需求侧集成实际的市场潜力和可能的表现存在一些不同观点。但即使在一系列建模研究（如GE Energy，2010；ECF，2011）中需求侧集成只显现了部分效益，也可为具有成本效益的波动性可再生能源并网做出很大贡献。

美国在需求侧集成方面是所选市场中相对更先进的，从美国的情况看是乐观的。许多近期的项目凸显出终端使用技术提供平衡服务的能力（Ecofys，2012）。此外，美国联邦能源管理委员会（FERC）支持推动需求侧响应资源对美国电力市场的贡献。例如，PJM 就为能效项目和需求侧响应资源提供在其远期容量市场中竞价的机会，提出了可靠性定价模型（RPM）（PJM，2012）。

使用需求侧集成的频率已从紧急情况下使用扩展至日常使用，并进一步扩展至实时使用。需求侧集成的参与方从工商业大用户扩展至小型商业用户和居民用户，有更多的负荷集成器充当公用事业或电网运营商和单个用户间的中介机构。需求侧响应从单向扩展至双向：从仅仅向下减少负荷，转变为既能向上也能向下，按需增加或减少负荷。

7.5.2 对波动性可再生能源并网的贡献

1. 波动性

需求侧集成以几种方式为减轻波动性做出贡献。首先，任何在波动性可再生能源发电量往往较低的时段降低电力消费的能效措施都会使供求之间有更好的匹配。例如，能效更高的照明有助于太阳能光伏的并网。[①]第二，需求侧集成可将需求从净负荷高峰转向净负荷低谷，从而帮助应对净负荷的波动性。但需求侧集成流程需能够弥合高低净负荷水平之间的时间差才能有效。虽然这会约束需求侧集成的贡献，对多种响应排列可延长可能的响应时长。例如考虑有许多冷藏库的情况，冷藏库只能接受有限时间内的温和升温，比如几个小时。可通过在第一组达到时间限制后再调节新一组冷藏库的设定点来延长需求降低的时间。

将需求转向波动性可再生能源供应量大的时段是需求侧集成的一项关键贡献。在波动性可再生能源占比高的情况下尤是如此，在这种情况下，如果没有需求响应，净负荷会变为负值。

[①] 相反的效果也有可能出现：如果能效措施在波动性可再生能源出力高的时候减少了负荷，会使并网更具挑战。

2.不确定性

需求侧集成流程已在许多示范项目中证明其提供快速自动备用的能力（例如 Ecofys，2012），结果在性能和成本方面鼓舞人心。建模研究也已发现了由需求侧而不是发电企业提供运行备用的巨大效益。西部风能和太阳能并网研究（GE Energy，2010）发现，一个公用事业在需要时付费关闭1 300兆瓦负荷的需求侧响应项目是高风电情景下应对增量应急备用需求最具成本效益的方式。

在波动性可再生能源发电量高的时段，需求侧集成可以是波动性可再生能源提供运行备用很好的补充。波动性可再生能源可通过在需要时减少发电量以具有成本效益的方式为下行备用做贡献。反过来，需求侧集成可通过减少需求侧消费提供上行备用。可通过将上行备用和下行备用分为两类产品促进这样的运行。

3.地点

除长期重新安置的影响外，需求侧集成无法对负荷和波动性可再生能源资源好的地点在地理上不匹配的情况做出很大贡献。

4.模块化

需求侧集成是减轻广泛采纳分布式波动性可再生能源发电的一些负面影响的一个关键工具。尤其是将本地需求转向有阳光照射时段可有效减轻对含高比例太阳能光伏部署的配电系统的影响。

5.异步技术

需求侧集成可为减轻波动性可再生能源发电异步性带来的影响做出十分重要的间接贡献。在需求和波动性可再生能源供应之间有很好的匹配时，波动性可再生能源年占比高会导致瞬时占比相对较低。因此，相关影响会晚些出现。

为在异步发电瞬时渗透率高的时候为系统稳定性做出直接贡献，需求侧资源会需要非常迅速地响应，这可能会限制符合条件的流程的数量。

除这些贡献外，重要的是要注意到需求侧集成可帮助解决很多当前引发对能源市场运行担忧的问题；更主动的需求侧参与将有助于减小价格波动，由此为所有发电企业带来更确定的收入来源。

需求侧集成为波动性可再生能源并网做贡献潜力归纳如下（表7-14）。

表7.14　　　　　需求侧集成对波动性可再生能源并网的贡献

	不确定性	波动性			地点约束	模块化	异步
		斜坡	充裕	短缺			
需求侧集成小规模（分布式）	√	√√	√√	o	×	√	√
需求侧集成大规模	√	√	√√	o	×	××	√

注：√√：非常适合；√：适合；o：中；×：不太适合；××：不适合。

要点：需求侧集成可解决许多波动性可再生能源并网挑战。

7.5.3　经济性分析

1.成本

需求侧集成初始和运行成本的相对重要性会根据负荷类型（工业、商业或居民）而发生变化。随着规模减小，建立信息技术基础设施的成本变得更为重要。对很多工业流程而言，唯一相关的成本是推迟或抑制需求的机会成本。反过来，对商业尤其是居民用户最有前景的需求侧集成应用不会对能源相关服务的质量产生负面影响。

（1）初始成本

工业流程的初始资本成本几乎可忽略不计，对于所选工业应用如电解铝、水泥厂、木浆生产、电弧炉和氯碱电解，初始资本成本低于1美元/千瓦（EWI，2009）。所有工厂都已经有必要的能源管理系统来管理电力需求。此外，装机容量相对较大，因此每千瓦额外成本一般不大。

在一项基于加州82项需求侧集成计划的全面研究中（Winkler，2007）[1]，在商业规模实现需求侧集成所需设备的成本估计在66~230美元/千瓦之间，取决于是否包含招聘、技术性协调、设备和参与相关的成本。

在更小规模，如家庭中的需求侧集成流程，实现负荷转移和甩负荷的初始成本变得更相关，主要包含能控制电器设备和监测电力市场信号的智能电表和其他基础设施（表7-15）。额外设备的待机成本及额外通信成本

---

[1]　包括以下设施:生物技术、数据中心、医疗、高科技、工业流程、政府、博物馆、零售和学校。

可以忽略不计。

表7-15　　所选需求侧集成技术在家庭/商业应用中的成本参数

类型	每次安装的资本成本	运行及维护成本
	美元	美元/年
智能电表	100~350	3~11
单个设备电网就绪功能	10~50	–
家用电表和能源信息的获取	20~50	–
门户：居民能源管理系统（EMS）	150~300	–

注：–表示没有数据。

要点：报告的需求侧集成技术成本变化区间较大。

　　智能计量设备的平均成本（根据首次部署经历）主要介于100~350美元/表之间，显现出很大的规模经济效益。成本的差别反映出各类因素，包括设备能力、人口密度、计量表推广的性质和规模及地理状况（Cooke，2011）。例如，意大利安装的3 000多万只智能电表的成本在80~100美元/表之间（图7-21）。这些成本包括安装费，安装费很大程度上取决于现有的基础设施，在一些情况下安装费可与实际计量表硬件的成本差不多（IEA DSM，2012）。持续维护的成本在每个端点每年3~11美元之间（EPRI，2012）。

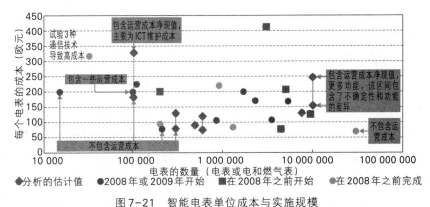

图7-21　智能电表单位成本与实施规模

注：CT=信息通信技术。

资料来源：IEA DSM，2012。

要点：报告的智能电表成本变化范围广。

电网就绪电器和设备，常称为"需求侧响应就绪"控制设备，在制造时就已嵌入需求侧响应容量。将电网就绪功能纳入新设备的额外成本在第一代估计为10~50美元/台，但随着电网就绪设计成为标准、涉及量变得很大，成本在10年内会降至0。对现有家用电器进行改造一般不具有经济性，尤其是因为交易成本高。最后，虽然不同设备类型需求侧响应就绪控制设备的成本溢价类似，实现灵活运行可能需要额外的成本，这些额外成本来自电器的设计（如电热水器尺寸更大、绝缘性更好）。

Öko-Institut（2009）数据的分析表明，家用电器额外总成本范围区间广，在10~1500美元/千瓦之间（有管理负荷的加权平均大约在50~100美元/千瓦之间）。范围区间广的原因是用改造每台电器同样的额外成本（在20~45美元/电器之间）控制大小不同的各种电器。[①]

（2）运行成本

需求侧集成的运行成本关键取决于是负荷转移还是甩负荷。

前一种情况与大多数商用和家用电器相关。在后一种情况下，成本等于失负荷价值，代表失去兆瓦时的机会成本。或换种角度看，是最终用户愿意放弃那些家电的价值。

按前面提到的，这些成本与利用率非常高的工业流程（例如年利用率为95%的炼铝厂或为80%的水泥厂）和很大程度上恒定的电力消费最相关（EWI，2009）。从水泥厂到铝、钢制品失负荷价值呈现递增趋势（图7-22）。

假设家用电热水器的成本溢价为50美元/千瓦，负荷转移的成本可低至6.7美元/兆瓦时（在基本情况下能量损失为5%）。使用更悲观的假设，在资本开支方面（高达500美元/千瓦）或热水储能损失方面（高达50%），

[①] 考虑的电器包括洗衣机、滚筒式烘干机、洗碗机、烤箱和火炉、冰箱、冷冻库、空调、热水器、电暖气和循环泵。

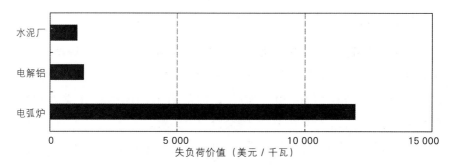

图 7-22　所选工业甩负荷流程的失负荷价值

资料来源：EWI，2009。

要点：水泥厂和电解铝的失负荷价值往往比电弧炉低。

则灵活性成本将增至50美元/兆瓦时（图7-23）。

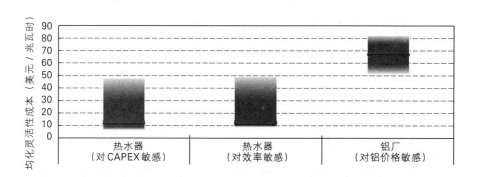

图 7-23　所选需求侧集成应用的均化灵活性成本

注：CAPEX=资本开支。方法学详见附件A。

要点：需求侧集成成本范围区间广，这反映出智能电器和推出基础设施的额外成本的不确定性。

工业需求侧集成应用的一个有意思的例子是炼铝厂甩负荷。按照所提到的，在这种情况下，与可变成本相比，需求侧集成控制设备的资本成本可忽略不计，灵活性成本可由失负荷价值表示。这实际上是基于未生产出来的铝的市场价格来评估，根据铝和生产铝所需原材料如铝土矿的市场价格，成本区间为50~80美元/兆瓦时（London Economics，2013）。

2.成本效益分析

两种经济建模研究（IMRES和Pöyry的BID3模型）评估了不同情景下需求侧集成的成本效益比。由于需求侧集成可实现各种不同的服务（电能质量、电能过渡和能源管理），对潜在效益进行全面建模是具有挑战的，应将结果视为指示性。

在IMRES模型中，需求侧响应作为将某小时的部分需求转移至接下来6个小时的能力实施（表7-16）。根据实施的需求侧集成部署的不同水平（低、中、高），这种能力分别能转移2吉瓦、4吉瓦和8吉瓦。

表7-16　　　　　　　　　IMRES模型中需求侧集成的假设

设备	效率 （%）	响应时长 （小时）	寿命周期 （年）	资本成本 （百万美元/兆瓦）	运行和维护成本 （美元/兆瓦/年）
6小时负荷转移	100	6	30	0.5	403

要点：需求侧集成在IMRES模型中表示为6小时负荷转移流程。

IMRES模型中需求侧集成可能的效益包括提升发电资产利用率、减少弃风、弃光、减少基本情况下发电厂启动次数以及提供的备用电量。

需求侧集成总是显现积极的成本效益比，比率超过2，在转型情况下达到最大值（图7-24）。此外，将需求侧响应与灵活发电相结合可以在长期形成巨大合力（转型系统）。在测试系统研究的所有选项中，需求侧集成的成本效益比最大。

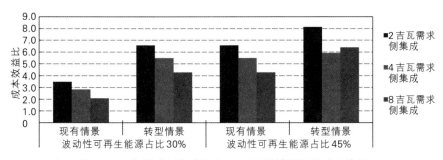

图7-24　将需求侧集成加入IMRES测试系统的成本效益

要点：在测试系统研究的所有选项中，需求侧集成的成本效益比最大。

对西北欧案例研究地区的分析产生可比的结果。鉴于8%的需求是灵活的（需求最多转移24小时），在法国、英国和德国避免15吉瓦新电厂投资（每个国家约5吉瓦）每年带来的效益为12亿美元。估计的效益成本比达到2.2，与可比的IMRES模拟中得出的结果一致（8吉瓦需求侧集成，波动性可再生能源占比30%）。此外，西北欧案例研究凸显出需求侧集成和增加互联的积极合力，因为输电投资使需求侧集成更深入系统（见第8章）。

3.政策和市场考虑

虽然围绕需求侧集成的最终能力存在一定程度的不确定性，但很可能效益会远远超过初始成本。

需求侧集成可能是清晰的政策行动产生最大效益的灵活性选项。政策干预可能确实会帮助克服最初的障碍，如大用户之外的智能需求侧集成应用的基础设施建设成本。此外，清晰的政策措施可能实际上会触发对需求监测和控制设备的投资，否则这类投资可能会沉寂很长时间。这会促进规模经济效益和成本的降低。

一个非常重要的初始步骤是确保需求侧集成为电力系统服务各个方面做贡献（只要达到技术要求）。在很多司法管辖区，这意味着改变系统服务市场的组织方式。

除建立有利的基础设施和监管框架外，还需要进行更多的分析，找出哪种定价计划或机制能最有效地引导消费者公开更动态的需求情况——或采纳能实现这类变化的技术创新。为此，电力市场的设计应为能源和系统服务市场中可由需求侧集成提供的服务提供定价信号。此外，需要开发创新的商业模式，允许将许多分散用户聚合起来。

对需求侧集成的接受度及其安全运行也取决于确保信息技术系统安全和保护消费者隐私。

图7-25展示了需求侧集成在大规模和小规模应用中的主要挑战。虽

然从资本和运行成本角度看，需求侧集成与其他灵活性资源相比是一种低成本的灵活性选项，但针对这类应用的市场仍不成熟。当前市场设计的局限（见第6章）和缺少报酬机制抑制了对相关有利基础设施的投资。这种情况也提供了负荷集成商商业化的方法，要将许多用户的需求侧集成能力捆绑并引入市场可能需要负荷集成商。如果消除了数据安全顾虑，且服务质量不受影响，则需求侧集成与发电、输电或大规模储能等其他灵活性选项相比，面临公众接受度的障碍可能会更小。但制定合适、协调的标准可能会是个问题，尤其是对于小规模应用。此外，关于用户、分销商（可能是电表的所有者）和售电企业间信息交互的监管框架不清晰，可能会成为需求侧集成部署的重大障碍。因为改造通常不具有成本效益，需求侧集成在小规模应用中的潜力被市场吸收会需要时间。替代投资（新热水器、洗碗机等）的速度很大程度上决定了实施时间，因此实施时间可能会相当长。

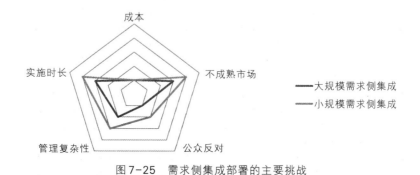

图7-25　需求侧集成部署的主要挑战

要点：小规模应用市场不成熟及需求侧响应就绪基础设施可能部署时间长是需求侧集成的主要障碍。

参考文献

Aptech (2012), Power Plant Cycling Costs, Subcontract Report, NREL (National Renewable Energy Laboratory), Golden, Colorado.

Bahrman, M.P. and B.K. Johnson (2007), "The ABCs of HVDC transmission technologies", *Power and Energy Magazine*, Vol. 5, Issue 2, pp. 32–44.

Baritaud (2012), *Securing Power During the Transition*, IEA Insight Paper, OECD/IEA, Paris.

Black and Veatch (2012), *Cost and Performance Data for Power Generation Technologies, prepared for NREL*, http://bv.com/docs/reports-studies/nrel-cost-report.pdf.

BNEF (Bloomberg New Energy Finance) (2012), "Energy Storage Valuation Study: UK", Research Note January 2012, Bloomberg.

Cochran, J. and D. Lew (2013), *Flexible Coal, Evolution from Baseload to Peaking Plant*, NREL.

Cooke, D. (2011), "Empowering customer choice in electricity markets", information paper, OECD/IEA, Paris, www.iea.org/publications/freepublications/publication/Empower.pdf.

CPUC (California Public Utilities Commission) (2013): "Briefing Paper: A Review of Current Issues with Long-Term Resource Adequacy", www.cpuc.ca.gov/NR/rdonlyres/E2A36B6A-977E-4130-A83F-61E66C5FD059/0/CPUCBriefingPaperon-LongTermResourceAdequacyBriefingPaperFebrua.pdf, accessed 18 June 2013.

de Sisternes, F. and S. Mueller (forthcoming), "Grid Integration of Variable Renewables: Analysis with the Investment Model for Renewable Energy Systems", IEA (International Energy Agency) Insight Paper, OECD/IEA, Paris.

ECF (European Climate Foundation) (2011), *Power Perspectives 2030: On the Road to a Decarbonized Power Sector*, ECF, www.roadmap2050.eu/pp2030.

Ecofys (2012), "Smart End-use Energy Storage and Integration of Renewable Energy: A Pilot Project Overview", prepared by Ecofys for BPA Technology Innovation Program, www.ecofys.com/files/files/ecofys_2012_smart-end-use-energy-storage_bpa_project_overview.pdf.

Ecofys (2013), "Abschätzung der Bedeutung des Einspeisemanagements: nach §11 EEG und §13 Abs.2 EnWG", Ecofys, Utrecht, www.ecofys.com/de/veroeffentlichung/abschaetzung-der-bedeutung-deseinspeisemanagements-nach-11-ee/.

EPRI (Electric Power Research Institute) (2012), "Electricity Energy Storage Technology options: System Cost Benchmarking" IPHE Workshop "Hydrogen-A competitive Energy Storage Medium for large scale integration of renewable electricity", www.iphe.net/docs/Events/Seville_11-12/Workshop/Presentations/Session%201/1.4_IPHE%20workshop_Rastler.pdf.

EWI (Institute of Energy Economics) (2009), "Economic potential of demand-side management in an industrialized country — the case of Germany", EWI, University of Cologne.

Focken U. et al. (2001), "Short-term prediction of the aggregated power output of wind farms: a statistical analysis of the reduction of the prediction error by spatial smoothing effects", *Journal of Wind Engineering and Industrial Aerodynamics*, Elsevier, Amsterdam.

GE Energy (2010), *Western Wind and Solar Integration Study*, prepared for the National Renewable Energy Laboratory (NREL), Golden, Colorado.

GE Energy (2013), Setting the bar for modern performance, www.ge-flexibility.com/products-andservices/index.html.

Hirth, L. (2013): "The Market Value of Variable Renewables", Energy Economics, Vol. 38, pp. 218–236.

Holttinen H. et al. (2006), "Prediction Errors and Balancing Costs for Wind Power Production in Finland", Global Wind Power Conference, Adelaide.

IEA (International Energy Agency) (2008), *Combined Heat and Power: Evaluating the Benefits of Greater Global Investment*, OECD/IEA, Paris.

IEA (2012a), *Energy Technology Perspectives 2012*, OECD/IEA, Paris.

IEA (2012b), *Technology Roadmap Hydropower*, OECD/IEA, Paris. www.iea.org/publications/freepublications/publication/TechnologyRoadmapHydropower.pdf.

IEA (forthcoming), *Energy Storage Technology Roadmap*, OECD/IEA, Paris.

IEA DSM (2012), "Smart metering", Task 17, Subtask 5, Report No. 5, www.ieadsm.org/Publications. aspx?ID=18.

Inage, S. (2009), "Prospects for Large-Scale Energy Storage in Decarbonised Power Grids", Working Paper, OECD/IEA, Paris.

Joint Research Centre (JRC), Assessment of the European potential for pumped hydropower energy storage, JRC Scientific and Policy Reports, European Union, Petten, Netherlands, http://ec. europa. eu/dgs/jrc/downloads/jrc_20130503_assessment_european_phs_potential.pdf.

Kirchen, D. S. and G. Strbac (2004), "Fundamentals of power system economics", John Wiley and Sons, Hoboken, New Jersey.

LBNL (Lawrence Berkeley National Laboratory) (2012), "Fast Automated Demand Response to Enable the Integration of Renewable Resources", http://drrc.lbl.gov/sites/drrc.lbl.gov/files/LBNL-5555E.pdf.

Lichtblick (2013), "Das ist ein LichtBlick: die Heizung, die Geld verdient" Information Broshure, www.lichtblick.de/pdf/zhkw/info/broschuere_zuhausekraftwerk.pdf.

London Economics (2013), "The Value of Lost Load (VoLL) for Electricity in Great Britain", final report prepared for the Office of Gas and Electricity Markets (OFGEM) and the Department of Energy & Climate Change (DECC), www.gov.uk/government/uploads/system/uploads/attachment_data/file/224028/value_lost_load_electricty_gb.pdf.

Lund, H. et al. (2010), "The role of district heating in future renewable energy systems", Energy, Vol. 35(3), Elsevier, Amsterdam, pp. 1381–1390.

MIT (Massachusetts Institute of Technology) (2011), "The Future of the Electric Grid", http://mitei. mit.edu/system/files/Electric_Grid_Full_Report.pdf.

NEA (Nuclear Energy Agency) (2012), Nuclear Energy and Renewables: System Effects in Low-carbon Electricity Systems, OECD/NEA, Paris.

NREL (National Renewable Energy Laboratory) (2013), The Western Wind and Solar Integration Study Phase 2, NREL, Golden, Colorado.

Öko-Institut (2009), "Costs and Benefits of Smart Appliances in Europe", a report prepared as part of the EIE project "Smart Domestic Appliances in Sustainable Energy Systems (Smart-A)", www.smart-a.org/W_P_7_D_7_2_Costs_and_Benefits.pdf.

PJM (2012), "PJM Demand Side Response — Intermediate Overview", PJM State and Member Training www.pjm.com/~/media/training/core-curriculum/ip-lse-202/demand-response-load-managementand-energy-efficiency.ashx.

Siemens (2013), *Gas-Fired Power Plants*, www.energy.siemens.com/hq/en/fossil-power-generation/power-plants/gas-fired-power-plants/.

Strbac, G. et al. (2013), Strategic Assessment of the Role and Value of Energy Storage Systems in the UK Low Carbon Energy Future, a report for Carbon Trust, www.carbon-trust.com/media/129310/energystorage-systems-role-value-strategic-assessment.pdf.

Tuohy, A., and M. O'Malley (2011), "Pumped storage in systems with very high wind penetration", *Energy Policy*, Vol. 39, Issue 4, Elsevier, Amsterdam, pp. 1965–1974.

Volk, D. (2013), *Electricity Networks: Infrastructure and Operations*, IEA Insight Paper, OECD/IEA, Paris.

Winkler, G. (2007), "*Enhancing Price Response Programs through Auto-DR: California's 2007 Implementation Experience*", prepared for LBNL.

VDE (Verband der Elektrotechnik, Elektronik and Informationstechnik) (2012), *Erneuerbare Energie braucht flexible Kraftwerke — Szenarien bis 2020*, VDE, Frankfurt am Main.

第8章

系统转型和市场设计

要点

- 高比例波动性可再生能源（VRE）发电在任何脱碳的电力系统中可能都是必要的。而实现高比例波动性可再生能源具有成本效益的并网需要电力行业和整个能源系统的转型。

- 这一转型的挑战和机遇取决于系统环境：电力需求增长率高，或面临短期能源基础设施投资需求的电力系统（动态系统）与需求稳定和/或没有什么基础设施投资需求的电力系统（稳定系统）不同。

- 无论在什么环境下，调节运行程序和以系统友好的方式部署波动性可再生能源都是实现转型的重要步骤。

- 稳定系统可以通过仅仅实施运行变化和投资于改造达到更高的波动性可再生能源占比。然而接入波动性可再生能源可能会影响现有的发电机组，减少其市场份额，并使电力行业承受经济压力。这种情况是由供/求基本面导致的，不是波动性可再生能源特有的问题。在已有充足服务的市场中加大任何发电量都必然会产生类似的影响。

- 动态系统有机会投资于更灵活的资产作为总体扩建或替代计划的组成部分，由此创造机会直接"跨跃"至适应性更好的系统。与如何改变运行实践相比，现有的实现这点的最优方式不多。

- 出于技术原因，需要有提高灵活性的各种投资选项，许多系统具体情况会影响到选择哪些选项。

> ● 市场设计需要将新的技术运行范式转变成合适的短期价格信号，尤其是在短缺情况下。更具体地说，这要求确立更好的价格信号对灵活性的提供给予报酬。如果已实施了合适的短期价格信号，但有力证据表明投资模式没有达到要求，则可能需要更长期的价格信号以确保有及时、充足的投资。
>
> ● 在所研究的市场设计当中，没有一个在优化短期价格信号方面的潜力已用尽。政策和监管应先着手改进短期价格信号，再考虑长期机制。

前面几章已经讨论了将波动性可再生能源接入电力系统的挑战和可克服这些挑战成功实现并网的现有选项。本章将这些结果结合起来，讨论各种选项的时机和可能的组合。这个过程可理解为实现脱碳过程中电力系统整体转型的组成部分。虽然承认波动性可再生能源只是一种更整体解决方案的一部分，但讨论中假设波动性可再生能源将在实现能源系统脱碳方面发挥关键作用，因而其大规模并网是一个重点。

目标不是去规定选择某些灵活性选项及根据波动性可再生能源渗透率规定何时部署这些灵活性选项。系统环境显示出太多的多样性，无法得出这类一般法则。此外，创新和大宗商品价格的变化可能会改变不同措施的相对成本效益。因此提前数十年确定"合适的组合"既没必要，也不可取。然而，有许多考虑因素会有助于确定无悔的选择并设定优先发展的项目。

本章有四个主要部分。第一部分讨论电力系统基本环境对波动性可再生能源并网策略的影响，突出不同点和共同点。第二部分讨论如何对待灵活性选择的投资以转型电力系统，包括比较其成本效益情况。第三部分运用基于建模结果计算的系统总成本，突出强调以综合方式实现电力系统转型的经济重要性。最后一部分考察了在多大程度上现有的市场框架适合提供投资信号促进这一转型。

8.1　波动性可再生能源的增长和系统转变

前几章在几处强调了电力需求高速增长或即将有基础设施退役的系统和需求停滞且无基础设施退役的系统在波动性可再生能源并网方面的情况是不同的。两种环境会给波动性可再生能源并网带来不同的挑战和机遇。在将从一种类型系统中得出的并网经验应用于另一种系统时，理解这种区别会有帮助，特别是当前波动性可再生能源并网的优先问题是稳定的电力系统，而波动性可再生能源的大幅增长预计将出现在动态系统中。

8.1.1　稳定系统的机遇与挑战

将波动性可再生能源接入稳定的电力系统会造成生产容量的过剩，这会对现有发电机组的价值带来负面影响。在短期虽然系统充足性因波动性可再生能源的接入而增加，波动性可再生能源生产的损失却并不一定会威胁到系统安全。无论波动性可再生能源是否可以获得以及是否在运行，系统都有充足资源保障供应安全。

在大多数稳定电力系统中，现有可调度发电厂和电网基础设施提供了足够的灵活性以有效应对需求固有的波动性和这类系统中一般会出现的扰动。这些资产的投资成本已经沉没。因此，抓住机会增加现有资产灵活性并围绕不断增加的波动性可再生能源资源和旧资产的组合优化整个系统运行是有价值的。目前许多运行灵活性有限的资产类型（煤炭、褐煤、核能甚至许多燃气电厂），都可通过改造提高灵活性，尽管这些潜在改进的经济性差别会很大。在近几年波动性可再生能源增长迅速的稳定系统中，可以通过改变运行实践及对旧资产基础进行一些调整将新资源接入系统，但这只是发展的一个过渡阶段。可日益明显地看出，结构性过剩不断增加的财务影响和生产波动性的不断增加将最终要求对旧系统进行更彻底的调整。

这种情况下一个关键挑战是对部分现有发电进行经济性替代。如第2章中解释的，将波动性可再生能源动态地接入稳定电力系统必将导致生产容量总体供过于求——即使适当考虑了各种波动性可再生能源资源的稳定容量。如果市场在供应过剩情况下做出的反应符合预期，则批发价格预计会下跌（所谓的"优先次序效应")。边际发电成本高的电厂会被挤出市场（利用效应）。结合产生的效应将导致部分现有资产出现经济搁浅。如图8-1（左）所示，转型系统中所需火力发电机组总体规模可能小于旧系统中火电机组的规模。

专栏8.1   风电和太阳能光伏是否会将中等灵活发电挤出？

风电、太阳能光伏发电、中等灵活发电以及峰荷发电间的相互作用根据分析的时间尺度的不同会有很大差异。这里，时间尺度不是特指在波动性可再生能源部署之后具体的年数，而是指发电厂结构在多大程度上适应大规模波动性可再生能源的存在。

在短期，非波动性可再生能源发电厂结构不变，风电和太阳能光伏发电往往会替代中等灵活发电和峰荷发电。因为投资成本已沉没，额外波动性可再生能源发电能带来的唯一效益是运行方面的。因此，如果替代的是燃料成本最高的发电量——往往是峰荷电厂和中等灵活电厂的发电量，效益就能够实现最大化。在欧洲，目前电力需求乏力、煤炭价格相对较低、天然气价格相对较高、碳价几乎可忽略不计、波动性可再生能源动态增加，这些因素都会将燃气发电（在欧洲是中等灵活发电）挤出市场。

然而，波动性可再生能源和中等灵活发电只有在发电厂组合没有进行结构化调整的情况下才会彼此替代。如果电源结构适应了波动性可再生能源的存在，基荷发电被替代的程度往往会大于其他发电。因此，在长期中等灵活发电的市场地位会被重新确立。IMRES（可再生电力系统投资模型）的分析清晰地凸显出这一点。

短期视角在旧情景中建模。在旧情景下，发电装机结构根据不含波动性可再生能源的情况优化，在部署波动性可再生能源后不能调整，只可以改变运行。长期视角反映在转型情景中，转型情景下发电厂装机结构根据含波动性可再生能源的情况优化。结果很明显：在旧情景下，中等灵活发电的满负荷小时数大幅减少，基荷发电的满负荷小时数也减少了。但在转型情况下，电源结构明显转向中等灵活和峰荷发电。所有发电厂的容量系数都基本上恢复（图8-1），从图中实线（旧情景）和虚线（转型情景）的区别中就可以看出。

从短期系统总成本角度看，燃料成本更高的发电厂往往会被替代；在

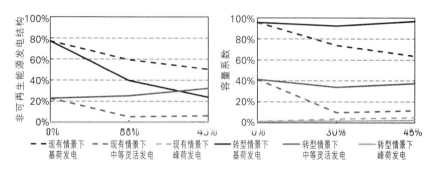

图 8-1 在不同 IMRES 情景下非波动性可再生能源的发电结构和容量系数

注：基荷对应核能和燃煤发电；中等灵活指联合循环燃气轮机（CCGT）发电厂；峰荷电厂是开放循环燃气轮机（OCGT）发电机组。

资料来源：除非另行说明，本章所有图表均来自国际能源署（IEA）的数据和分析。

要点：系统适应可增加中等灵活发电的市场份额，有助于恢复可调度发电的容量系数。

一些市场中，这可能对应系统中更灵活的资源。在这样的情况下，封存利用率低的中等灵活发电作为过渡步骤可能是合理的。但随着波动性可再生能源在系统中占比的增加及时地从边际基荷电厂转向价值更高的中等灵活发电厂，对于实现系统总成本最优更为关键。

这种情况下可能会有问题。在短期，波动性可再生能源可能（取决于本地市场中相关化石燃料的相对成本）往往会替代那些与系统中波动性可再生能源占比不断增加最有互补性的发电机组。[1]如图 8-1（左）所示，转型系统中基荷电厂与中等灵活电厂和峰荷电厂间的最优平衡与大多数旧系统中的情况有实质的不同。图 8-1（右）说明了当对火电机组规模和构成进行再平衡，波动性可再生能源占比不断增加时，火电厂的运行更可持续。在市场监管机构和政策制定者着手解决随着波动性可再生能源的增长哪种旧资源应被视为过剩的问题时，这点会对什么构成系统总成本最低的解决方案产生重大影响。

---

① 这是欧洲目前的情况，天然气相对于煤炭较贵，温室气体排放配额的价格没有高到足以弥补价差的程度，导致相对不灵活的燃煤发电替代更灵活的燃气电厂。在北美，充足的天然气供应使燃气发电价格在很多情况下低于燃煤发电的价格，这个问题在目前不那么令人担忧。

就电网基础设施而言，优化运行也可为增加波动性可再生能源容量提供额外的空间（见第6章）。这一点尤其重要，因为在稳定电力系统中建设和许可额外电网基础设施可能需要很长时间。在电网基础设施到达技术寿命周期前替换可能成本高昂，尤其是在配电层面。但当大量波动性可再生能源接入配电层面时，可能有必要这样做。

8.1.2 动态系统的机遇与挑战

在动态电力系统中，接入波动性可再生能源只有在增加的能源大于负荷增长和退役的情况下才会影响到现有发电企业的市场份额。不管怎样，接入波动性可再生能源可能会增加净负荷的波动性和不确定性，因此也可能会影响现有发电机组的运行，因而现有发电企业承受的经济压力要更小，甚至没有压力。反之，保持或提高发电充足性是动态系统的一个重点。这会提高波动性可再生能源对发电充足性贡献的重要性。因此，波动性可再生能源并网不仅会影响现有运行，而且会使对增加灵活性选项的投资在部署之初就成为一个重要问题。

这显然带来了机遇：新电网在规划和建设时就可以考虑到波动性可再生能源，以免之后需要改造。可对可调度发电厂组合进行规划和建设，以有助于以具有成本效益的方式补充波动性可再生能源。可将需求侧响应能力嵌入到负荷动态增长的系统中。但需要有规划工具，能考虑到波动性可再生能源随时间推移的贡献。

动态系统可跨越稳定系统成为适应性更好的系统。但在动态系统中，现有资产对灵活性的贡献程度不可能达到在稳定系统中的水平。因此，这样的系统需要寻找解决并网问题的答案，而这些问题在稳定系统中没那么紧迫。关于如何在这种环境中实现波动性可再生能源并网的全部效益，还需要进行更多的研究。

8.1.3 共同的问题：优化运行和系统友好型波动性可再生能源部署

优化市场和系统运行，尤其是相邻平衡区域之间的协调（如第6章中详细解释的），在任何系统环境下，都是实现具有成本效益的波动性可再生能源并网的基础。如果运行没有优化，波动性可再生能源并网在技术上会更困难，在经济上会更具挑战性。调节运行是一个无悔的选择；不管波动性可再生能源占比多高，调节运行都是具有成本效益的。改进运行的主要障碍往往不是技术上的。一旦波动性可再生能源部署加快，长期以来的运行传统遭到质疑，就会出现挑战。但在近几年，许多系统运营商已获得大量管理更高波动性可再生能源渗透率的经验，运行知识已很好地掌握。在稳定电力系统中，调节运行会推迟对新投资的需求。在动态系统中，优化运行会使灵活性投资需求降至最低。

系统友好型波动性可再生能源部署与降低灵活性要求是相关的，包括在运行方面和投资方面。系统友好型部署实践有三个主要目标：（1）控制波动性可再生能源接入的地点和时间；（2）确保波动性可再生能源可提供充足的关键系统服务；（3）激励发电厂设计转向帮助降低系统总成本而不仅是发电成本（详见第5章）。这些目标需要与促进刚开始部署的地方可能尚不成熟的行业的发展相平衡。此外，扩大地理分布范围和技术多样性可能会提高发电成本，因此尤其是在中高比例部署的情况下可能是重要的因素（图8-2）。

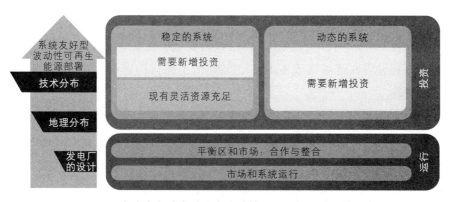

图8-2　在稳定和动态系统中波动性可再生能源并网的重点

要点：优化运行和系统友好型波动性可再生能源部署对稳定系统和动态系统都很关键。动态系统中投资在波动性可再生能源部署更早阶段成为重点。

8.2　灵活性投资的战略

8.2.1　需要一整套解决方案

所有灵活性选项都能以某种方式为波动性可再生能源并网做贡献。特别是这四种资源每一种都能有助于更灵活地平衡供需。但第7章已强调灵活资源在帮助应对波动性可再生能源哪种属性方面是有差异的。灵活性有不同的形式。

虽然在许多情况下不同的资源可彼此替代，一些并网问题只能由其中一些资源来解决，例如：

- 输电基础设施是唯一能连接偏远波动性可再生能源资源的选项。
- 只有分布式选项才能应对一些与模块化相关的影响。
- 灵活发电可解决短缺问题，但一旦净负荷为负就无法缓解过剩问题。
- 弃风、弃光带来的灵活性可缓解过剩的情况，但无法解决短缺的问题。

虽然上面只列出几个例子，但已表明成功实现波动性可再生能源并网需要一套灵活性选项（表8-1）。这就提出了如何构建灵活性选项最优组合的问题。

大规模波动性可再生能源并网是一个动态变化的领域。与几十年后波动性可再生能源并网最相关的创新很可能目前尚不明了，因此，很难预测几十年后灵活性选项最优组合的构成是什么。例如，很多储能技术成本的变化是不确定的，需求侧集成的真正潜力仍有待在真实条件下确定。大宗商品价格的突然转变，如美国近期廉价天然气的出现，也可能会造成不同成本效益的灵活性选项重新洗牌。提高电力系统灵活性的政策应一直向颠覆性创新敞开大门。

基于对不同灵活性选项的分析，可得出以下结论（图8-3）。电网基础设施在这一系列选项中有独特的地位，因为这是唯一能应对发电和消费地理位置不匹配的选项，这个问题在波动性可再生能源占比高的情况下可

图8-3　灵活性选项可能的优先顺序

要点：电网投资可以和其他一系列并网选项一起进行。但在给定环境下，许多其他因素可能会影响相对的优先顺序。

表8-1　　　　　不同灵活性选项对波动性可再生能源并网的贡献

	不确定性	波动性			地点约束	模块化	异步
		斜坡	充足	短缺			
输电	√	√√	√	√	√√	××	√
配电	o	√	√	o	××	√√	×
互联	√	√√	√√	√	o	××	√√
可调度发电	√√	√√	√√ ××	√√	×	o	√
分布式储能	√	√	√	√	×	√√	o
电网层面储能	√	√√	√√	√√	×	××	√
需求侧集成，小规模（分布式）	√	√√	√√	o	×	√	√
需求侧集成，大规模	√	√	√√	o	×	××	√

注：√√非常适合；√：适合；o：中×：不太适合；××：不适合。

要点：波动性可再生能源发电量的成功并网需要一套灵活性选项。

能会出现。但最重要的是在大范围内聚合波动性可再生能源发电量也会带来巨大效益，缓解时间上的不匹配，平滑与天气相关的发电情况，尤其是风电。因此，电网基础设施很可能从一开始就是任何具有成本效益战略的组成部分。但并不是所有电网投资都具有成本效益，而总是在电网投资与其他选项间取得平衡，包括适当的弃风、弃光。

就其他选项而言，灵活发电是平衡波动性可再生能源波动性和不确定性的一种具有成本效益、成熟、便捷的选项。但发电厂的技术和经济灵活性是有差异的。

水库水能发电非常适于作为波动性可再生能源的补充。如果环境法规允许灵活的短期运行，水电厂可在不带来巨大成本的情况下提供灵活性。灵活运行在技术上是可行的，相对而言不会给发电厂带来多少损耗；最重要的是水库水电厂的容量系数往往不会受波动性可再生能源并网的影响，因为其无论如何都会受到可用水量的约束。[①]与此同时，水库水能发电的均化能源成本（LCOE）可以非常低。

火电技术，包括生物质能、地热能和集中式太阳能（CSP），情况有所不同。这些技术在技术灵活性方面差异很大，从启动非常快速、调节幅度很大的往复式发动机和航改气涡轮机到不灵活的基荷电厂。经验证明可在各种情况下实现技术灵活性，德国和法国核电厂的负荷跟踪运行（NEA，2012）和北美燃煤电厂的成功改造（NREL，2013）就说明了这点。但由于高比例波动性可再生能源的并网伴随着可调度发电厂利用率的降低（利用效应），技术需在以典型峰荷电厂和中等灵活电厂容量系数运行时具有成本效益。这不利于采用资本密集型技术如核电和含有碳捕捉与封存（CCS）的化石燃料发电。即使在技术上有一定程度的灵活性，[②]但从经济角度看，资本密集型基荷技术是消费灵活性而非提供灵活性。这些技术短期成本低，从这个意义上说，与波动性可再生能源本身类似，通过减少发电量大幅约束其容量系数在经济上不具有吸引力。根据现有的技术选项，一个适应性好的火电厂结构中会包含技术上和经济上灵活的发电厂，如灵活的CCGT、成排的往复式发动机和灵活的OCGT。集中式太阳能可在有资源优势的国家中发挥主要作用，尤其是因为其内在的储存能力（IEA，2011a）。如果要将核能或碳捕捉与封存等基荷技术同波动性可再生能源相结合，需找到额外的灵活性来源（见专栏8.2）。

---

① 水库水能发电厂的经济设计考虑可用水量的季节性约束。由于这些约束,水库水能电厂的容量系数往往与中等灵活发电厂相当。因此,波动性可再生能源引起的最优发电厂结构向中等灵活发电的转变会有利于水库水能发电的推广。简言之,水库水能发电和波动性可再生能源发电往往具有很强的互补性。

② 核电厂的技术灵活性取决于诸多因素。在接近发电厂燃料周期结束时,灵活性往往会下降。—周启停核电站数次会带来许多技术上和安全上令人担忧的问题(NEA,2012)。

专栏 8.2　　　　　　　　　　**谁从灵活性投资中受益?**

　　灵活性资源能增加电力系统消纳大量波动性可再生能源的容量。但会影响到整个电力系统,包括常规发电机组。灵活资源既可促进波动性发电技术,也可促进固定发电技术。在历史上,抽水蓄能(PHS)容量的开发与核电容量的增加显现出很强的相关性(图8-4)。此外,连接热电行业的需求侧集成项目在灵活性需求很大的系统中很常见。在法国和英国,夜间大量电力消费来自电力储存和热水器,使用定时器在夜间增加基荷,在白天供热(图8-5)。

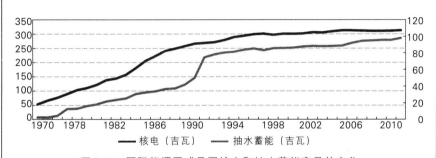

图 8-4　国际能源署成员国核电和抽水蓄能容量的变化

注:GW=吉瓦。

要点:历史上,对不灵活核电容量的投资伴随着储能投资的增加。

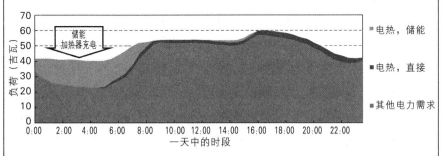

图 8-5　英国的电力供热

资料来源:Glen Dimplex,2013。

要点:现有电力需求结构可包括需求侧管理策略以接入不灵活的基荷技术。

类似地，瑞典20世纪七八十年代核电容量的扩大伴随着灵活的水库水能容量的增长，从1978年到1988年，灵活水库水能容量增加了大约2 500兆瓦。在这期间，瑞典水电机组5年平均容量系数下降了大约10个百分点，从大约50%降至40%（经降水量和入库水量调节），反映出为消纳新核电对发电厂采取了不同的运行机制。

总的来说，实现其他系统资产利用最大化是灵活性选项的一个关键效益，是非常可取的。但在增加灵活性时需有系统观点，这是很重要的。例如，在没有严格碳排放政策的情况下，系统灵活性的增加可能会导致更多地利用不灵活、碳排放量大的发电厂，这是大家不希望看到的。

可调度发电对于满足波动性可再生能源持续低发电量时段的需求很关键。可将技术与储能相结合以发挥可调度发电的这一作用。在波动性可再生能源占比很高时，可用波动性可再生能源结构性过剩的能量给大型水能水库灌水，在出现结构性短缺时用来发电。另一种方法是用多余的波动性可再生能源发电量制氢或甲烷以作燃烧用。然而，除其他挑战外，这类解决方案效率很低，而且目前成本很高（EASE/EERA，2013）。

通过热电联产和储热将发电和供热耦合可为应对波动性可再生能源结构性过剩和短缺做出关键贡献。过剩情况下电力可用于产热。在安装蓄热器后，过剩电力可用于满足数小时后的供热需求。此外，这样的配置使热电联产发电厂可满足供电短缺情况下的需求。当存在大量制冷（空调）需求时，可应用同样的原理，使用冷藏的方式。

正如建模结果所示，需求侧集成选项有望以非常具有成本效益的方式实现波动性可再生能源并网。但需求侧集成的实施可能需要时间，因为一般而言，通过改造电器提高其电力消费的灵活性不具有成本效益。此外，关于这种资源的总体规模仍存在一定程度的不确定性。无论如何，确保需求侧集成能找到公平竞争的环境——尤其是在允许负荷集成商积极参与能源市场方面——是无悔的选择，特别是因为需求侧集成即使是在波动性可再生能源没有并网的情况下也有非常有利的净效益。分布式蓄热器和区域供暖应用是提高电力需求灵活性特别具有吸引力的选项。

电力储存虽在技术上是一个很有效的选项，但在很多情况下成本相对高。投资成本仍较高，但确实存在一些例外情况（例如在现有水库水电厂中实现回抽操作）。如第7章中所示，储能的均化灵活性成本（LCOF）大约比其他选项高10倍。特别是低利用率降低了储能的成本效益，与高投资成本的发电技术类似。然而，鉴于电力储存在部署地点和所提供服务范围方面的多样性，如果考虑许多收入来源，则一些应用是可以具有成本效益的。例如，储能可帮助推迟电网投资、提供运行备用电量和提高本地电力质量。

8.2.2　影响灵活性选项选择的其他因素

一般而言，有许多不同因素会影响灵活性选项的选择。

1.地理和其他约束

由于地理约束，不是所有系统都具备利用某种资源的同等条件。例如，在岛屿系统中与其他电力系统互联的可能性与大陆系统中是不同的。例如，与爱尔兰相比，丹麦对互联的依赖程度可以高很多。德国扩大互联的潜力要比日本大得多。

在使用高架输电线路方面，人口非常稠密的国家（如日本）会比有充足土地的地区（如美国得克萨斯州电力可靠性委员会案例研究地区）面临更大的困难。

只有具备水库水能地理条件的国家才能从这种资源中受益（如巴西、挪威）。将回抽功能加入到现有水电厂也会大幅降低可用储能的成本。能否建设其他抽水蓄能或压缩空气储能（CAES）取决于地理环境。[①]

燃料可及性和价格也可能对灵活性选项的选择产生影响。与化石燃料价格更高的地方相比，天然气价格很低的地方更倾向于灵活的常规发电。

---

① 抽水蓄能可在各种环境下建设，但总是需要有两个水库之间有足够的高度差。

例如，如果不灵活的燃煤发电厂在市场上被替代，美国廉价天然气会使化石燃料发电机组灵活性增加。

2.公众接受度

在大多数经合组织（OECD）成员国中，新高架输电线路通常会面临强烈的公众反对。但在可靠电力供应得不到保障的国家中，新的输电线甚至可能会得到公众的支持。例如在印度，频繁断电总体上增加了对新输电线的接受度，因为这被视为增强电力供应可靠性的一种方法。

电力供应频繁中断的国家也可能具有建立需求侧集成项目更好的条件，因为消费者可能会从可靠性提高中直接受益。

3.波动性可再生能源的部署模式

流行的技术组合和典型的发电厂规模可能会对并网所需灵活性的类型产生重要影响。例如，在有大量小规模波动性可再生能源发电厂（如屋顶太阳能光伏）的地方，分布式灵活性选项，如小规模需求侧集成、储能和配电网升级，将会更为重要。

太阳能光伏发电集中于一天中的几个小时。因此，与风电相比，能实现供求时间匹配的灵活性选项会更重要。这并不是说电网基础设施对于太阳能光伏并网不重要。但即使在电网牢固的地方，太阳能光伏仍然会有时间上的集中，因此应更关注能解决一天中不平衡的灵活性选项，如储能（Schaber et al.，2012）。

4.其他政策目标和协同效益

发展某些灵活性选项可能有助于实现波动性可再生能源并网以外的目标。这样的情况通常非常有利于实现具有成本效益的并网，因为协同效益会帮助收回投资成本。例如，建设水库保障饮用水安全、提高水质和管理用水的需求往往有助于水库水能发电和抽水蓄能的扩大（IEA，2012）。

发展本地产业的愿望可成为支持某个政策选项的重要动力。在发展某个选项方面有竞争优势的国家，可将发展该选项视作发展该产业分支的一种方法。例如，印度鉴于其强大的信息技术产业，加上公众对需求侧集成接受度可能比较高，也许具备很好的发展智能电网技术的条件。日本鉴于其现有的产业和系统环境（孤立的系统、人口密度高），可能会有动力优先发展电池储能技术。

一些灵活性选项会带来无形的效益。例如，居民用户通过储能或需求侧集成系统实现电力基本自给自足，其所带来的效益价值是很难准确衡量的。

8.2.3 灵活性选项的成本效益比

正如第7章中介绍的，使用两种建模方法评估不同灵活性选项的效益成本比。一种分析侧重于西北欧案例研究，而另一种分析（IMRES）侧重于一个测试系统。两种方法都评估了不同灵活性选项的成本效益情况。

1.西北欧案例研究

对于西北欧案例研究，将在电力系统中加入不同灵活性选项的成本效益与基线情景比较。基线情景基于Pöyry 2030年的典型情景，假设所有案例研究国家风电和太阳能光伏发电水平增加，使波动性可再生能源在发电量中总占比达到27%。每个选项效益成本比的计算方法在前一章中进行了阐述。

比较不同灵活性选项的结果可得出许多结论（图8-6）。需求侧集成与其他选项相比成本相对较低，因此效益成本比高。将互联与需求侧集成相结合的效益成本比很好，即这两种选项具有互补性，没有彼此对立。仅靠互联无法达到同样的效益成本水平。但重要的是要注意到，基线情景下已包含高水平的互联，反映出这一并网选项的关键价值。

储能的效益成本情况略乐观，但储能重要的潜在效益没有反映在分析中。首先，没有考虑预测失误。在模拟中包含预测失误会显著增加储能的价值（例如，GE Energy，2010）。此外，模型没有详细给出各国国内的电网，也没有包括运行备用电量。这两个因素都会导致对储能价值的低估。

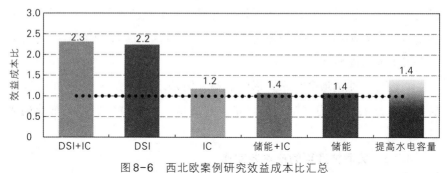

图8-6   西北欧案例研究效益成本比汇总

注: DSI=需求侧集成; IC=互联

要点: 需求侧集成效益成本比高, 互联显现出与其他选项形成积极合力。

改造现有水电厂以保持在当前水库规模的情况下增加装机容量的成本效益取决于升级的有关成本 (假设的区间为750~1 300美元/千瓦) 和可能需要强化相关互联的成本。[①]

2.IMRES测试系统

IMRES测试系统中的模型与西北欧案例研究相比有重大区别。该系统峰值需求为75吉瓦, 比西北欧案例中峰值需求小4倍以上。此外, 该系统以小岛建模, 并将历史风电和太阳能光伏发电时间序列成比例扩大以达到目标波动性可再生能源渗透率。这往往会夸大所得波动性, 尤其是风电。因此, 模型情景往往会构成更大的挑战, 由此提高了灵活性增加带来的效益。[②]这种一般趋势在转型情景下的模型中得到了证实 (图8-7)。

尽管建模方法与西北欧案例研究不同, 但需求侧响应与其他选项相比显现出非常好的效益成本情况。储能和额外水库水能发电也表明有积极的成本效益比, 但比率更低。在旧情景下, 即在不调节整体发电结构的情况

---

① 将水电容量增加7吉瓦的影响(假设主要在挪威、瑞典和法国)与挪威、瑞典和其他欧洲国家间增加8.6吉瓦互联结合起来分析。所得出的效益成本比在0.6(改造成本更高和有额外互联)和1.4(改造成本更低、无额外互联)之间。

② 来自德国2011年的数据,已包含大量分布式容量的数据。

下将波动性可再生能源接入系统，改造现有发电厂也具有积极的成本效益比。需求侧响应与储能和可调度发电相结合（作为额外水库水能建模）产生不同的结果，在后面会做进一步讨论。

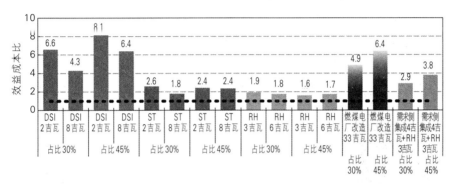

图 8-7　IMRES 测试系统中所选情景效益成本比汇总

注: DSI=需求侧集成; ST=储能; RH=水库水能。假设详见附件 B。

要点: 需求侧集成效益成本比高；电力储存和水库水能发电具有积极的效益成本比，但比率更低。

两种建模操作都主要取决于所使用的假设和具体的系统环境。鉴于两组模拟的方法学都存在重大局限，结果应视为是指示性的。此外，无论使用什么建模方法和系统环境如何，独立地看，最具成本效益的选项极可能是不够的或次优的。

8.2.4　相互作用和锁定效应

灵活资源会与电力系统和电网上其他灵活资源相互作用。因此，一种灵活性选项的存在可能会增加或降低其他选项的价值。

欧洲近期一项研究（Schaber，Steinke and Hamacher，2013）发现，波动性可再生能源和输电网扩建可能会增加需求侧热水储能的价值，反之亦然。波动性可再生能源渗透水平高时，输电网使得能够更具成本效益地利用需求侧资源，而需求侧灵活性提高则增加了实现资源地理连接的价值。

本章进行的经济建模分析也考察了不同灵活性选项组合的成本和

效益。

在 IMRES 模拟的转型情景下，在波动性可再生能源占比为 45% 时，将灵活发电和需求侧响应相结合，由于形成积极合力，在灵活发电和需求侧集成单独使用带来的节省基础上（分别为 4.1 亿美元和 8 亿美元，图 8-8），每年还可额外节省 3.9 亿美元。储能和需求侧集成联合部署（图 8-9）产生的合力要小一些，为每年 1.8 亿美元（仅储能每年能节省 5.4 亿美元）。

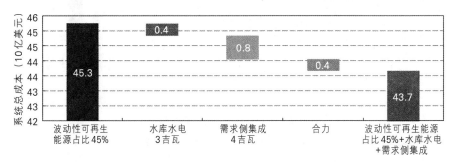

图 8-8　波动性可再生能源渗透率为 45% 的 IMRES 转型情景及
同步部署灵活发电和需求侧集成的系统总成本和节省

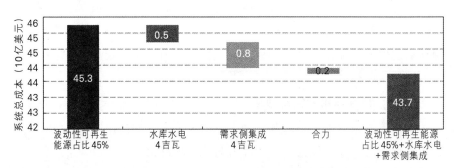

图 8-9　波动性可再生能源渗透率为 45% 的 IMRES 转型情景及
同步部署储能和需求侧集成的系统总成本和节省

要点：部署结构均衡的灵活性选项能够实现整个系统效益的最大化。

需强调的是，在所考虑的情景下，需求侧集成使用得很多（在 90% 的模拟时间中使用），转移了大约 4% 的总需求。相反，在与需求侧集成结合时，储能的利用率略有下降。因此，这些结果指的是仍缺少灵活资源、可获得的灵活性资源尚未达到饱和点的系统。在引入额外灵活性之后，结果可能会有不同，也可能发生同类相斥的效应。此外，重要的是要注意到，在转型情景的模拟中，IMRES模型重新优化了整个可调度发电机组。因此，完全捕捉了提高灵活性水平的所有长期（投资）效益。

西北欧案例研究模型也考察了不同灵活性选项之间的相互作用。互联和需求侧响应的部署增加了总的成本效益。两者相结合的情景成本效益值为 2.3；仅互联的成本效益值为 1.2，仅需求侧集成的成本效益值为 2.2。将电网扩建和储能相结合的成本效益（1.1）与电网扩建和储能单独的成本效益值类似（分别为 1.2 和 1.1）。

从广义来说，灵活资源可显现以下的互动模式：在灵活性需求低时是替代关系，在灵活性需求高时一些选项间有互补性。这意味着一种灵活性选项可弥补另一个选项的延误。对于电网扩建尤其是这样。投资延误会有货币价值，因为支付会出现在更晚的时候。这种价值可部分弥补在延误期间依赖其他灵活性选项的成本，如弃风、弃光（RETD，2013；Agora Energiewende，2013）。

但在灵活性供过于求的地方，将更多灵活性加入系统中会导致一定程度的同类相斥。这种效应在不同灵活性选项差别较大的情况下不那么明显。例如，电网投资与储能之间同类相斥的情况就不像储能和需求侧集成之间那么多（Schaber，Steinke and Hamacher，2013）。

总之，以某种灵活性选项开始并不会导致对路径的依赖和锁定。灵活的化石燃料发电是一个重要例外。如果对化石燃料发电进行新投资用于提供灵活性，会锁定二氧化碳排放，特别是在大量时间使用低效技术的情况下。

8.3　波动性可再生能源并网和系统总成本

正如第4章中讨论的，波动性可再生能源的部署和灵活性选项的影响应根据其对系统总成本的影响来评估。但波动性可再生能源部署对系统总成本的影响关键取决于具体的系统环境，以及系统整体（包括波动性可再生能源）优化的程度。

在将波动性可再生能源接入现有电力系统时，很有可能电力系统没有针对高比例的波动性可再生能源进行全面优化。反过来，系统环境可能不能很好地匹配波动性可再生能源。在这样的情况下，波动性可再生能源的短期系统价值（按第4章的定义）可能相当低。然而，如果系统整体经过更好的调整，波动性可再生能源的系统价值将会更高。

区别初期由于不适应而产生的并网问题和那些可能持续存在的并网挑战尤为关键。与前一种情况相关的成本不能完全归于波动性可再生能源。这类成本是由于波动性可再生能源的接入暂时打破了系统的最优状态产生的，IMRES模型对这种情况在旧情景中进行了建模。

长期而言，如果系统进行了重新优化，评估波动性可再生能源对总成本的影响是可能的，可通过比较两种情况对成本的增加进行更明确的归因：一种情况下，资源结构完全根据最低成本来决定；另一种情况下，系统要求有一定比例的风电和太阳能光伏发电。这两种情况的差别可归因于所希望达到的风电和太阳能光伏发电水平。但模拟中考虑的灵活性选项在这方面尤为关键，只有包括了足够广泛的并网选项组合才能进行有意义的比较。在IMRES模型中，这种重新优化的情况用转型情景来描述。

在IMRES模拟所做的假设中，即使是在波动性可再生能源年需求占比为30%和45%（结构中大约1/3为太阳能光伏发电，2/3为风电）的转型情景中，系统总成本也相应增加。但转型情景下的增幅要远远低于旧情景下。转型情景下通过加入灵活性选项，可进一步减少成本增幅（图8-10）。注意电网成本的估计值事后已加到模型结果上，只具有指示性。

这些结果应视为说明了一个更普遍的原理：将波动性可再生能源接入没有针对消纳大量波动性可再生能源进行优化的电力系统中，会暂时降低波动性可再生能源电力的价值。然而，长期而言，其价值会升高，而系统总成本相应地会降低。

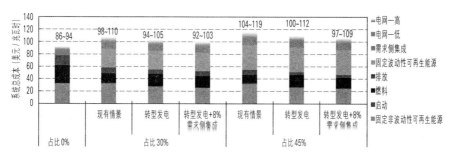

图 8-10　不同系统转型程度 IMRES 系统的系统总成本

要点：在有高比例波动性可再生能源的情况下，系统转型能降低系统总成本。

有许多因素会影响高比例的波动性可再生能源是否确实会导致系统总成本增加。第一，波动性可再生能源的成本本身很重要。在模拟结果中，风电/太阳能光伏组合成本（从风电和太阳能光伏发电组合的均化能源成本大约为 90 美元/兆瓦时）降低 30%~40%，将足以使转型情景下（包括需求侧集成）系统总成本与不含波动性可再生能源情况下的系统总成本相当。第二，优化发电厂结构有助于在含波动性可再生能源的情况下降低系统总成本。第三，加入灵活性选项使总成本进一步降低。此外，燃气价格的降低（假设的是 8 美元/Mbtu）会有助于在含高比例波动性可再生能源的情况下降低系统总成本。[①]然而，在多大程度上可能发生这样的转型取决于经济框架条件。

8.4　市场设计

所有电力系统都需要有提供买入和售出电量的方式以及组织新投资的经济框架。这一框架可称为"市场设计"。无论市场设计如何，目标应该是一样的：确保电力交易的监管框架能实现净效益（效益减去成本）的最

---

① 但在没有波动性可再生能源的情况下系统总成本可能也会降低。总体效益将取决于投资成本和其他燃料成本。

大化。这一过程在世界各国发生的方式有巨大差别,但总是有对发电企业成本进行补偿的机制。

电力市场的一般设计是国际能源署分析和研究的一个活跃领域（IEA，2007；Baritaud，2012；Volk，2013；Baritaud and Volk，2013）。作为《电力安全行动计划》的组成部分，国际能源署已就这一课题发表了数篇论文，更具体而言：

- 考察脱碳环境下发电面临的运行和投资挑战（Baritaud，2012）。
- 考察影响输配电网的运行和投资挑战（Volk，2013）。
- 探索和研究影响电力市场融合的关键问题，包括政策、法律和监管问题（Baritaud and Volk，2013）。

在可再生能源政策的设计（IEA，2008；IEA，2011b）和不同政策领域之间的相互作用方面（Philibert，2011）也有大量研究。

在波动性可再生能源并网的环境中，常常会提出以下与市场设计相关的担忧：

- 波动性可再生能源和其他低碳选项短期边际成本很低。基于短期边际成本的市场是否能为这些技术提供合适的价格信号？
- 在波动性可再生能源接入稳定电力系统时，会在市场中替代现有发电，使之不具有经济性，容易被停止运行；但这些容量在波动性可再生能源发电量低的时段仍是需要的。市场能否激励容量继续留在市场中以保障供应安全？
- 标准的单一能源市场可能没有为所有相关服务提供充足的价格信号，包括运行备用电量和其他类型的灵活性电量；这是否会对市场运行产生负面影响？

第一个问题不在当前研究范围内。其他两点在下一节中会基于国际能源署此前的研究做更深入的探讨（Baritaud，2012）。

8.4.1 背景

自电力市场开放以来（Schweppe et al.，1988），就有关于在多大程度上和在什么条件下能源市场中的市场价格信号能够刺激投资水平以确保充足发电容量的讨论。要使之适当运转所需的一个关键要素是短缺情况下价格信号要准确。

虽然一些研究人员看到了确保适当的短缺价格的根本性或实际性问题，强调需要专门的补充机制和市场（如 Crampton and Stoft，2005；Batlle and Pérez Arriaga，2008； Crampton and Ockenfels，2011），其他人则认为如果市场设计得好，短缺价格在实际中将足以激励和实现投资（如 Hogan，2005； IEA，2007）。在监管机构希望的投资和容量水平与需求侧实际愿意支付的价格之间也可能有差距。在这样的情况下，即使市场运转完美，投资也必然会低于监管的要求（Newell et al.，2012）。由于价格信号没有准确反映短缺而导致没有充足的资金来确保投资的需要，这个问题称为"资金缺失问题"。

关于为何运行价格信号可能会没有正确评估能源市场的短缺的原因，有几种观点，包括：

- 监管价格限制低于失负荷价值。
- 短缺条件下系统运营商会采取市场外技术干预，如降低系统电压。
- 缺乏捕捉所有相关运行约束的价格信号。

在没有大规模波动性可再生能源渗透的情况下，最相关的短缺条件是当电力需求接近于可用发电容量时，即当发电容量变得短缺时，因此，过去纠正不当运行价格信号的补充机制侧重于发电容量。

在含波动性可再生能源的情况下，发电容量短缺时段仍是关键的——事实上由于波动性可再生能源的波动性和不确定性，在引入波动性可再生能源后发电容量的短缺变得更复杂。但大量波动性可再生能源可能会导致运行期间出现其他类型的短缺。例如，净负荷更大幅度、更快的波动可能会凸显系统调节能力的重要性。替代重型旋转发电机组可能会使惯性减少至使之成为一种短缺资源的程度。这类新运行约束需要反映在能源市场的设计中，以使价格信号切实捕捉到一些系统能力变得稀缺、应享有高价的时段。总之，资源充足性不再仅仅是发电容量的问题（Gottstein and Skillings，2012； Hogan and Gottstein，2012）。

因此，在含有高比例波动性可再生能源的情况下市场设计需要解决4个问题：（1）需要为哪些相关运行约束定价以确保在波动性可再生能源占比高的情况下得到有效的市场结果？（2）可设计哪些市场产品以反映出这些约束？（3）如何为这些产品建立市场？（4）运行价格信号是否足以鼓励投资还是需要长期补贴机制？

8.4.2 相关运行约束

虽然每兆瓦时电量经常被视为一种商品，但并没有研究捕捉到这种产品的基本特征。实际上，电是一种极其差异化的产品。在 h 时 i 地点获得的电量与在 h′ 时 i′ 地点的电量是不可相互替代的，因此应视为两种不同的产品和市场。此外，在 1 小时内数个连续时间间隔的电力波动也是很关键的。保持供求实时平衡要求符合在不同时间范围（即时、15 分钟内、1 小时、几小时或几天）以不同速度（斜率）增加或减少发电量或负荷的技术约束和经济能力。几个电力市场（远期、日前、日内、平衡和备用市场）的并行反映出系统运行的复杂性，确保发电量和负荷实时平衡的工程程序的复杂性（Baritaud，2012）。

波动性可再生能源占比不断增加最相关的运行约束已在第 2 章中进行了讨论。概括地说，以下属性是最相关的：

● 确保在波动性可再生能源发电量低而需求高的时段有充足的发电容量。

● 在净需求低、没有多少常规发电机组上线的时候也能提供系统服务（包括运行备用电量）。

● 在短时间内频繁、大幅上调或下调电力生产和消费。

8.4.3 产品定义

大宗电力市场产品定义是由对电力有明显需求的事实推动的。虽然电力需求会随时间和地点而变化，但总电力需求是各用户需求之和，可准确测量电力生产和消费，并将之归于发电企业和用户。产品的精确定义（交易可多接近于实时，交易可进行的最短时间间隔等）很重要，在 p 点和 i 时间"以兆瓦时衡量的电力"的一般定义是相当直接的。

就系统服务而言，情况则要更复杂。系统服务使得可实现实际产品即电力的可靠供应。对系统服务的需求没有电力需求那么直接。此外，由于统计聚合效应和电网的交互作用，产品定义会更具挑战。例如，所需运行备用电量通常要远低于系统各处不平衡的总和；如果一个发电机发电量超过计划，另一个低于计划，不平衡会在电网上自行进行一些抵消。此外，所需运行备用电量与所希望达到的可靠性水平密切相关。因为可靠性通常是整个系统的属性，即服务质量对于所有用户是相同的，通常对此没有基于市场的需求，是由系统运营商计算所需运行备用电量。

类似地，对于在波动性可再生能源占比更高时可能变得特别相关的产品，如灵活的调节服务，需求不太可能直接来自电力用户，而是来自系统运营商，出于确保可靠性的目的。在这种情况下，风电在整个系统的聚合使所需调节能力远远小于单个波动性可再生能源发电厂发电量波动所要求的量——在这种情况下，统计波动可能会彼此抵消。

此外，目前的运行备用电量和平衡服务市场对相关产品的定义通常相当粗糙。备用电量或平衡服务市场可能没有任何地点维度。发电服务的差异性要远远超出与其相关的基本商品的差异性。例如，系统运营商可能需要发电容量在10分钟内在网络某个节点响应（Joskow，2007）。当需要发电企业提供满足更具体特征的电量时，系统运营商可能会依赖于双边场外合约来获得这些电量。这些场外运行可能会低效地压低其他市场参与方提供类似服务的价格，没有为高效运行和投资于灵活容量建立起透明的价格信号。例如，如果系统运营商需要15分钟内而不是30分钟内提供"快速启动"供应或需求响应，更好的方法是将之定义为一种单独的产品，为之建立一个市场，与相关的能源和辅助服务产品市场全面整合，而不是依赖于场外双边安排和"必须运行"的计划（Joskow，2007）。

灵活性有不同的方面，这也使创建一种灵活性产品更为复杂。使得很难在定制化产品和充足流动性之间达成平衡。

这给出了定义灵活性产品所涉及的复杂性的一个初步轮廓。一般而言，要确定由于波动性可再生能源占比提高哪些能力会短缺并不是一项简单的任务（见专栏8.3）。

8.4.4 建立市场

上面指出的三种运行约束并不是相互独立的，而是捕捉了电力系统运行的不同方面。例如，一个储能设备可用于满足容量短缺时段的电力需求。然而，同样的储能可用于提供运行备用电量或确保充足的调节能力。因此，市场设计需要确保价格形成不仅捕捉到孤立情况下所有相关约束，而且也使一个市场上的价格受另一个市场上短缺的影响。

近期关于确保充足发电容量的建议指出，将批发能源市场与运行备用电量市场相耦合以确保有适当短缺价格的重要性（Hogan，2013）。然而，要使市场这样耦合在很多情况下需要转变现有的运行备用电量市场。例如，在欧洲电力市场中，一些类型的运行备用电量在有些国家完全没有任何经济补偿，在有市场的地方，市场运行往往没有与电力市场进行协调。因此，市场参与方无法在所有市场中公平地提供服务。这可通过对接不同市场的时间来解决。通过协同优化使不同市场联合出清可实现更紧密的融合（Baritaud and Volk，2013），美国许多独立系统运营商市场正在不断发展这种做法。在可能的情况下，市场参与应向所有可用灵活性选项开放，以实现最具成本效益的结果。

即使某种能力在某些运行条件下可能出现短缺，可能不必要为之建立一个专门的市场。例如，快速启动机组也许能更好地接近实时对电力需求的意外增长（例如，由于预测失误）做出响应。在这样的情况下，正常日内电力市场中更高的市场价格已经体现了这种能力的价值。然而，许多市场正在考虑引入专门的市场产品，这将使一些灵活性服务直接得到报酬（专栏8.3）。

专栏8.3　　加州和爱尔兰电力系统中新灵活性产品的定义

目前许多电力系统正在考虑专门的灵活性产品。这里选取了两项近期的发展。

加州独立系统运营商灵活调节产品

加州独立系统运营商（CAISO）目前正在设计一种灵活调节产品（FRP），旨在实现调节灵活性的市场化采购。在过去，出现过短期净负荷波动性的增加引起5分钟实时价格极高的情况——尽管可用发电容量充足。这样的价格是由于短期调度中可用资源无法足够快速地调节而导致的。这种情况表明市场采购不仅要关注能源，也要关注调节能力（Sioshansi，2013）。

灵活调节产品旨在以具有成本效益的方式增加加州独立系统运营商的调度灵活性。使系统运营商能在每个调度间隔采购调节容量，这些容量不是要用于当前间隔，而是放在一边用于几分钟后下一个调度间隔期间可能出现的调节需求。灵活调节产品的供应商会在提交的报价基础上，通过其生产具备可放置一边的调节能力的能源可用性得到报酬。灵活调节产品的其他特征包括以下方面：

- 产品可在日前市场每小时采购和实时市场每5分钟采购。

- 灵活调节能力通过针对每5分钟间隔而运行一次的经济调度频率持续调度。

- 灵活调节产品会根据采购流程（日前或实时调度（RTD））中的边际价格获得补偿。由于在任何实时调度间隔，一种资源要么提供能源，要么提供灵活调节产品，但不能两者都提供，因此灵活调节产品的价格包括出售能源的机会成本。

EirGrid DS3

爱尔兰和北爱尔兰致力于到2020年使可再生能源在发电量中占比增至40%。在这一背景下，为找出未来数年电力系统可能出现的运行问题，开展了名为"提供一个安全可持续的电力系统"（DS3）的项目。DS3项目就一系列旨在解决和缓解可能出现的系统问题的新系统服务产品征求意见。这些系统问题是此前通过全面技术研究确定的。为解决含有大量波动异步发电的电力系统中频率控制和电压控制相关的挑战提议了一些新产品。在各种服务中，下面对两种服务进行了更详细的讨论：

（1）快速频率响应（FFR）

这种新服务需快速响应，既可由同步机组提供，也可由异步发电机组提供。用频率事件后发电企业发电兆瓦（MW）数的增加（或需求的减少）表示，需能在事件发生之后2秒钟内获得，持续至少8秒钟。这种服务部分弥补了渗透率高时段异步发电瞬时系统惯性的降低。

（2）调节裕度（RM）

这种新服务由上调产品构成（技术分析表明目前不需要下调产品）。

调节裕度表示可在给定时间范围内提供且持续给定时长的发电兆瓦数的增加。爱尔兰系统运营商提议的时间范围分别是1小时、3小时和8小时，对应持续时长分别为2小时、5小时和8小时。当风电发电量在数小时内逐渐减小时这类调节产品会起作用。

资料来源：能源监管委员会（CER）和公用事业监管机构，2013；EirGrid SONI，2012；CAISO，2012。

8.4.5 额外的需求，长期机制

前面一节讨论了在短期市场中为相关运行约束定价，但这没有完全解答在多大程度上需要长期额外的机制来确保及时、充分投资的问题。在没有额外机制的情况下，显然需要对运行约束进行合理定价以实现投资，但仅有合理定价可能是不够的。关于这一点将讨论以下方面：

- 关于灵活性供应的过渡效应。
- 关于灵活性需求的过渡效应。
- 短缺情况的概率分布。
- 风险和公众接受度的问题。

1.过渡效应：灵活性供应

将波动性可再生能源接入充足的系统中——大多数经合组织成员国的默认情况——会导致发电容量出现一般性过剩，由此可能会减少短缺价格的出现。大量发电容量的供应也会降低其他市场中的价格，如运行备用市场。即使是在实行了设计良好的系统服务市场的地方，这些市场上的价格也可能非常低，因为可获得大量灵活性。相对的低价，到达一定时点会触发发电容量的封存，引发对大规模波动性可再生能源部署情况下供应安全的担忧。很多国家正在讨论许多不同的容量机制，尤其是在欧盟和美国部分地区（Baritaud，2012；Baritaud and Volk，2013）。

但正如本书进行的建模表明，大规模引入波动性可再生能源后市场价格的下跌是市场对供应充足条件做出的正常反应。根据系统整体对含高比例波动性可再生能源的情况做出调整的程度，价格预计会相应地恢复。在过渡期封存一定量的发电容量之后再恢复运行，可能是具有成本

效益的。

如果存在容量供应过剩，即使有设计良好的容量市场也无法帮助改善可调度发电的经济状况。在这类情况下，容量市场必然会在0或接近0的水平出清，以反映供应过剩的状况。

2.过渡效应：灵活性需求

对灵活性的需求不会随着波动性可再生能源的部署呈线性增长。根据与负荷的匹配度，接入波动性可再生能源可能最初会降低净负荷的波动性。当波动性可再生能源发电与需求正相关时就会出现这种情况。在需求高峰出现在正午的国家中，太阳能光伏在部署之初会降低净负荷的波动性。将太阳能光伏容量增至某一程度往往会达到削峰的效果。这在很多系统中已成为现实，如德国和意大利。但随着部署的继续，太阳能光伏发电开始使负荷模式中出现明显的低谷。这最终意味着波动性增加（图8-11）。

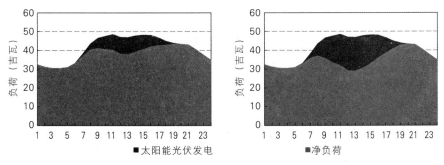

图8-11 意大利典型的晴天太阳能光伏发电和净负荷

（左：2012年7月；右：太阳能光伏翻一番）

要点：在低比例时，太阳能光伏的部署会降低净负荷波动性。在比例更高时，波动性会增加。

净负荷波动性水平会直接影响灵活性的价值。在波动性降低时，灵活性的价值会随之降低。这种效应一个很好的例示是欧洲抽水蓄能电厂（PSPs）的使用（意大利的例子见图8-12）。在长期情景中，抽水蓄能电厂可在欧洲深度脱碳情景下发挥重要作用（IEA，2012）。但这并不意味着目前这些资产有市场价值。

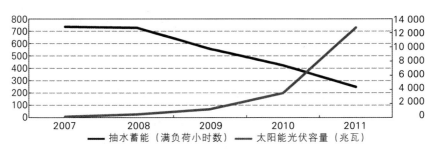

图8-12　意大利抽水蓄能的利用和太阳能光伏的部署

资料来源：基于自Gestore dei Servizi Energetici的数据和国际能源署的统计数据。

要点：尽管其在未来有潜在价值，意大利抽水蓄能电厂的利用在过去几年下降了。

如果出于这样的考虑而建立长期市场机制，认真评估在长期什么能力会与系统相关是十分关键的。详细研究未来可能的运行条件有助于为长期市场产品的设计提供参考（EirGrid，2010；Hogan and Gottstein，2012）。

可以说这反映出市场运转恰当，表明目前一些时候对额外灵活性的需求低。但抽水蓄能电厂项目有很长交付周期，大规模部署其他灵活性选项（如需求侧集成），可能需要"在实践中学习"。目前对灵活性缺乏投资信号可能会给按时达到充足的灵活性水平带来问题。

3.短缺情况的概率分布

电力系统中波动性可再生能源渗透率高增加了系统对天气事件的敞口。在超过一定阀值后，发电容量的短缺主要是由波动性可再生能源供应短缺导致的而不是由于需求很高的时段。因此，短缺价格的出现是与可获得风电和太阳能发电量低的时段相连的。这类事件可能会大范围出现，如在西欧冬季期间（Pöyry，2011），可能会出现数周电力短缺。但可能无法预测在20年间这样的事件会出现多少次，从而任何可在这些电力短缺期间使用的灵活性选项的收入也同样是不确定的，因此，要为这类资产获取融资可能极具挑战性。

为应对这类情况，可建立一个长期机制，持有一定的容量，作为应对风险的战略备用电量。这些备用电量只在常规市场异常和十分罕见的短缺期间没有出清的情况下使用。基于水电的系统在遭遇异常干旱的年份也可能出现这类事件，瑞典等国已建立了战略备用电量机制（Mueller，Chandler and Patriarca，即将出版）。

4.风险和公众接受度问题

与能源政策、公众接受度和许可相关的风险使运行价格信号能否促成充足的投资变得不确定（详见 Baritaud，2012）。此外，基于短期运行价格信号的市场（其中可能会波动的化石燃料价格是重大因素）可能是具有挑战性的，尤其是对于前期成本相对高、短期成本相对低的技术，而大多数低碳技术都具有这样的特征。就化石燃料价格风险而言，化石燃料发电选项主要暴露于相应的燃料价格和碳排放风险，即天然气和煤炭的相关燃料和排放成本。因此，化石燃料发电机组在一定程度上受益于对化石燃料价格的天然对冲（Baritaud，2012）。

能源系统脱碳伴随着整个系统资本强度的增加（IEA，2012），导致短期成本低的技术部署增加。但短期成本低的发电机组并不受益于对化石燃料价格的天然对冲。由于电力市场价格会随化石燃料价格的变化而波动，这些发电机组的收入会经历化石燃料价格的波动。这使低碳发电机组暴露于化石燃料和/或排放价格低的风险。风险尤其与低碳发电机组相关，因为前期资本投资是沉没的。这对市场设计提出了更重要和复杂的课题，这些不在本章讨论范围内。

8.5　讨论

实现大量波动性可再生能源具有成本效益的并网，意味着要对电力系统进行更根本的转型。这样的转型需要从整个系统角度来实施，以使系统总成本降至最低。

在实行这样的转型方面，不同的国家情况不同。虽然稳定电力系统在过渡阶段可利用现有资产以具有成本效益的方式提供灵活性，但在有充足发电容量的系统中快速接入波动性可再生能源可能会使现有发电企业承受巨大的经济压力，这反过来可带来特别的挑战。电力行业更动态变化的系统无法像稳定系统中那样依赖现有资产促进波动性可再生能源的并网。因此，投资于系统灵活性，尤其是灵活发电厂以补充波动性可再生能源发电，往往甚至在初期就是个重点问题。在这种情况下，不需要像稳定系统中那样缩小现有行业的规模，相关挑战可能会更小。

成功实施这一转型可有许多不同的选择。第一步也是最重要的一步，是调节运行程序，以在供给侧存在高度波动性和不确定性的情况下以具有成本效益的方式管理系统。并网挑战有不同的方面，要求有一系列不同的解决方案。在这种背景下电网基础设施尤其重要，因为电网基础设施是目前唯一能以具有成本效益的方式弥合供求地理区域不匹配的选项。此外，尤其是风电，电网基础设施带来巨大的时间平滑效益，有助于匹配供求的时间。

灵活发电是一种获取方便、具有成本效益的灵活性选项。然而，虽然技术上可能，但只在有限时间运行成本高的资产通常不具有成本效益。经济上灵活的发电厂是那些作为峰荷和中等灵活发电厂运行时具有成本效益的发电厂。这些发电厂在频繁启停和快速大幅改变发电量的情况下不会产生巨大的成本。水库水电厂在这方面常常是非常有利的选项。虽然灵活发电是关键的——尤其对于满足波动性可再生能源发电量低时段的需求——但一旦净负荷为负，灵活发电对于避免弃风、弃光可能做不了什么，这是这种灵活性选项在波动性可再生能源占比高时最大的局限。

通过热电联产和储热实现发电和产热的耦合，可为应对波动性可再生能源结构性过剩和短缺做出重要贡献。在对制冷（空调）有巨大需求的地方，使用冷藏可应用同样的原理。

需求侧集成——尤其是通过分布式蓄热实现的——是一种具有成本效益的选项，不仅能在短时间波动性可再生能源发电量低的时候降低需求，也能在波动性可再生能源发电量高或电力需求低的时候吸收多余的电量。虽然需求侧集成的案例在增加，结果也往往非常乐观，但其潜在贡献仍存在一定程度的不确定性。无论如何，要实现小用户需求侧集成需要必要的通信基础设施和市场代理以聚合这些能力。这可能需要时间，应尽早开始实施需求侧集成，以确保其未来能够做出贡献。需求侧集成可能会具有很高的成本效益——本书进行的建模研究就证实了这一点，因此应优先考虑这一选项，尽管关于其全部潜力仍存在不确定性。

电力储存选项目前只在特定情况下才具有成本效益，一般而言其成本效益要低于其他解决方案。将电力输送到另一地点的成本仍要比将电力储存起来用于之后使用低得多。但在条件有利的情况下，现有技术——尤其是抽水蓄能——可以是具备成本效益的。这通常通过将储能应用带来的多重效益整合来实现。其做法包括能源价格套利、系统服务和避免或推迟电网投资。获取廉价、分布式电力储存仍然可能成为波动性可再生能源并网的阶跃变化。

就市场设计而言，在含高比例波动性可再生能源的情况下，现有设计原则仍然有效。需要即使在短缺时段也能为电力和系统服务充分定价的设计良好的电力市场来鼓励充足的投资。但在波动性可再生能源占比高的情况下，相关运行约束会更加多样化。除在发电容量短缺时段获得充足容量和运行备用电量外，高比例波动性可再生能源可能也会使其他能力更有价值，包括快速调节、关小、快速启动和惯性响应。这些能力使交易能更接近实时，交易间隔短，因此很多在"常规"电力市场中已经得到报酬。可对其他系统服务市场进行设计，尤其是与运行备用电量相关的市场，以促进两个市场同时交易，这使得一个市场中的价格可驱动另一个市场中的价格，由此更好地反映实际的价值。

正如前文所述，与电力类似，灵活性服务的市场价值在过渡期间可能会降低。低电价提出了过渡阶段容量充足性的问题。灵活性价格低——即使有专门的市场——可能会引发关于未来灵活性水平是否充足的担忧。当前提出了建立容量市场的类似观点，也可考虑其他长期灵活性市场。但第一步应是优化现有的短期市场以建立合适的价格信号，之后再实施更重大的长期干预。

参考文献

Agora Energiewende (2013), Kostenoptimaler Ausbau der Erneuerbaren Energien in Deutschland (Cost-optimal Deployment of Renewable Energy in Germany), Agora Energiewende, Berlin, www.agora-energiewende.de/fileadmin/downloads/presse/Pk_Optimierungsstudie/Agora_Studie_Kostenoptimaler_Ausbau_der_EE_Web_optimiert.pdf.

Baritaud, M. (2012), *Securing Power During the Transition*, IEA Insight Paper, OECD/IEA, Paris.

Baritaud, M. and D. Volk (2013), *Seamless Power Markets*, IEA Insight Paper, OECD/IEA, Paris.

Batlle, C. and I.J. Pérez-Arriaga (2008), "Design Criteria for Implementing a Capacity Mechanism in Deregulated Electricity Markets", *Utilities Policy*, Vol. 16, No. 3, Elsevier, Amsterdam, pp. 184−193.

CAISO (California Independent System Operator) (2012), *Flexible Ramping Products — Draft Final Proposal*, CAISO, Folsom, California, www.caiso.com/Documents/DraftFinalProposal-FlexibleRampingProduct.pdf.

CER (Commission for Energy Regulation) and Utility Regulator (2013), *Single Electricity Market, DS3 System Services*, Consultation Paper SEM-13-060, CER and Utility Regulator, Dublin and Belfast, www.allislandproject.org/GetAttachment.aspx?id=7ddb3f7a-a84f-488e-91b4-87e03ac37e71.

Cramton, P. and A. Ockenfels (2011), "Economics and design of capacity markets for the power sector", www.cramton.umd.edu/papers2010−2014/cramton-ockenfels-economics-and-design-of-capacitymarkets.pdf.

Cramton, P. and S. Stoft (2005), "A capacity market that makes sense", *The Electricity Journal*, Vol.18, No. 70, Elsevier, Amsterdam, pp. 43−54.

EASE (European Association of Storage for Energy)/EERA (European Energy Research Alliance) (2013), *Recommendations for a European Energy Storage Technology Development Roadmap towards 2030*, EASE/EERA, www.ease-storage.eu/launch-ease-eera-energy-storage-technology−development-roadmap-towards-2030-new.html.

EirGrid (2010), *All Island TSO Facilitation of Renewables Studies*, EirGrid, Dublin, www.eirgrid.com/media/FacilitationRenewablesFinalStudyReport.pdf.

EirGrid SONI (System Operator Northern Ireland) (2012), *DS3: System Services Consultation — New Products and Contractual Arrangements*, EirGrid SONI, Dublin, www.eirgrid.com/media/System_Services_Consultation_Products.pdf.

GE Energy (2010), *Western Wind and Solar Integration Study*, NREL (National Renewable Energy Laboratory) Subcontract Report SR-550-47434.

Glen Dimplex (2013), Background material for a meeting at the IEA (International Energy Agency) Secretariat on 10 June 2013.

Gottstein, M. and S.A Skillings (2012), "Beyond Capacity Markets: Delivering Capability Resources to Europe's Decarbonised Power System", 9th International Conference on the European Energy Market, Florence.

Hogan, W.W. (2005), On an "Energy Only" *Electricity Market Design for Resource Adequacy*, Center for Business and Government, Harvard University, Cambridge, MA, www.hks.harvard.edu/fs/whogan/Hogan_Energy_Only_092305.pdf.

Hogan, M. and M. Gottstein (2012), What Lies *"Beyond Capacity Markets"? Delivering Least-Cost Reliability Under the New Resource Paradigm*, The Regulatory Assistance Project, Brussels, www.raponline.org/document/download/id/6041.

Hogan, W. (2013), "Electricity Scarcity Pricing Through Operating Reserves", draft paper, www.hks.harvard.edu/fs/whogan/Hogan_ORDC_042913.pdf.

IEA (International Energy Agency) (2007), Tackling Investment Challenges in Power Generation in IEA Countries, OECD/IEA, Paris, www.iea.org/textbase/nppdf/free/2007/tackling_investment.pdf.

IEA (2008), *Empowering Variable Renewables: Options for Flexible Electricity Systems*, OECD/IEA, Paris.

IEA (2011a), *Solar Energy Perspectives*, OECD/IEA, Paris.

IEA (2011b), *Deploying Renewables 2011: Best and Future Policy Practice*, OECD/IEA, Paris.

IEA (2012), *Hydropower Technology Roadmap*, OECD/IEA, Paris.

Joskow, P. L. (2007), "Competitive Electricity Markets and Investment in New Generating Capacity," in Dieter Helm (ed.), *The New Energy Paradigm*, Oxford University Press, Oxford.

Mueller, S., H. Chandler and E. Patriarca (forthcoming), *Grid Integration of Variable Renewables —Case Studies of Wholesale Electricity Market Design*, OECD/IEA, Paris

NEA (Nuclear Energy Agency) (2012), *Nuclear Energy and Renewables: System Effects in Low-Carbon Electricity Systems*, OECD/NEA, Paris.

Newell, S. et al. (2012), *ERCOT Investment Incentives and Resource Adequacy*, prepared for ERCOT (Electric Reliability Council of Texas), Brattle Group Inc., Cambridge, MA, www.hks.harvard.edu/hepg/Papers/2012/Brattle%20ERCOT%20Resource%20Adequacy%20Review%20-%202012-06-01.pdf.

NREL (National Renewable Energy Laboratory) (2013), Renewable Electricity Futures Study Volume 1:Exploration of High-Penetration Renewable Electricity Futures, NREL, Golden, CO, www.nrel.gov/docs/fy12osti/52409-1.pdf, www.nrel.gov/docs/fy12osti/52409-1.pdf.

Philibert, C. (2011), *Interactions of Policies for Renewable Energy and Climate*, IEA Working Paper, OECD/IEA, Paris.

Pöyry (2011), *The Challenges of Intermittency in North West European Power Markets*, Pöyry, www.poyry.com/sites/default/files/imce/files/intermittency_march_2011_-_energy.pdf.

RETD (Renewable Energy Technology Deployment) (2013), *RES-E Next Generation of RES-E Policy Instruments*, RETD, http://iea-retd.org/wp-content/uploads/2013/07/RES-E-NEXT_IEA-RETD_2013.pdf, accessed 28 August 2013.

Schaber K. et al. (2012), "Parametric study of variable renewable energy integration in Europe:Advantages and costs of transmission grid extensions", *Energy Policy*, Vol. 42, Elsevier, Amsterdam, pp. 498–508.

Schaber, K., F.M. Steinke and T. Hamacher (2013), "Managing Temporary Oversupply from Renewables Efficiently: Electricity Storage Versus Energy Sector Coupling in Germany", Paper for the 2013 International Energy Workshop, www.floriansteinke. net / papers / Schaber% 20Steinke% 20Hamacher% 20 2013%20IEW% 20paper.pdf.

Schweppe, F. et al. (1988), *Spot Pricing of Electricity*, Kluwer Academic Publishers, Boston, MA.

Sioshansi, Fereidoon P. (2013), *Evolution of Global Electricity Markets: New Paradigms, New Challenges, New Approaches*, Elsevier / Academic Press, Amsterdam.

Volk, D. (2013), *Electricity Networks: Infrastructure and Operations*, IEA Insight Paper, OECD/IEA, Paris.

第9章

结论与建议

前面章节针对将大量风电和太阳能光伏（PV）发电量接入电力系统的相关挑战与机遇进行了全面分析。以下结论与建议建立在前面分析的基础上，分四个主要领域。本章最后对未来工作进行展望。

9.1 目前的经验和技术挑战

9.1.1 在风电和太阳能光伏部署初期技术不是并网的一个相关约束

在年发电量中占比为 5%~10% 时，只要按成熟的最佳实践实行，风电和太阳能光伏并网不可能成为一个重大挑战，这主要是由于电力系统经常要应对电力需求的波动性和不确定性；这在每一个电力系统中都是经常要遇到的情况。但需对现有知识进行调整以促进波动性可再生能源（VRE）并网。只要在系统运行中考虑波动性可再生能源发电，有效运用预测，在波动性可再生能源占比低时，额外的波动性和不确定性不会产生很大影响。达到多大占比波动性可再生能源的影响会变得相关，取决于波动性可再生能源的特点，也取决于其他系统要素。使用国际能源署（IEA）修订后的灵活性评估工具（FAST2）对案例研究地区进行的技术评估强化了这一研究发现。

9.1.2 建议

• 在运行电力系统时应考虑风电和太阳能光伏发电。通过使用成熟的预测技术及将运行决定转向更接近实时以更好地适应波动性和不确定性，这一点是可以做到的。

- 需对波动性可再生能源发电进行实时监测（这对短期预测准确性是关键），系统运营商需要有足够的能力在关键运行状况下减少波动性可再生能源发电量。

- 波动性可再生能源发电机组需要配备有支持电力系统安全运行的技术能力，[①]这需与电力系统其他部分的能力及设想的波动性可再生能源未来的角色相称。

- 需对新波动性可再生能源发电厂应用的地理模式进行监控，在必要情况下对部署进行控制，以防止出现不希望看到的局地"热点"。

目前可观察到两种频繁出现的运行挑战：低电力需求与高波动性可再生能源发电量相结合的情况，和高波动性可再生能源输入时的电网阻塞。

当波动性可再生能源占比超过年电力需求5%~10%时，在电力需求低和波动性可再生能源发电量高的情况下，可能不太需要其他发电量。然而，出于诸多原因，系统中可能仍需保留其他发电量，原因如下：

- 在这些时段，波动性可再生能源可能无法和/或不被允许提供充足的系统服务（包括运行备用电量）。

- 需要发电厂应对净负荷随后可能由于电力需求再次上升和/或波动性可再生能源发电量下降的意外电力需求。

- 技术或监管约束（如循环核电厂）可能会阻碍其他发电厂进一步降低发电量。

类似地，电网有时候可能无法将所有可用的波动性可再生能源输送到有电力需求的地方。这可能是受运行程序和技术约束的阻碍。

---

① 先进的风能和太阳能光伏发电系统可提供广泛的、越来越多的此类服务。根据具体系统进行的技术性评估可在电力系统部署波动性可再生能源可能的最早阶段确定什么容量水平是可取的。所需容量的水平将取决于电力系统其他组成部分的技术属性和波动性可再生能源在电力系统中的长期目标。

9.1.3 建议

● 制定措施允许常规发电在波动性可再生能源发电量高、负荷低的时段尽可能减少发电量，如通过改进系统服务市场促进波动性可再生能源提供系统服务。

● 鼓励电力行业与供热和制冷行业融合以实现对多余发电量具有成本效益的利用。

● 制定运行协议，有效利用稀缺的电网容量，包括与地点相关的定价和改进电力市场的整合。

9.2 波动性可再生能源并网的经济性

计算不同类型并网成本的方法存在方法学方面的缺陷。对波动性可再生能源成本效益的理想评估是基于其对系统总成本的影响。

第一，此前计算并网成本的方法通常分别计算电网、充足性和平衡成本，然后加在一起。之所以经常分开计算，是因为现有电力系统模型一次只能捕捉到某些影响组，即模型可能是专门用于评估电网影响、平衡影响或充足性影响。但这些类别实际上并不是彼此独立的。例如，电网基础设施投资的增加可能有助于在系统层面平滑波动性可再生能源的波动性，由此降低平衡影响和充足性影响。在将这些成本加总时要谨慎，尤其是在这些成本是用不同方法计算出来的情况下。此外，将不同类别孤立开来，远不能确定确实捕捉到了所有经济上相关的影响。

第二，接入波动性可再生能源的主要运行效应是有益的，如可节省燃料和减排。就其本身而言，一些并网成本只是整体运行影响的一小部分，很难将其准确提取出来。

第三，并网成本并不是接入风电或太阳能光伏发电特有的。接入其他任何发电技术都可能给电力系统其他部分带来成本。发电技术在很多方面都存在差异，在实践中，往往是将技术组合起来才能将系统总成本降至最低。因此，采用将所有技术视为等同的一般并网成本方法学，面临"将苹果与梨做比较"的问题。

根据波动性可再生能源对系统总成本的影响对波动性可再生能源进行评估，在概念上更简单，在大多数情况下也更有用。将波动性可再生能源接入电力系统会在系统其他部分触发许多效应。一些将是积极的（导致成本降低），另一些将是消极的（导致成本增加）。波动性可再生能源的系统价值可通过计算波动性可再生能源给系统其余部分带来的净效益确定。如果波动性可再生能源的系统价值大于其发电成本，波动性可再生能源的部署就具有成本效益。

重要的是任何系统价值的计算都要考虑电力系统可能的调整。短期系统价值低，反映出波动性可再生能源和现有系统组成部分之间匹配不佳，因此既要归因于波动性可再生能源，也要归因于现有系统的组成部分。在长期转型能源系统中，波动性可再生能源的系统价值会更高。在评估波动性可再生能源对长期能源系统规划的成本效益时，长期系统价值是一个更有用的指标。

建议

• 避免并网成本计算的方法学缺陷，根据波动性可再生能源在系统层面的整体成本效益对其进行评估。

• 开发能对发电、电网、储能和需求侧响应基础设施最优投资联合建模的模拟工具，同时考虑波动性可再生能源占比高情况下的特定运行条件。

9.3 系统转型策略

波动性带来三个持续的挑战。这些挑战与平衡效应、利用效应和电网相关影响有关。这三者在经济上都是相关的，需要一起解决。

在足够高的占比水平下，波动性可再生能源的波动性和不确定性有两个不同的影响。对于系统运行而言，平衡效应是最重要的。平衡效应捕捉了在几分钟到几小时的时间尺度内净负荷出现更明显、更频繁和更难预测的波动事实。运行实践和灵活资源需能可靠地、具有成本效益地应对这些波动。

在投资时间尺度上，平衡效应也是相关的，可推动对能在短期波动性和不确定性更高的情况下运行的资产进行的投资。然而，净负荷波动性增加也会影响能源系统中帮助平衡波动性资产的利用。这种利用的变化称为利用效应。

当电力系统中波动性可再生能源占比高时，增加电网容量很可能是经济的。由波动性可再生能源部署增加导致的电网相关成本与具体系统相关，成本分摊实践需认识到电网容量增加的所有受益方。即使在波动性可再生能源占比高的情况下，电网相关成本可能对系统总成本贡献很小，但其影响可以很大，特别是需要将偏远尤其是海上资源接入电网时。

实现大量波动性可再生能源具有成本效益的并网需要以有计划、协调的方式转变整个能源系统。

本研究进行的详细建模分析突出了以具有成本效益的方式实现占年电力供应45%的波动性可再生能源并网的许多重要因素。

首先，促进波动性可再生能源并网的措施显现出广泛的效益。例如，研究发现需求侧响应能力的增加减少了对投资昂贵的峰荷发电的需求，增加了对更具成本效益的发电厂的利用，也减少了弃风、弃光。类似地，输电容量的增加在模拟中不仅促进更高比例的风电和太阳能光伏发电，也有助于将常规发电成本降至最低。这是因为输电使可以接入更具成本效益但位置更远的发电厂，通过需求聚合使所需的峰值容量降至最低。总之，灵活性选项的全系统效益在波动性可再生能源占比高时可能特别大，但其增加成本效益的路径很多，且最重要的是可在全系统范围内进行。

其次，在波动性可再生能源渗透率高的情况下，系统总成本根据系统整体适应的情况显现出很大差异。可再生能源系统投资模型（IMRES）的旧情景假设在"一夜之间"将波动性可再生能源接入系统。当波动性可再生能源渗透率为45%时，系统总成本增加了33美元/兆瓦时的需求。该数据包括了波动性可再生能源本身的成本。在转型情景下，系统在含波动性可再生能源的情况下重新优化。发电厂结构从不灵活的基荷技术转向更灵活的中等灵活和峰荷发电。当将这种调整与需求侧响应（分布式蓄热）的部署相结合时，假设额外电网成本更低，波动性可再生能源占比为45%

的情况下系统成本仅增加11美元/兆瓦时。在这个例子中，系统转型使达到45%的波动性可再生能源占比的成本降低了大约2/3。如果风电和太阳能光伏发电组合的均化能源成本降低30%~40%，电网成本从大约90美元/兆瓦时降至63~55美元/兆瓦时之间，剩下11美元/兆瓦时的成本增加可降至0。报告的数据存在很大程度的不确定性，数值与具体系统有很大关系。但一般结论是肯定的：实现系统整体转型是关键。

建议

• 将大规模波动性可再生能源并网视为全系统任务，需对能源系统进行更彻底的转型以实现成本效益。

• 部署灵活性选项以优化整个系统，而不单单侧重于波动性可再生能源并网。

• 基于长期系统成本评估波动性可再生能源的成本效益，并考虑在长期能将系统总成本降至最低的所有可用选项。

改进市场和系统运行是提高系统效率的低成本无悔选择，但可能面临制度障碍。

改进系统和市场运行是无悔选择。不管是否有波动性可再生能源并网，这几乎都是具有成本效益的。但在波动性可再生能源渗透率提高时优化系统运行效益会增加。无论在何时何地部署了风电和太阳能光伏发电，都应考虑在包含波动性可再生能源的情况下优化系统运行。除系统运营商利用的协议和程序之外，市场设计需促进电力系统的有效运行。

然而，这类做法的实施可能面临巨大的制度阻力，因为这可能对系统运行方式的长期传统构成挑战。此外，可能需要不同主体间的合作（如不同的系统运营商），而这些不同主体间没有现成的在规划方面或实时地进行互动的平台。最后，不熟悉波动性可再生能源系统和市场运行的最新进展可能对实施最佳实践构成障碍。

建议

• 应增加供求实时平衡的地理区域（平衡区域）和实现相邻平衡区域合作的最大化。

• 系统运行目前往往较电力实物交割提前数小时进行，应转向实时，以有效应对系统波动性，尤其应缩短安排计划表的时间和调度间隔。

●在所分析的大多数国家中，目前计算系统服务的程序与最佳实践相去甚远。此外，大多数系统服务市场缺少透明度和竞争。在清晰的市场产品定义和所有可用灵活性资源（如互联、需求侧集成）的市场融合方面也可有所改进。

●市场出清应根据系统约束和系统总成本优化波动性可再生能源发电和可调度发电，应促进波动性可再生能源参与辅助服务市场。

正确地给灵活性估值和优化系统运行可能需要改变市场设计。

市场设计需将新的技术运行模式转变为短期价格信号，尤其是在短缺条件下。这要求为灵活性的供应确立价格信号。在无法实现合理短期价格信号的地方，可能会需要长期价格信号，以确保及时、充足的投资。

建议

●基于全面的技术研究，评估哪些新的灵活性服务在波动性可再生能源占比高的情况下可能会变得相关。

○改革系统服务市场，尤其是运行备用电量市场，以确保以下几点：所有相关类型的系统服务都得到报酬，运行备用电量在波动性可再生能源占比高时是稳健的。这可能要求对新的灵活性产品进行定义，如用于应对系统惯性降低的快速频率响应和用于应对净负荷波动性增加的调节备用电量。

○系统服务的提供要尽可能市场化，将各发电厂和系统运营商之间不透明的双边合约的需要降至最低。

○尽可能将系统服务市场上的交易时间与批发电力市场上的交易对接或整合。

波动性可再生能源发电厂可为自身并网做贡献，但需要有激励。

对并网的一般看法是将风电和太阳能光伏发电机组视为"问题"。解决方案需来自电力系统其他部分。鉴于近期波动性可再生能源发电方面的技术进步和并网的要求，这种观点不再是准确的。波动性可再生能源可为自身并网做贡献——且需要这样做从而以具有成本效益的方式实现并网。

然而，重要的是要使波动性可再生能源发电机组暴露于合适的经济信号以促进系统友好型设计（提供系统服务）、部署（时间和地点）和运行（优化发电时间）。

建议

• 使波动性可再生能源的接入与系统整体发展相一致，反之亦然。

• 拍卖机制可提供一种有吸引力的解决方案，以有竞争力的价格引导总体部署量；拍卖可与市场溢价模式相结合。

• 找出大规模风电和太阳能项目优先开发区可有助于引导部署的地点。此外，在市场价格中包含地点信号可有助于更有效地选址。

• 逐渐增加波动性可再生能源发电机组对短期价格信号的敞口，如发电时间分时定价或精心设计的不平衡收费。这可鼓励波动性可再生能源发电厂运行和设计更以系统为导向。市场溢价模式就是向这个方向迈出的一步。

• 设计波动性可再生能源发电厂的并网费，考虑偶尔弃风、弃光避免电网投资成本而可能带来的系统成本节省。

• 消除阻碍波动性可再生能源发电厂参与系统服务市场的不必要市场壁垒。

• 要求波动性可再生能源发电厂有充足的技术能力水平，以在有高比例波动性可再生能源的情况下确保系统可靠运行。但技术要求应认识到不同发电技术的优势。

系统转型的挑战与机遇会根据总体投资环境的不同而不同。

电力需求持平且无即将拆除部分基础电力设施系统（稳定系统）与需求增加和/或即将拆除部分基础设施系统（动态系统）面临不同的转型挑战和机遇。

成熟的系统

• 使用FAST2进行的分析表明，对现有基础设施使波动性可再生能源占比达到25%~40%及以上在技术上是可行的，但要以具有成本效益的方式实现这一目标，可能需要在运行方面有重大改造。在这些情况下为提高现有火电厂性能或提高热电联产发电厂的灵活性（电能转热能）而进行的改造可能也是具有成本效益的。

- 在稳定系统中只有在替代现有发电机组的情况下才可能接入其他发电量，现有发电企业将会承受经济压力。就燃料价格而言，中等灵活发电厂可能会最快地被替代，虽然从长期而言，中等灵活发电厂可能与波动性可再生能源更匹配。这是稳定系统在过渡阶段面临的几大挑战之一。

动态的系统

- 显然，动态系统在短期需要额外的投资。这给波动性可再生能源并网带来了双重机会。首先，风电和太阳能光伏发电的部署不一定会替代现有发电机组。其次，对电力系统其他部分的投资可同时考虑波动性可再生能源并网的目标，从而带来"跨越"稳定系统成为灵活电力系统的机会，能具有成本效益地实现更大比例波动性可再生能源的并网。

- 然而，依赖于改变运行的成熟并网策略本身不足以在这种情况下成功实现并网。在这些系统中需要更早做出关于对灵活性选项投资的决定。此外，波动性可再生能源对发电充足性的贡献往往会更重要。

建议

- 根据投资环境对波动性可再生能源并网采用差异化的方法。

- 在稳定系统的环境中，通过优化系统服务市场使现有资产对系统转型的贡献最大化，考虑通过拆除或封存对于系统需求而言多余的不灵活容量加速系统转型。

- 在动态系统中，从一开始就要将系统并网作为一个全面、长期系统规划问题来对待。

应对并网挑战，实现整个能源系统总体系统成本的最小化，需要一套适合具体系统的灵活性选项。

四个灵活性选项（发电、电网基础设施、需求侧集成和储能）中的每一个都以某种方式为波动性可再生能源并网做贡献。但灵活性资源在帮助应对波动性可再生能源属性方面的问题也显示出差异。例如，灵活发电对于应对波动性可再生能源发电量低的时段是关键。但一旦净负荷为负，灵活发电对避免弃风、弃光的贡献是有限的。因此，成功实现波动性可再生能源并网需要有一系列灵活性选项。由于系统环境和波动性可再生能源组合是不同的，因此灵活性选项的适当组合也是不同的。

有很多因素会影响到这一组合的构成，包括地理和其他约束（与相邻地区实现市场一体化的机会、人口密度、地理位置的潜力、燃料可及性和价格）、公众接受度和其他政策目标（包括工业发展政策）。

风电和太阳能光伏发电的相对结构对灵活性选项的选择也是有影响的。由于太阳能光伏发电集中于白天，对于太阳能光伏贡献大的系统而言，允许时间转移的选项可能更具吸引力。含大量风电的系统可能会优先考虑非常大区域内的地理聚合以实现时间上平滑效果的最大化。

建议

• 评估可用的灵活性选项，考虑具体的系统环境和其他政策重点。

• 以多样化的方式部署灵活资源，考虑各灵活性选项的不同情况及其如何为波动性可再生能源并网做贡献。

波动性可再生能源发电的地理聚合能大大促进以具有成本效益的方式达到波动性可再生能源的高占比。实现波动性可再生能源发电的地理聚合需要输电基础设施。

投资于输电基础设施在不同选项中有特殊地位，因为这是唯一能应对地理不匹配的选项。此外，最重要的是，在大区域范围内聚合波动性可再生能源发电量会在缓解时间不匹配方面带来巨大效益。改善电网基础设施也会带来与优化运行、促进交易和增加可靠性相关的广泛效益。因此，电网基础设施可能从一开始就是任何具有成本效益的策略的组成部分。但电网投资有成本，应总是将之与其他选项平衡，包括适当的弃风、弃光。

建议

• 输电线路扩建面临公众反对的地方，初期就要推动积极的利益相关方接触和参与，以使反对降至最低。

• 建立更好的成本分摊机制，以回收新基础设施项目的成本，承认增加输电带来的多重效益。

配电的作用正在从连接负荷的被动单向电网转向更复杂的结构，连接含双向功率流的发电装置。

当初构想配电系统政策和市场框架时是将配电角色定为被动服务于所连接的负荷。随着分布式发电的增加，系统需发挥的作用要重要得多，这在运行和规划程序中尚未反映出来。

建议

• 通过使人们了解分布式波动性可再生能源发电机组长期目标渗透率，改进配电网投资的规划和成本效益。

• 配电网角色的不断变化，可能会对现有制度框架和成本回收计划构成挑战。在自我消费和分布式输电占比不断增加的情况下以创新方式运行和为配电网基础设施提供融资，是保障这一灵活性选项在未来能做出相应贡献的关键。

• 监管也需促进更完善的智能电网基础设施和工具的采纳以监测动态负荷流模式，包括功率流"逆"流至输电层面。

需求侧集成有望提供具有成本效益的灵活性，尽管挖掘其潜力需要时间和努力。

需求侧集成可能是有清晰政策行动的情况下能产生最大效益的灵活性选项。需求侧集成有望以非常具有成本效益的方式实现波动性可再生能源并网。尤其是分布式蓄热和区域供热应用，是提高电力需求灵活性的有吸引力的选项，冷藏也是如此。确保需求侧集成能有公平竞争的环境——尤其是通过使用负荷集成商积极参与能源市场——是无悔选择。虽然需求侧集成的案例在增加，结果也往往很乐观，关于其潜在贡献仍存在一定程度的不确定性。在任何情况下，要实现小用户的需求侧集成，要求建立必要的通信基础设施和市场代理将能力聚合。由于这可能需要时间，应尽早开始需求侧集成的实施以确保其在未来能做出贡献。

建议

• 对最初智能电网基础设施的推出采取合适的成本回收机制，这有助于以具有成本效益的方式克服需求侧集成广泛推行的初期障碍，如智能电表的成本。

• 就智能电器的兼容安全通信标准开展国际合作以加速市场对需求侧集成的利用。

• 确保电力市场的设计允许需求侧集成在具备技术能力的地方提供灵活性服务。支持可将大量分散用户聚合的创新商业模式的发展。

● 促进研究和分析，找出能使用户展现出更动态需求状况的定价机制——或采纳能实现这类变化的技术创新。

可调度发电需要具备技术上的灵活性，在以低容量系数运行时具有成本效益；这一选项对于满足风电和太阳能光伏发电量持续走低时段的需求尤为重要。

灵活发电是一种平衡可再生能源波动性和不确定性的具有成本效益、成熟、方便的选项。发电厂的技术和经济灵活性都是不同的。经济上灵活的发电厂是那些以峰荷和中等灵活发电厂的容量系数运行时具有成本效益的发电厂。这类发电厂在频繁启停及快速和大范围改变发电量的情况下不会产生巨大成本。这尤其不利于资本密集型技术。资本密集型基荷技术即使在一定程度上具有技术灵活性，但从经济角度看是消耗灵活性，而不是提供灵活性。使用化石燃料发电可能会锁定二氧化碳排放。

灵活发电能在净负荷低的时段尽量退出，这很关键。但发电无法帮助避免由于净负荷为负而导致的弃风、弃光。灵活发电——也许可与长期、大规模水能或化学储能相结合——是在波动性可再生能源发电量持续走低时段保障可靠性的关键。

建议

● 可调度发电技术成熟、市场发达，因此，政策应致力于为这些技术建立竞争性的环境并设计良好的市场。

● 认识到波动性可再生能源占比高的情况下可调度发电厂角色的变化。确保价格信号和/或规划框架促进技术上和经济上灵活的发电厂的部署，不鼓励对不灵活容量的投资。

● 避免投资于可能暴露于远低于预期的负荷率的资本密集型发电资产。

抽水蓄能仍然是最具有成本效益的电力储存选项；具有成本效益的小规模蓄电将是波动性可再生能源并网的规则改变者。

电力储存选项目前只在特定环境下才具有成本效益，总成本要比其他解决方案高。将电力输送到不同地点的成本仍要远低于将电力储存起来用于之后使用的成本。但在有利环境中，现有技术——尤其是抽水蓄能——

在经济上可以是有吸引力的。这通常通过将储能应用可带来的多重效益相结合来实现。其方法包括能源价格套利、系统服务和避免或推迟电网投资。获取低成本、分布式的电力储存仍然可能成为波动性可再生能源并网的规则改变者，因为这能促动向结合太阳能光伏的分布式电力系统的更根本转变。

建议

• 找到电网规模电力储存最有希望的技术，为缺少行业研究关注的领域提供研发资金。

• 采用清晰的监管框架，明确哪些储能服务可由分类市场中受监管的输电和配电运营商和/或发电企业来提供。

• 确保电力市场的设计使储能可以在其具备技术能力的地方提供灵活性服务。

9.4　催化转型

在考虑长期市场工具前应先优化短期市场。

对于短期价格信号为何没能刺激充足的投资存在多种观点。但建立中长期机制通常要求大量额外的监管干预，如在中长期（每年或更长时间）容量拍卖中设定所想要的数量。优化短期市场是一种低成本措施和无悔选择。无论是否有波动性可再生能源并网，都可能带来巨大效益，在存在波动性可再生能源的情况下，效益可能更大。

建议

• 全面探索改进短期市场运行的可能选项。

• 只有在实施了所有改进短期市场运行的选项后才应考虑中长期措施。

在含高比例波动性可再生能源的国家中，目前市场价格低和发电厂容量系数低是对供求基本面的反映，这很大程度上是个过渡效应。

一旦建成，风电和太阳能光伏几乎可免费供电。因此，在市场环境中加入波动性可再生能源将会替代成本更高的发电机组，这会降低市场价格。此外，现有发电机组年平均利用小时数减少是额外发电量接入充足系统的一个必然的副作用。这一效应不是只有波动性可再生能源才有的：在没有需求增长和发电厂拆除的情况下，只要加入短期成本低的发电量都会产生这一效应。

一旦整个系统经过更全面的转型，发电结构可能会转向运行容量系数具有成本效益的发电厂。因此，市场价格会恢复。

建议

● 认识到批发价格下降和现有发电机组容量系数降低是无需求增长或基础设施拆除情况下，向任何新发电技术过渡都不可避免会产生的副作用。

● 如果市场价格变得不可持续，考虑加速系统转型的措施，如使排放强度特别高的基荷发电从批发市场中退出，同时如果有系统充足性方面的担忧，要避免这类资产全面拆除。

9.5 未来的工作

本项目过程中出现的很多问题值得进一步分析。第一，动态电力系统的具体环境有待进一步研究，特别是关于在这些系统中以具有成本效益的方式实现富有雄心的波动性可再生能源目标的合适策略。第二，进一步研究实现系统友好型波动性可再生能源部署的选项和进一步分析系统友好型波动性可再生能源支持政策的具体设计。第三，虽然分析显示短期市场有很大改进空间，仍存在如何使市场设计与长期脱碳相一致的更根本问题。一方面，波动性可再生能源发电机组需暴露反映电力不同价值（根据发电时间和地点）的价格信号，以促进系统并网。另一方面，波动性可再生能源需要资本密集型技术，因此，对投资风险高度敏感，这种风险会因短期价格暴露而增加。找到合适的市场设计需要在这两个目标之间取得微妙的平衡。

附件

附件 A 均化灵活性成本方法学

A.1 简介和一般方法

本附件目的是简要描述用于均化灵活性成本（LCOF）评估的方法学和主要假设。

均化灵活性成本是均化能源成本的一个简化指标。提供了对更灵活地生产或消费 1 兆瓦时(MWh)电相关额外成本的估计（图 A-1）。例如，就储能而言，均化灵活性成本提供了在给定的某种储能运行机制下储存 1 兆瓦时电用于之后消费的成本估计。像在标准的均化能源成本评估中一样，成本和能源流都已贴现，以对成本结构和寿命周期不同的项目进行比较。

均化灵活性成本提供了可用于比较不同类型系统和灵活性服务成本的单一简化指标。不同灵活性选项可为系统运行和投资带来的效益也可能不同。这没有反映在均化灵活性成本这种方法中，但在对不同灵活性选项进行全面比较时需考虑在内。

下面介绍了四种灵活资源均化灵活性成本计算的具体方法和假设。

A.1.1 电网基础设施

对于输电线和配电网，两者的均化灵活性成本的计算是不同的。

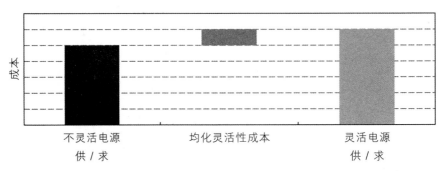

图 A-1　均化灵活性成本方法说明

要点　均化灵活性成本代表更灵活地供应或消费电力的每兆瓦时额外成本。

1. 输电线

输电线的均化灵活性成本代表使用一条输电线输送 1 兆瓦时电力经过给定距离的成本，包含相关损失。考虑了各种输电技术，即交流高架线路（AC OHL）、直流高架线路（DC OHL）和直流电缆。

分析了敏感度以考虑不同线路长度（详见表 A-1）和利用率（每年6 000、4 500 和 3 000 满负荷小时数）。当输电线专门用于波动性可再生能源发电量时，对利用率的敏感度尤其重要。波动性可再生能源的容量系数一般低于 3 000 满负荷小时数。

表 A-1　　　　　　　　　　　输电线的均化灵活性成本的主要假设

		交流高架线路	直流高架线路	直流电缆
寿命周期	年	40	40	40
CAPEX，线路	千美元/公里/兆瓦	1.4	0.9	1.8
CAPEX，电站	千美元	60 000	250 000	250 000
年运营&维护	占资本开支的%	1.3	1.5	1.5
由线路长度造成的损失*	%	5	3	3
能源损失的美元价值	美元/兆瓦时	40	40	40
贴现率	%	7	7	7
敏感度				
长度	公里	50~250	500~1 000	50~1 000
满负荷小时数——利用率	小时	3 000~6 000	3 000~6 000	3 000~6 000

注：CAPEX=资本开支

*报告每 500 公里的价值，假设损失随线路长度呈线性变化。

2.配电网

配电网的均化灵活性成本表示新建配电系统连接一定量分布式太阳能光伏发电将其发电量输入输电网的额外成本。灵活性成本应视为与传统配电网[①]的成本相比，建设和运营一个"能够使用太阳能光伏的"配电基础设施的额外成本。均化灵活性成本以美元/兆瓦时年太阳能光伏发电量表示。

分析考虑了一个为2万户家庭服务的简单电网，每户家庭使用同样大小的太阳能光伏系统。分析了与分布式太阳能光伏电厂平均规模和中压（MV）配电线长度相关的不同假设。

配电网大小的确定采用自下而上的方法。在无太阳能光伏发电参考的情景下，配电系统低压部分的大小根据估计系统高峰负荷的经验法则确定，给每户家庭分配2千瓦的高峰需求（dena，2012），即使每户家庭实际高峰负荷可能达到大约4.5千瓦（高峰负荷的聚合效应）。安装了中压/低压（MV/LV）变压器，假设200户家庭连到同一变压器上（每个中压/低压变压器容量为400千瓦）。中压线路和高压/中压（HV/MV）线路变压器的大小根据下游部分高峰消费之和确定（其他细节见表A-2）。

在包含分布式太阳能光伏发电的情景中，整个系统大小根据能将85%的太阳能光伏高峰发电量输送到输电层面确定。所有分布式电厂的发电高峰是同时的，高峰时无本地消费。因此，引入太阳能光伏后，与无太阳能光伏的情况相比，中压/低压变压器、中压配电线路和高压/中压变压器需有更大的规格。本分析假设高压线和低压线规格仍保持不变，这在一些情况下可能会低估成本影响。

成本的假设基于国际能源署分析、与运营商的讨论及主要行业出版物（dena，2012）。

---

① 假设传统配电网大小根据仅将电力从输电系统配送给用户来确定。

表 A-2   配电网的均化灵活性成本的主要假设

		参考情景 无太阳能 光伏	情景 A 太阳能光伏 2.5 千瓦	情景 B 太阳能光伏 3.25 千瓦	情景 C 太阳能光伏 4.0 千瓦
连接的户数	数量	20 000	20 000	20 000	20 000
家庭高峰需求	千瓦	4.5	4.5	4.5	4.5
太阳能光伏装置	数量	不详	20 000	20 000	20 000
太阳能光伏电厂平均每户大小	兆瓦	不详	2.50	3.25	4.00
年太阳能光伏发电量	兆瓦时	不详	50 000	65 000	80 000
高压/中压变压器规格	兆瓦	40	43	55	68
资本成本，高压/中压变压器	千美元	3 850	3 900	4 250	4 550
高压/中压变压器数量	数量	1	1	1	1
中压线路长度*	千米	250	250	250	250
中压线资本成本	千美元/千米	84	85	93	98
中压/低压变压器规格	千瓦	400	425	550	675
资本成本，中压/低压变压器	千美元	50	52	61	70
中压/低压变压器数量	数量	100	100	100	100
低压线路长度	千米	500	500	500	500
资本成本低压线	千美元/千米	55	55	55	55
年运营及维护成本	占资本开支的%	2.7	2.7	2.7	2.7
总能源损失	%	10	10	10	10
能源损失的价值	美元/兆瓦时	40	40	40	40
贴现率	%	7	7	7	7

*敏感度分析考虑了中压线路的不同长度（150千米和350千米）。

A.1.2 可调度发电

第2章强调了波动性可再生能源部署对可调度发电的主要影响。总的来说，在单个发电厂层面，影响可概括为增加启停次数，可能使容量系数降低。比较使用了采用参考容量系数和启停机制的基线情景。灵活性情景可假设容量系数降低、启停次数增加或两者相结合（详见表A-3）。均化灵活性成本捕捉了基线情景和灵活性情景每兆瓦时发电成本的差异。

表A-3　　　　　　　　可调度发电均化灵活性成本的主要假设

		内燃机联合循环	CCGT 灵活	CCGT 不灵活	煤炭 灵活	煤炭 不灵活	核能
参考情景的假设							
满负荷小时数	小时	3 500	4 500	4 500	6 000	7 000	7 500
循环	启动次数/年	20	20	20	1	1	1
启动成本	美元/兆瓦/启动	20	50	120	100	250	1 000
寿命周期	年	20	25	25	30	30	40
效率	百分比	50	55	55	45	37	35
资本开支	千美元/兆瓦	700	800	800	1 600	1 600	6 000
单位机组燃料成本	美元/MMBtu	8	8	8	3	3	0
CO_2成本	美元/公吨	30	30	30	30	30	30
贴现率	%	7	7	7	7	7	7
满负荷小时数减少、循环增加的假设							
满负荷小时数减少	满负荷小时数没有减少的%	0	0	0	0	0	0
	满负荷小时数中度减少的%	−10.0	−10.0	−10.0	−10.0	−10.0	−10.0
	满负荷小时数大幅减少的%	−20.0	−20.0	−20.0	−20.0	−20.0	−20.0
循环	低启动次数/年	50	50	50	50	50	20
	中启动次数/年	100	100	100	100	100	40
	高启动次数/年	200	200	200	200	200	60

A.1.3　储能

储能的均化灵活性成本代表建设和运行一台储能设备的成本，用每兆瓦时回收电量表示。分析考虑了不同的技术、利用模式和能源容量比。均化灵活性成本包括电力损失的成本（价格为40美元/兆瓦时），但不包括发电的原始成本。

均化灵活性成本评估中的敏感度是基于储能设备在生命周期中每年会用于183（或365或730）个完整循环的假设（表A-4）。分析了3种不同的储能规格（以兆瓦时表示）：以额定发电容量（以兆瓦表示）不间断供电2小时、4小时或8小时，即假设放电时间为2小时、4小时或8小时。分析的技术有抽水蓄能（PHS）、压缩空气储能（CAES）和锂离子电池。

表A-4　　　　　　　　　　储能均化灵活性成本的主要假设

		抽水蓄能改造	抽水蓄能新建	压缩空气储能	锂离子电池
每年循环次数——参考情景	循环期次数/年	365	365	365	365
放电时间——参考情景	小时	4	4	4	4
效率——完整循环	百分比	80%	80%	60%	85%
寿命周期	年	40	40	35	7-15*
容量资本开支	美元/千瓦	500	1 000	1 000	1 500
能源资本开支	美元/千瓦时	0	50	50	500
年运营及维护成本	占资本开支的%	1.0%	1.0%	1.5%	1.2%
能源损失的价值	美元/兆瓦时	40	40	40	40
贴现率	百分比	7%	7%	7%	7%
敏感度					
每年周期数	高循环次数/年	730	730	730	730
	低循环次数/年	183	183	183	183
放电时间	低，小时	2	2	2	2
	高，小时	8	8	8	8

*锂离子电池的寿命周期，根据循环周期的假设，介于7年（每年730个循环）与15年（每年183个循环）之间。

A.1.4 需求侧集成

分析了两个需求侧集成（DSI）流程：

- 通过家用/商用热水器实现负荷转移，小型需求侧集成应用的例子。
- 炼铝厂甩负荷，大型需求侧集成应用的例子。

对于小型需求侧集成，均化灵活性成本是指通过转移每日电力消费的时间实现分布式蓄热设备智能运行的额外成本。[①]这通过安装小型热水储存设备和合适的控制设备实现，包括先进的电表。这一流程在热水器和相关设备整个寿命周期中（大约15年）每年重复365次。流程效率假设为95%（敏感度分析假设效率为50%和100%）。假设储能、控制设备和智能电表的资本开支在50美元/千瓦至500美元/千瓦额定设备容量之间，100美元/千瓦代表基线情景。这表示标准热水器需求侧集成设备的额外成本。有意将分析的资本成本区间设得很广，评估旨在捕捉需求侧集成设备对不同规模应用的成本影响。例如，一个智能电表（如200美元）和智能驱动设备的成本（如50美元）对于一个4.5千瓦的大型家用热水器相当于大约60美元/千瓦，但对于一个小型热水器（2.0千瓦）相当于超过125美元/千瓦。均化灵活性成本包括能源损失，价格为40美元/兆瓦时。

对大规模需求侧集成应用的均化灵活性成本评估，选取了一个工业流程（London Economics，2013）：一个炼铝厂的甩负荷。在这种情况下需求侧集成控制设备的资本成本与可变成本相比几乎可忽略不计，灵活性成本可用失负荷价值表示。这实际上是基于没有生产出来的铝的市场价格来评估的。根据铝和制铝所需原材料的市场价值（假设铝价在1900美元/吨和2300美元/吨之间），所得出的均化灵活性成本在50美元/兆瓦时和80美元/兆瓦时之间。

参考文献

dena（Deutsche Energie-Agentur GmbH）（2012），"DENA-Verteilnetzstudie. Ausbau-und Inno-
vationsbedarf der Strom-verteilnetze in Deutschland bis 2030"，Berlin. www.dena.de/file-

---

[①] 假设热水器每天耗电4小时。需求侧集成使这一电力消费在一天中最合适的时候进行。

admin/user_upload/Projekte/Energiesysteme/Dokumente/denaVNS_Abschlussbericht.pdf.
London Economics(2013),"The Value of Lost Load(VoLL)for Electricity in Great Britain",final
report prepared for the Office of Gas and Electricity Markets(OFGEM) and the Depart-
ment of Energy and Climate Change(DECC),www.gov.uk/government/uploads/system/
uploads/attachment_data/file/224028/value_lost_load_electricty_gb.pdf.

附件B　主要的建模假设

B.1　简介

本附件提供了本书经济建模分析中使用的可再生能源系统投资模型（IMRES）和 Pöyry 的 BID3 模型的背景信息。

B.1.1　IMRES

1.模型描述

IMRES 是低碳电力系统的发电规划模型，由麻省理工学院工程系统部研究人员开发（de Sisternes，2013）。

基于最初一组可用的发电厂，IMRES 选取了在给定失负荷价值下以最低成本满足电力需求的发电厂组合。作为一个多用途的建模框架，IMRES 按技术和经济维度评估可能的政策结果，帮助监管机构和政策制定者进行指示性规划并确立研发重点。IMRES 尤其适合旨在评估波动性发电、灵活性技术和减排政策对系统成本和排放量影响的政策设计实验。

作为一种规划工具，IMRES 在其他目前可用的模型基础之上进行了改进，考虑到以下方面：

• 火电机组由于可再生能源电力供应的净负荷波动而增加启停次数所造成的额外成本。

• 火电机组的技术运行特征。

• 备用电量的需求。

• 运用储能、需求侧管理、水电和灵活发电提高电力系统灵活性对整个系统的效益。

• 弃风、弃光选项。

除这些特征外，IMRES可生成给定市场规则下每小时的批发价格和单独计算系统中每个发电机组的盈利能力。

IMRES的输入项包括现有和未来发电厂的技术和经济特征及需求的历史数据：研究的系统中含风能、太阳能和水能资源。由于对于大多数电力系统，这些输入项都可方便地获取，规划者可以很容易根据任何电力系统调整IMRES。使用风电和太阳能发电预期未来装机容量的参数值放大波动性可再生能源发电厂的历史发电时间序列，推算不同未来容量的可再生能源发电量。IMRES输入项和输出项汇总见图B-1。

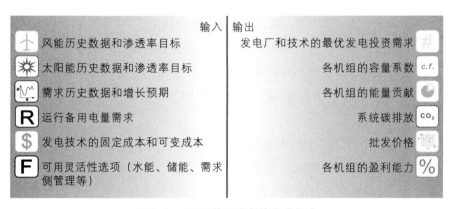

图B-1 IMRES输入项和输出项概述

除这一基本设置外，出于本项目的目的，扩大了IMRES以包括其他动态要素，如水库、电力储存和需求侧集成，这些都有助于增加系统灵活性。IMRES由此捕捉了通过部署灵活性选项更好地利用可再生资源和热量资源给系统带来的经济效益。

2.建模方法学

筛分曲线模型等经典扩容模型主要评估发电技术之间资本和运行成本的取舍。这种方法通常不考虑实际电力系统中观察到的启动成本等成本项以及其他技术因素，如发电机组的不可分性、最小发电量要求、调节限度和备用裕度等。过去在规划模型中可忽略这些要素，因为每日负荷会展现平滑的模式，该模式几乎持续在全年重复。相反，在波动性可再生能源（VRE）渗透率高的情况下净负荷的波动性和不确定性提高了启动成本等一些发电厂属性和运行备用电量等其他系统层面约束的重要性。含高比例波动性可再生能源的系统规划模型需恰当考虑这些技术因素。

在较短时间尺度，常用机组组合模型决定每一个小时哪些发电厂应上线或下线，以及各发电厂的发电量，从而以最低成本满足需求。机组组合模型中全面表示了发电厂和运行备用电量的技术特征，使之适合密切反映可再生能源发电对系统运行的影响。但机组组合模型不包括容量规划决定，不考虑新投资。

IMRES的方法基于扩容公式和机组组合约束，将经典规划模型中嵌入的经济评估与机组组合模型中的技术经济分析相结合。这种方法使得可对技术约束对成本的影响进行详细研究，将含高比例波动性可再生能源发电的高电力系统净负荷波动性驱动的长期投资决定和短期运行决定相结合。

这一模型可正式分为两部分：第一部分，做出各发电厂的建设决定（扩容）；第二部分，纳入与第一阶段已建成发电厂相关的运行决定（机组组合）。IMRES的特点是其成本函数不仅包括资本成本和可变运行成本，也包括启停频率增大的成本，受制于保障模型系统技术可行性的一系列技术约束（图B-2）。

3.净负荷近似值

将扩容决定与机组组合决定相结合一个不可逃避的难题是同时处理这两个问题时复杂性大幅增加。跨越一整年的每小时机组组合模型包括8 760个二元变量的倍数（这些变量考虑机组组合状态和启动决定）。加入的外部要素考虑了建设容量决定，使变量数增加的倍数是当前可建单个机组的数量。因此，这个结合问题的维度即使对于最先进的高性能计算机而言也是非常难的。

对于机组组合部分，简化问题的常用方法是选取对需求、风电和太阳能发电量有代表性的几周。这几周必须同时考虑所研究系统的总体能

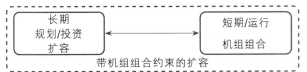

目标：一次性实现固定和可变发电成本之和的最小化，包括
启动成本，受制于：

■ 需求等于发电和未满足能量之和。

■ 发电量不超过各机组发电量上限。

■ 每小时都有备用电量以弥补预测失误。

■ 可弃风、弃光。

■ 安装的发电厂是不可分的。

■ 多余能量可储存在储能设备中，以释放其他技术约束。

图 B-2　IMRES 的结构概述，包括其主要技术特征

用最符合净负荷持续曲线的一组 4 周时间 （de Sisternes and Webster，
2013）。通过侧重于净负荷持续曲线而不是极端个例（高峰需求、最高
和最低风能发电量事件等），模型保留了需求、风能和太阳能发电量之
间的关联。

　　虽然近似法中数据点的数量远少于原先一年序列中的数量，选取
的 4 周所反映的需求结构高度精确地匹配了原先的净负荷持续曲线。此
外，由于展现的是 4 周的需求和可再生能源发电量，IMRES 保留了恰当
表示可再生能源和火电技术之间相互作用所需的每一个小时之间的波
动性。

　　4.可用的灵活性选项

　　IMRES 模型反映的是波动性可再生能源在发电结构中发挥主要作用
的低碳能源系统。因此，IMRES 包含加入一系列提高系统灵活性、改进
系统资产的利用、同时减少弃风和弃光的动态元素的选项。IMRES 中包
括的灵活技术有：

　　●水能水库，储存大量能源，在最需要时提供，在可再生资源短缺时
作为可再生能源发电的补充。

　　●电力储存，可无限时储存电量，最大容量等于储能单元的容量。储

存的能量可在之后最具成本效益的时候释放。

- 灵活的火电技术，通过减少常规火电技术的最小发电量要求（发电厂可运行的最低发电水平）实施。

- 需求侧管理，将给定时点的需求部分转移到接下来6个小时的能力。

B.1.2　参照测试系统

在构建IMRES测试系统时使用了2011年德国电力需求、风能和太阳能发电的每小时时间序列[①]。风能和太阳能发电量根据每日装机容量进行归一化，根据分析的不同波动性可再生能源渗透情景进行成比例扩大。选择德国是基于其风能和太阳能光伏组合规模大且地理分散，这在对历史发电时间序列进行扩大时是重要的。

根据各个情景和敏感度，用IMRES模型优化装机常规发电机组。在构建发电厂结构时，模型可在核能、煤炭、联合循环燃气（CCGT）发电厂和开放循环燃气（OCGT）发电厂之间选择。渗透率为0的波动性可再生能源情景是基于相关比例的煤炭、CCGT和核电（表B-1）。

表B-1　波动性可再生能源渗透率为0时IMRES测试系统的发电结构

	装机容量（吉瓦）	发电量（太瓦时/年）
核能	12.0	105.2
太阳能	0	0
风能	0	0
煤炭	33.0	272.1
CCGT	30.8	111.6
OCGT	4.6	0.5

---

① 鉴于假设为0，IMRES系统并不代表德国电力系统。

波动性可再生能源发电在 IMRES 模型中并不享受优先调度。因此，只要能有助于降低系统成本（例如，为避免关闭一座发电厂之后又要重新启动的成本），就会弃风、弃光。

B.1.3 情景和敏感度

在 IMRES 中基于两种截然不同的优化假设（称为情景）进行了 70 多种不同的敏感度测试。

• 在旧情景下，第一步，对装机发电厂结构进行优化以满足全部电力需求（没有来自可再生能源的贡献）。第二步，加入不同比例的波动性可再生能源和灵活性选项。在运行系统时考虑这些新要素，保持发电厂结构不变。这种情况接近于没什么增量需求或不怎么需要替换发电厂的稳定电力系统或波动性可再生能源部署很快而系统无法以同样速度适应的系统中波动性可再生能源并网的现实。需注意的是名称中的"旧"指的是发电厂结构。在这种情景下考虑了所有的系统成本——包括常规发电厂的投资成本。在旧情景下，波动性可再生能源发电和灵活性选项没有为避免电力系统其他部分的投资成本做贡献。因此，这种情景接近于波动性可再生能源并网的"最糟糕情景"。

• 在转型情景中，IMRES 基于净负荷对装机发电厂结构进行优化，即优化常规发电厂以满足部分电力需求和平衡波动性可再生能源。此外，发电厂投资的优化受灵活性选项的影响，即灵活性选项可减少发电厂投资的需求。这种情况接近于有高需求增长或需替换旧资产的动态变化的电力系统现实。转型情景代表波动性可再生能源并网更有利的情景，由于利用了波动性可再生能源发电、灵活性选项和火电厂之间所有可能的合力，这可降低系统成本。

对这两种情景的每一种，分析了不同的部署水平和灵活性选项的组合（其中一些敏感度分析的汇总见表 B-2）。特别是敏感度分析测试了发电结构中含不同比例的波动性可再生能源（占年发电量 0、30% 和 45%）和各种灵活性选项的引入，即：

• 灵活发电：建模中将水库水能发电厂加入模型电力系统（在低和高的情况下分别为 3 吉瓦和 6 吉瓦）或假设对现有燃煤电厂进行改造。改造表 B-2   IMRES 所选择的敏感度

	旧情景			转型情景	
	渗透率为 0 的波动性可再生能源	渗透率为 30% 的波动性可再生能源	渗透率为 45% 的波动性可再生能源	渗透率为 30% 的波动性可再生能源	渗透率为 45% 的波动性可再生能源
基线	无灵活性	无灵活性	无灵活性	无灵活性	无灵活性
水库水能		3 吉瓦	3 吉瓦	3 吉瓦	3 吉瓦
		6 吉瓦	6 吉瓦	6 吉瓦	6 吉瓦
需求侧集成		2 吉瓦	2 吉瓦	2 吉瓦	2 吉瓦
		4 吉瓦	4 吉瓦	4 吉瓦	4 吉瓦
		8 吉瓦	8 吉瓦	8 吉瓦	8 吉瓦
储能		2 吉瓦	2 吉瓦	2 吉瓦	2 吉瓦
		4 吉瓦	4 吉瓦	4 吉瓦	4 吉瓦
		8 吉瓦	8 吉瓦	8 吉瓦	8 吉瓦
燃煤电厂改造		最小发电量降低 (70->50)	最小发电量降低 (70->50)	–	–

　　注：其他敏感度分析了旧情景和转型情景下火力发电厂不同的启动成本和灵活性选项的各种组合。

旨在通过将燃煤电厂所需最小发电量从占名义发电容量的70%降至50%从而增加系统灵活性。

　　● 需求侧集成：作为将给定时点的需求部分转移至随后6个小时的能力实施。实施了不同的需求侧集成部署水平——低、中、高——分别对应2吉瓦、4吉瓦和8吉瓦有效需求侧集成容量。

　　● 储能：将2吉瓦、4吉瓦和8吉瓦储能加入测试系统，有8小时的储能容量。

　　此外，其他敏感度探讨了关于燃料成本、发电厂启动成本和各种灵活性选项结合部署的各种假设，如需求侧集成和储能相结合或需求侧集成和灵活发电相结合。

B.1.4 主要模型参数

主要输入参数包括:

• 发电厂的固定成本和可变成本:固定成本包括资本开支和固定运营与维护开支的年费,而可变成本主要包括燃料和碳成本(价格为30美元/吨),如表B-3所示。

表B-3 IMRES发电技术的固定成本和可变成本

固定成本	资本成本 (美元/千瓦)	寿命周期 (年)	WACC (%)	年资本成本 (美元/兆瓦/年)	固定运营与 维护成本 (美元/兆瓦/年)	总固定成本 (美元/兆瓦/年)
核能	5 500	40	7	412 550	90 000	502 550
煤炭	1 800	30	7	145 056	36 000	181 056
燃气联合循环	850	20	7	80 234	28 000	108 234
燃气峰荷电厂	760	20	10	89 269	17 000	106 269
风能	1 600	20	7	151 029	40 000	191 029
太阳能	1 600	20	7	151 029	30 000	181 029

可变成本	可变运行与 维护成本 (美元/兆瓦时)	燃料消耗 (MBtu/ 兆瓦时)	燃料价格 (美元/ MBtu)	燃料成本 (美元/ 兆瓦时)	碳排放 (tCO$_2$eq/ 兆瓦时)	碳成本 (美元/ 兆瓦时)	总可变成本 (美元/ 兆瓦时)
核能	2.00	10.50	0.43	4.51	0.00	0.00	6.5
煤炭	4.25	8.80	2.70	23.76	0.85	25.48	53.6
燃气联合循环	3.43	7.05	7.00	49.35	0.37	11.23	64.0
燃气峰荷电厂	14.7	10.85	7.00	75.95	0.58	17.28	107.9
风能	0.0	0.0	0.0	0.0	0.0	0.0	0.0
太阳能	0.0	0.0	0.0	0.0	0.0	0.0	0.0

注:WACC=加权平均资本成本。

● 火力发电厂的启动成本：各种敏感度分析了启动成本高和低两种不同的情况（见表 B-4）。

表 B-4   火电的启动成本

	低敏感度 （美元/兆瓦/启动）	高敏感度 （美元/兆瓦/启动）
核能	1 000	1 000
燃煤	100	250
燃气联合循环	50	150
燃气峰荷电厂	20	50

● 灵活性资源部署的成本：严格地说，灵活性资源的成本不是模型的输入项，在优化流程中没有考虑，虽然在成本效益分析中进行了处理（表 B-5）。

表 B-5   灵活性资源的成本

	资本成本 （美元/千瓦）	寿命周期 （年）	运行与维护成本 （占每年资本开支的%）
储能	1 250	40	1
需求侧集成	500	30	1
水库水能	3 000	50	2
燃煤电厂改造	10~20	15	0

注：燃煤电厂改造指改造现有燃煤电厂的额外成本。

● 贴现率：除对开放循环燃气轮机（OCGT）发电厂假设的贴现率为10%外，对其他所有技术都采用7%的贴现率。

B.1.5 网络成本的估计

IMRES没有明确表示电网（单个节点），认为电力系统脱离于其他相邻系统（没有互联），因此，模型没有考虑由于网络阻塞造成的弃风、弃光。根据所研究的电力系统，没有电网表示可能会导致成本相对于高比例波动性可再生能源的并网成本被低估，因为没有考虑电网强化和扩建所需投资。

因此电网成本在事后加入，在两个水平之间。较低的水平定为发电总成本的10%。在高的一端，波动性可再生能源渗透率为0时每年电网投资假设为26亿美元，在长期，当波动性可再生能源占比为45%时（转型情景）预计会达到35亿美元。[①]转型阶段的特征是每年电网投资水平更高，假设超过45亿美元。在这一阶段电网成本与长期成本相比较高，是因为在转型阶段新建了基础设施。[②]当波动性可再生能源渗透率为30%时，电网投资根据渗透率为0和45%时假设的电网投资按比例估计。

B.1.6 BID3

1.模型描述

BID3是Pöyry的电力市场模型，用于模拟欧洲电网上所有发电量的调度（图B-3）。其模拟了每年全部的8 760小时，有多种历史天气模式，生成每个国家未来每年每小时的批发电价及欧洲每座发电厂的调度模式和收入。

模型通过使发电可变成本降至最低实现每小时供求平衡。这种优化的结果是得出系统上所有发电厂和互联线的每小时调度表。在聚合层面，这相当于根据每小时供应曲线和需求曲线的交叉点为市场建模。

---

① 电网成本估计为40年期间（电网基础设施的预期寿命周期）假设的全部投资的年金。贴现率为7%。

② 这些数字基于对德国电力系统的分析（DLR,Fraunhofer IWES and IFNE,2012），在2012—2030年期间电网投资上限大约是50亿欧元/年（该估计既考虑了输电网，也考虑了配电网）。在1994—2008年间平均电网投资为27亿欧元/年。所需投资的增加是由于在过渡阶段有额外的基础设施，包括促进欧洲单一电力市场的形成。

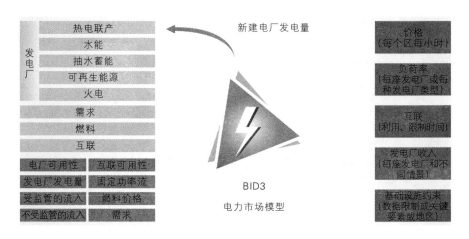

图B-3　BID3概述

2.生成系统计划表

● 火电厂的调度。假设所有发电厂都以具有成本效益的方式报价，发电厂调度基于优先顺序——短期可变成本低的发电厂会比短期可变成本高的发电厂先被调度。这反映出一个完全竞争的市场，带来成本最低的解决方案。优化中包括与启动和部分负荷相关的成本。模型也考虑所有主要发电厂动力学，包括最低稳定发电量、最低上线时间和最低下线时间。

● 水电厂的调度。水库水能发电厂采用水价值法调度，储存的水的选择价值用随机动态程序计算。这带来一条水的价值曲线，储存1兆瓦时的选择价值是水库蓄水水平、竞争对手水库蓄水水平和一年中所处时间点的函数。

● 波动性可再生能源发电。波动性可再生能源（VRE）每小时发电量的建模是基于风速和太阳辐射的详细数据，由于其他发电厂或系统的运行约束，在必要情况下可弃风、弃光。

● 互联线功率流。互联线得到优化利用——这相当于市场耦合安排。

● 需求侧响应和储能。需求侧和储能的运行以高端的方式建模，可模拟电动车和热等灵活负荷，同时尊重需求侧和储能的约束。

3.电价

模型生成了每小时和每个区的电价（区的范围可能小于一个国家，如挪威国内各地区有不同的电价）。每小时电价分为两部分：

• 短期边际成本（SRMC）。短期边际成本是额外一个单位电力消费的额外成本，也是所有运行的发电厂回收其可变成本的最低价格。由于优化中包括启动和部分负荷成本，所有发电厂都将完全回收其可变成本，包括燃料、启动和部分负荷的成本。

• 稀缺租金。稀缺租金包含在市场价格中——我们假设在容量裕度紧的时候电价能够超出短期边际成本。每小时的稀缺租金由每个市场的容量裕度决定。需要有稀缺租金来确保维护系统安全所需的发电厂能够从市场中回收其全部固定成本和资本成本。

4.主要输入数据

Pöyry的电力市场建模基于欧洲电力市场每季度更新的各电厂数据库。在同一过程中，Pöyry也评估了互联数据、燃料价格和需求预测。

• 需求。年需求预测和需求情况基于输电系统运营商预测和Pöyry的分析。

• 波动性可再生能源发电。历史风速数据和太阳辐射数据用作原始输入项。

• 风能数据来自Anemos，由基于卫星观测的天气建模的再分析数据构成。

• 太阳辐射数据来自Transvalor，根据每个国家的容量分布再次转化成太阳能发电情况。

模型中使用的主要经济参数包括以下：[①]

• 所选发电技术的资本成本得到Pöyry和国际能源署一致同意，汇总见表B-6。

---

① BID3以欧元运行。报告假设使用的汇率为1欧元兑1.3美元。

表 B-6   选取的发电技术的投资成本

	投资成本 （美元/千瓦）	运行寿命期(年)
CCGT	1 008	25~30
燃气轮机	715	20~25
煤炭	2 470	35~40
褐煤	2 470	35~40
核能	4 672	40~50
碳捕捉与碳封存，天然气	2 080	25~30
碳捕捉与碳封存，褐煤	3 224	30~35
碳捕捉与碳封存，煤炭	3 224	30~35

● 假设的煤炭和燃气发电燃料价格分别为2.7美元/MBtu和8.0美元/MBtu。

● 碳价：在英国为35美元/吨，在欧洲其他国家为30美元/吨。

● 扩建互联的资本开支：陆上互联1 300美元/兆瓦/公里，海上为2 600美元/兆瓦/公里。陆上和海上互联运行寿命期都假设为50年。

● 抽水蓄能的投资预计为1 170美元/千瓦，储能基础设施的运行寿命期假设为50年。

● 改造可调度水电厂和改造现有发电厂以在不改变水库结构的情况下增加可用发电容量的资本成本假设在750美元/千瓦和1 300美元/千瓦之间。运行寿命期假设为50年。

● 部署需求侧集成实现对8%的总电力需求灵活管理的成本假设为4.7美元/兆瓦时总电力需求。这与NEWSIS的假设一致（Pöyry，2011）。

● 采用不同贴现率比较所分析的各种技术，燃气轮机贴现率假设为8%，其他火电厂贴现率假设为9.0%（煤炭/褐煤/CCGT），储能、互联和水电贴现率假设为7.5%。

5.模型结果

BID3提供了全面的结果，从详细的每小时系统调度和定价信息，到概括性指标如系统总成本和经济过剩（图B-3）。[1]

---

① 更多关于BID3的信息见www.poyry.com/BID3。

B.1.7 情景和敏感度

确定不同灵活性选项的价值主要目的是计算每组模型测试的成本差异。在每组中，一次测试不包括特定灵活性选项，而另一次包括。两次测试之间的成本差异被视为是那种灵活性选项的价值。

这意味着所有不同比较所使用的参考运行（基线运行）情景是相同的，每组第二个模拟测试中只考虑添加的一种或几种灵活性选项。

区别基线运行和包括特定灵活性选项运行，可将可能的成本降低可靠地归因于灵活性选项。当所用电力系统模型做出内生投资决定时，在灵活性运行中这些决定可能会不同。由投资模式这类变化引起的净成本节省包括在灵活性选项的价值中。①

1.基线运行

基线情景是通过对 Pöyry 的典型情景改编而成。分析的代表性年份是 2030 年，研究侧重于选取的北欧国家（丹麦、芬兰、法国、英国、德国、爱尔兰、挪威和瑞典），累计年电力需求为 1 935 太瓦时。

波动性可再生能源渗透率假设为电力需求的 29% 和总发电量的 27%。发电结构主要基于核能、风能（陆上风电占总发电量 13%，海上风电占总发电量 9%）、水能、CCGT 和热电联产（表 B-7）。

表 B-7 基线运行的发电结构

	发电占比（%）
CCGT	13
热电联产	10
煤炭和褐煤	5
核能	21
水能	15
生物质能	6
陆上风电	13
海上风电	9
太阳能光伏	5
其他	2

① 例如,使用需求侧管理可能会减少高峰需求,使得可以减少对常规容量的投资。

储能的装机容量（建模为抽水蓄能水库）在基线情景下达到18.8吉瓦，分析的国家间的互联容量达到62.6吉瓦（表B-8）。

表B-8   基线运行下分析的国家间的净转移容量（NTC）

至 ╲ 从	丹麦	芬兰	法国	英国	德国	爱尔兰	挪威	瑞典
丹麦					3 700		1 600	2 440
芬兰							300	3 850
法国				3 988	3 600			
英国			3 988			1 360	1 400	
德国	3 100		4 300				1 400	1 400
爱尔兰				1 240				
挪威	1 600	300		1 400	1 400			6 400
瑞典	1 980	4 250			1 400		6 250	

2.灵活性评估运行

针对互联、储能、需求侧集成及互联与其他两个选项中任意组合，进行了灵活性评估计算。此外，分析了改造水电厂在不增加水库大小的情况下增加容量的成本效益。

在互联增加的情景中，将分析的国家间16吉瓦的互联容量加入到模型电力系统中（表B-9）。

表B-9   互联增加情景的额外净转移容量

至 ╲ 从	丹麦	芬兰	法国	英国	德国	爱尔兰	挪威	瑞典
丹麦								1 500
芬兰							700	
法国				1 500	1 500			
英国		1 500				700	700	
德国			1 500				700	700
爱尔兰				700				
挪威		700		700	700			
瑞典	1 500				700			

在储能增加的情景中，将8吉瓦抽水蓄能加到模型电力系统中（主要在德国、法国和英国），使总的储能容量达到26.8吉瓦。

需求侧情景探讨了电力需求部署的灵活性。需求侧集成的潜力对应总电力需求的8%。最大转移假设为24小时。可调度的需求来自电动车（占总量2.3%）和热能及其他可调度负荷（5.7%）。

改造水电厂的成本效益与增加互联容量一起分析。假设在不对相关水库进行改造情况下，使水电厂发电容量增加7吉瓦（主要在挪威和瑞典）。考察地区内的互联容量增加了8.6吉瓦，实际上是强化了挪威和瑞典与其他国家的连接（表B-10）。

表B-10　　　　　　　水库水能和互联情景的额外净转移容量

从 / 至	丹麦	芬兰	法国	英国	德国	爱尔兰	挪威	瑞典
丹麦								1 500
芬兰							700	
法国								
英国							700	
德国							700	700
爱尔兰								
挪威		700		700	700			
瑞典	1 500				700			

最后，开发了额外的两种情景，结合此前情景中采用的灵活性假设。将额外互联的假设与以下相结合：

- 需求侧情景的需求侧集成假设（需求侧集成潜力假设为总需求的8%）
- 储能增加情景的储能假设（8吉瓦额外抽水蓄能）。

参考文献

de Sisternes, F. (2013), "Investment Model for Renewable Electricity Systems (IMRES): an Electricity Generation Capacity Expansion Formulation with Unit Commitment Constraints",CEEPR Working Paper Series 2013-16,Center for Energy and Environmental Policy Research,Massachusetts Institute of Technology,Cambridge,Massachusetts Retrieved from http://web.mit.edu/ceepr/www/publications/workingpapers.html.

de Sisternes,F. and M.Webster(2013),"Optimal Selection of Sample Weeks for Approximating the Net Load in Generation Planning Problems",ESD Working Paper Series 2013-03, Engineering Systems Division,Massachusetts Institute of Technology,Cambridge,MA. Retrieved from http://esd.mit.edu/WPS/2013/esd-wp-2013-03.pdf.

DLR(Deutsches Zentrum für Luft-und Raumfahrt),Fraunhofer IWES(Institut für Windenergie und Energiesystemtechnik),IFNE(Ingenieurbüro für neue Energien),(2012) "Langfristszenarien und Strategien für den Ausbau der erneuerbaren Energien in Deutschland bei Berücksichtigung der Entwicklung in Europa und global",www.erneuerbare-energien.de/fileadmin/ee-import/files/pdfs/allgemein/application/pdf/leitstudie2011_bf.pdf.

Pöyry(2011),Northern European Wind and Solar Intermittency Study(NEWSIS).

附件 C   FAST2 的假设和案例研究属性

C.1   简介

本附件提供了FAST2评估的假设和评估案例研究地区不同属性所用评分体系的背景数据。

C.2   FAST2

FAST2中表示了四种灵活性资源：发电、互联、需求侧集成和储能。接下来两部分描述了各灵活性资源的特征。假设基于问卷数据、文献值和国际能源署的数据。

C.2.1   灵活发电

将发电厂类型归至相应灵活性和技术类别。假设了发电机组的一般性主要特征（表C-1）。最低发电量指发电厂可达到的最低稳定发电量，以占名义发电量容量的比例表示。上下调节率，也以占名义发电量的比例表示，呈对称实施。启动时间对应在稳态条件下（关闭了8~60小时）的启动时间。

C.2.2   互联、需求侧集成和储能

对每一案例研究地区的互联、需求侧集成和储能假设（表C-2、表C-3）主要从问卷数据或公开资源中获取。对西北欧案例研究地区与相邻

表 C-1　　　　　　　　　可调度发电的灵活性特征

	最低发电量 占名义容量的比例 (%)	调节率(+/−) 占名义容量的比例 (%)	启动时间(暖启动) 小时
CCGT，不灵活	40	8	3
CCGT，热电联产，灵活	40	8	2
CCGT，热电联产，不灵活	80	2	3
煤炭，灵活	30	8	4
煤炭，不灵活	60	4	8
煤炭，热电联产，灵活	50	4	5
煤炭，热电联产，不灵活	80	2	9
OCGT	15	20	0.16
蒸汽	30	8	3
蒸汽，热电联产	100	2	4
褐煤，不灵活	60	2	8
褐煤，灵活	30	4	4
核能	90	2	24
水能，水库	0	15	0.16
水能，径流式	50	5	0.16
生物质能	50	8	3
其他	50	3	2

电力系统的互联容量基于ENTSO-E公布的净转移容量。对需求侧集成，由于数据可及性问题，基于占最低负荷的比例或占净负荷的比例这两者中的最大值做出一般性假设。储能代表相关案例研究地区的装机抽水蓄能发电厂。

表 C-2　案例研究地区总装机容量和可调度发电机组的数量

	巴西		ERCOT		伊比利亚半岛		意大利		日本东部		西北欧	
	总容量	机组数	总容量	机组数	总容量	机组数	总容量	机组数	总容量	机组数	总容量	机组数
	兆瓦	-	兆瓦	-	兆瓦	-	兆瓦		兆瓦	-	兆瓦	-
CCGT，不灵活	3 640	13	25 500	85	28 080	60	31 200	130	17 040	71	46 670	227
CCGT，热电联产，灵活	0	0	0	0	0	0	2 640	4	0	0	0	0
CCGT，热电联产，不灵活	2 100	30	11 100	30	3 990	181	8 000	200	1 780	89	9 901	404
煤炭，灵活	0	0	0	0	190	1	5 200	8	10 500	15	2 375	5
煤炭，不灵活	2 000	20	12 960	18	12 850	40	7 649	45	4 840	44	43 082	170
煤炭，热电联产，灵活	0	0	0	0	0	0	0	0	700	1	6 815	14
煤炭，热电联产，不灵活	750	5	0	0	40	2	452	7	900	18	18 670	192
OCGT	3 000	50	4 200	70	3 350	74	3 117	70	2 900	58	9 808	292
蒸汽	2 000	40	12 507	50	5 850	45	13 478	150	30 090	177	9 908	186
蒸汽，热电联产，不灵活	0	0	0	0	307	23	1 609	65	930	31	5 944	214
褐煤，不灵活	0	0	8 050	7	0	0	0	0	0	0	10 010	35
褐煤，灵活	0	0	0	0	0	0	0	0	0	0	5 420	5
核能	1 990	2	5 200	4	7 882	8	0	0	19 800	22	99 473	97
水能水库	43 750	70	600	30	11 200	35	17 500	350	3 100	31	44 025	138
水能径流式	43 750	70	0	0	11 800	745	4 676	2 500	4 430	443	32 828	17 127
生物质能	5 250	350	107	13	1 700	113	2 900	290	710	71	17 782	1 601
其他	6 252	521	0	0	4 400	700	4 000	400	2 480	620	15 222	2 658
总容量	114 482		80 224		91 639		102 422		100 200		377 933	

表C-3   案例研究地区互联、需求侧响应和储能的特征

		单位	巴西	ERCOT	伊比利亚半岛	意大利	日本东部	西北欧
互联	容量	兆瓦	2 000	1 000	1 850	7 465	0	17 433
需求侧集成	占最低负荷的比例或占净负荷的比例两者中的最大值	%	5	5	5	5	5	5
储能	容量	兆瓦	0	0	6 550	7 540	26 270	18 190
	能源含量	兆瓦时	0	0	52 400	60 320	210 160	145 520
	效率	%	不详	不详	80	80	80	80

C.3 案例研究属性

根据许多基本系统属性（系统属性描述和更多细节见第3章）对案例研究地区进行评分。评分规则如下：

电力区大小根据系统高峰需求来评分，分为6级：非常高（大于150吉瓦）、高（大于75吉瓦）、中高（大于50吉瓦）、中（大于25吉瓦）、低（大于10吉瓦）、非常低（小于10吉瓦）。[①]

内部电网强度的评分分为5级（优秀、良好、满意、一般、差）。

互联的评分分为5级（优秀、良好、满意、一般、差）。

案例研究地区电力市场的数量介于非常分散的市场（如印度，基于28个邦的各邦负荷调度中心）与巴西、伊比利亚半岛和意大利等的单一市场之间。西北欧包括北欧国家的北欧电力现货交易所 (Nord Pool Spot)、德国和法国的欧洲电力现货交易所(EPEX Spot)、英国的电力交易和输电

---

① 选择的案例研究地区的高峰需求为印度122吉瓦、意大利56吉瓦、伊比利亚半岛53吉瓦、巴西76吉瓦、西北欧247吉瓦、日本东部69吉瓦、得克萨斯州电力可靠性委员会地区68吉瓦。

安排（BETTA市场）和爱尔兰岛的单一电力市场（SEM）。在日本东部地区考虑了3个区域（东京、东北部、北海道）。

波动性可再生能源发电地理分布的评分分3级（分布广泛、分散、集中）。

可调度发电组合灵活性的评分分5级（优秀、良好、满意、一般、差）。

投资机会的评分分5级（优秀、良好、满意、一般、差）。

附件D　市场设计评分

简介

作为波动性可再生能源并网第三阶段项目的组成部分，国际能源署对电力市场设计进行了广泛调研（Mueller，Chandler and Patriarca，即将出版）。考察内容包括：

- 大宗电量交易的监管安排。
- 备用电量交易的监管安排概述。
- 发电容量或其他服务长期合同的监管协议。
- 互联容量分配的监管安排。
- 关于电网费的监管安排。
- 关于弃风、弃光的监管安排。

总结了这一分析的主要结果，找出了与波动性可再生能源并网相关的市场设计特征的8个关键维度。对不同的电力市场，基于评分体系对每一个维度进行了评估。系统分数越高，市场就越可能在波动性可再生能源占比高的情况下在运行时间尺度上有良好表现。分析的电力市场包括以下案例研究地区（组成部分）：得克萨斯州（ERCOT）、意大利、伊比利亚半岛（西班牙和葡萄牙）、爱尔兰和北爱尔兰、北欧市场（丹麦、瑞典、挪威和芬兰）、德国和法国、英国、印度、日本、巴西。所考虑的维度的清单和评分体系细节见本报告6.7节。

为评估不同的案例研究地区，基于电力市场对系统运行的作用做了区分。在系统运行主要由短期发电企业竞价及发电企业和售电企业/消费者之间的私人合约所驱动的地方，使用上述评分框架。在系统运行不是基于短期竞价或双边合约的情况下，采用一套不同的评分体系。案例研究地区有3个属于第二类：日本、印度和巴西。

从日本交易量来看，与完全由垂直一体化电力企业（EPCOs）管理的运行相比，日本电力交易所（JEPX）的作用似乎很小。在印度，调度流程主要由邦负荷调度中心（SLDC）管理，发电企业的报酬基于电费。[①]在巴西，通过长期合同和拍卖进行的电力交易与发电厂调度分开（竞争市场而非在市场中竞争），交易基于长期拍卖和购电协议（PPA）而发电机组由系统运营商实时调度（Operador Nacional do Sistema Elétrico，ONS），系统运营商的目标是在维护系统安全的同时将总成本降至最低。

对日本、印度和巴西电力系统的评估是基于一个3级评分（差/中/好）体系，不完全等同于市场评分体系。概述表中忽略了评分不适用的地方。

下面给读者提供了简要汇总表（见表D-1至表D-10），解释每一个市场是如何评分的及其原因。

表 D-1　　　　　　　　得克萨斯州市场设计的评分（ERCOT）

维度	评分和相关理由
非波动性可再生能源的调度	评分：中——流动的电力交易所/集中式电力库和场外合约（OTC） 理由：绝大部分电力供应通过双边合约获得，但所有可用资源都必须参与实时调度流程，因此在功率流和阻塞管理的整体优化中考虑了双边合约，即使在实时市场中可能作为价格接受者而被调度
波动性可再生能源调度	评分：中——激励是在市场价格之上享受溢价（例如上网溢价） 理由：建立了生产减税等支持机制

---

① 电费由三部分构成：第一部分为与发电站可用性相关的固定部分，第二部分旨在对可变发电成本给予报酬，第三部分与计划偏离相关。

续表

维度	评分和相关理由
调度间隔	评分：高——准实时调度，短于10分钟 理由：ERCOT至少每5分钟进行一次安全约束经济调度（SCED），因此调度间隔短于10分钟。日前市场基于每小时的报价/要价
最后一次计划表更新	评分：高——较实时提前不到30分钟 理由：ERCOT可修改至少每5分钟进行一次的安全约束经济调度流程中的机组调度。市场参与者可在调节期提交或修改能源报价，调节期从前一天18：00开始至运行时间开始前的1小时结束
系统服务的定义	评分：中——不同的预定义水平，包含波动性可再生能源的运行 理由：每月对备用电量需求进行评估。备用电量的计算考虑预期风电量和历史预测失误
系统服务市场	评分：中高——基于边际价格为一些服务提供报酬 理由：辅助服务的采购与大宗能源的采购协同优化。主要频率响应为强制性，不作为辅助服务交易；其提供没有报酬
电网显示	评分：高——全面表示输电系统（节点边际电价） 理由：节点市场，电网在市场优化过程中得到充分显示 ERCOT市场包括4 000多个节点或电网互联点。实行节点边际电价
互联管理	评分：中——日前，显式拍卖 理由：直流线上的运行计划表在前一天14：30前报给ERCOT 输电预约在直流线西南电力库（SPP）这一侧是必要的。对墨西哥联邦电力（CFE）系统的直流段，美国联邦能源监管委员会（FERC）无输电预约要求。运营商若要经直流段安排能源进或出墨西哥联邦电力系统，则必须有与墨西哥联邦电力系统的合约或协议

要点：ERCOT准实时调度和节点电网显示体现了波动性可再生能源并网市场设计的最佳实践。

表 D-2　　　　　　　　　　意大利市场设计的评分

维度	评分和相关理由
非波动性可再生能源的调度	评分：中——流动的电力交易所或集中式电力库，含一些约束调度流程的长期双边合同 理由：自愿市场，购电和售电合约也可在交易平台外达成（双边）。2011 年双边交易占日前市场能源交易量的 42%
波动性可再生能源的调度	评分：中——激励是在市场价格之上享受溢价（例如上网溢价） 理由：多项支持计划相结合，包括可交易的绿色证书、上网电价（FiT）和上网溢价（FiP）
调度间隔	评分：低——调度间隔大于或等于 1 小时 理由：1 小时调度间隔
最后一次计划表更新	评分：中——在运行当天，但比实时提前了 30 分钟以上 理由：日内市场分四段，最后一段结束时间为交割当天上午 11：45
系统服务的定义	评分：中——不同的预定义水平，包含波动性可再生能源的运行 理由：每日基于每个市场区波动性可再生能源发电量的预测估算备用需求
系统服务市场	评分：低——一些服务得到报酬，但不以边际价格支付 理由：以报价/要价为备用电量提供报酬（按竞价支付）。主要备用电量服务没有报酬
电网显示	评分：中——几个市场地区 理由：各区内有细分市场（指电网上出于系统安全目的电量转入其他区或从其他区转入会有物理限制的部分）。如果各区间跨区计划表违反输电限制，市场就分为两个或两个以上不同的价区
互联管理	评分：中——日前，显式拍卖 理由：由容量分配服务公司（CASC）每年、每月和每天进行显式拍卖。市场与斯洛文尼亚耦合

要点：1 小时的调度间隔和市场关闸时间早增加了对备用电量的需求，不利于波动性可再生能源组合的高效平衡。

表 D-3   西班牙和葡萄牙市场设计的评分

维度	评分和相关理由
非波动性可再生能源的调度	评分：中——流动的电力交易所或集中式电力库，含一些约束调度流程的长期双边合约 理由：自愿市场，购电和售电合约也可在交易平台外达成（双边）。阻塞管理滞后于市场，也可能影响双边合约
波动性可再生能源的调度	评分：中——激励是在市场价格之上享受溢价（例如上网溢价） 理由：波动性可再生能源支持机制包括上网电价和上网溢价
调度间隔	评分：低——调度间隔大于或等于 1 小时 理由：1 小时调度间隔
最后一次计划表更新	评分：中——在运行当天，但比实时提前了 30 分钟以上 理由：日内市场分六段，最后一段结束时间为交割当天 0：45
系统服务的定义	评分：中——不同的预定义水平，包含波动性可再生能源的运行 理由：每日备用电量市场。备用电量的计算包括了波动性可再生能源预测
系统服务市场	评分：中高——基于边际价格为一些服务提供报酬 理由：主要备用电量没有报酬，其他服务以边际价格获得报酬
电网显示	评分：中——几个市场地区 理由：在阻塞情况下，市场可分为两个不同的价区（西班牙和葡萄牙）
互联管理	评分：中——日前，显式拍卖 理由：在与法国和摩洛哥的互联处有显式拍卖

要点：发达的备用电量市场；缩短调度间隔和使关闸时间更接近实物交割可能会促进波动性可再生能源并网。

表 D-4   爱尔兰市场设计的评分

全岛屿单一电力市场	
维度	评分和相关理由
非波动性可再生能源调度	评分：高——集中式电力库。调度可在整个发电组合中进行优化 理由：总的强制性电力库，来自几乎所有装机容量的电量都必须经市场交易，包括进口和出口。无双边大宗电力交易。小于10兆瓦的发电厂可有例外，可与售电企业直接达成合约
波动性可再生能源调度	评分：中——激励是在市场价格之上享受溢价（例如上网溢价） 理由：有支持计划（例如REFIT-可再生能源上网电价和NIRO-北爱尔兰可再生能源义务）
调度间隔	评分：高——准实时调度，间隔不到10分钟 理由：调度指令根据日前报价实时发出。日前市场基于半小时交易时间段
最后一次时间表更新	评分：高——较实时提前不到30分钟 理由：由系统运营商根据日前报价执行准实时调度。参与方在日前市场可有10小时时间提交报价
系统服务定义	评分：中——不同的预定义水平，包含波动性可再生能源运行 理由：在日前和日内采购备用电量服务，备用电量需求的估计中包含波动性可再生能源的预测
系统服务市场	评分：中低——所有服务都获得报酬，但不是基于边际价格 理由：所有服务按标准/监管电价获得报酬
电网显示	评分：低——无电网表示，单一市场地区
互联管理	评分：中——日前，显式拍卖 理由：按以下时间表举行显式拍卖分配互联容量：每年、季节、每季度、每月和每天

要点：集中式电力库加上实时调度，是市场对波动性做出反应的很好的前提条件，能促进波动性可再生能源并网。

表 D-5   北欧市场的市场设计评分

丹麦、芬兰、挪威和瑞典

维度	评分和相关理由
非波动性可再生能源的调度	评分：中——流动的电力交易所或集中式电力库，含一些约束调度流程的长期双边合约 理由：2011 年北欧全部电力消费的 73% 是经北欧电力交易所交易的
波动性可再生能源的调度	评分：中——激励是在市场价格之上享受溢价（例如上网溢价） 理由：北欧市场中各国有多项支持计划相结合，包括上网电价、上网溢价和配额系统
调度间隔	评分：低——调度间隔大于或等于 1 小时
最后一次计划表更新	评分：中——在运行当天但比实时提前 30 分钟以上 理由：Elbas 日内市场交易每日全天候进行直到交割前 1 小时为止
系统服务的定义	评分：低——备用电量需求长期固定，备用电量的计算中不包含波动性可再生能源的运行 理由：备用电量需求基于可能的系统故障，每年和每周在北欧国家间细分
系统服务市场	评分：中低——所有服务都获得报酬，但不是基于边际价格 理由：服务市场目前在国家之间只部分协同优化 在不同国家对各种服务有不同的结算规则，如边际定价、按报价支付和受监管价格等
电网显示	评分：中——数个市场地区 理由：潜在市场分为 12 个市场地区
互联管理	评分：高——通过统一现货市场全面整合容量分配（隐式拍卖） 理由：连接 12 个北欧市场区输电容量的隐式拍卖 通过临时紧量市场耦合（ITVC）为与中西欧（CWE）市场的互联进行隐式日前拍卖

要点：高度发达的互联管理和北欧国家与中西欧国家之间的市场耦合。进一步协调可能会提高定义和采购备用电量的效率。

表 D-6 德国和法国市场设计的评分

维度	评分和相关理由
非波动性可再生能源的调度	评分：低——市场由约束调度流程的长期双边合约主导 理由：2011年在德国和奥地利交货的241太瓦时电量在欧洲电力交易所现货市场交易，相当于总电力消费的39%。在欧洲电力交易所现货市场，法国交易的电量达61太瓦时，大约为法国国内消费的13%
波动性可再生能源的调度	评分：中——激励是在市场价格之上享受溢价（例如上网溢价） 理由：有包括上网电价和上网溢价多项支持计划
调度间隔	评分：中——间隔不到1小时但长于10分钟 理由：除小时合约之外，（仅）德国有15分钟的合约
最后一次计划表更新	评分：中——在运行当天但比实时提前30分钟以上 理由：在日内市场交易直至交割前45分钟
系统服务的定义	评分：低——备用需求长期固定，备用的计算中不包含波动性可再生能源的运行 理由：在德国，二级备用电量和分钟备用电量需求由四个输电系统运营商在每个季度估计。包含一种基于概率的方法，不基于波动性可再生能源发电量的短期预测。在法国，对每半小时时间隔根据全国需求和与周边国家交易情况评估二级备用电量需求
系统服务市场	评分：中低——所有服务都获得报酬，但不基于边际价格 理由：在德国和法国，辅助服务的采购基于不同的流程。所有服务都获得报酬；价格结算规则包括按报价支付（德国）和受监管电价（法国）
电网显示	评分：中——数个市场地区 理由：可能的市场分离导致德国和法国有不同电价
互联管理	评分：中——日前，显式拍卖 理由：法国与西班牙、意大利、英国、比利时和瑞士的互联有显式拍卖（在法国和瑞士之间也有隐式拍卖）。德国与波兰、捷克共和国、斯洛伐克和瑞士的互联有显式拍卖 德国和法国是中西欧（CWE）市场与比荷卢经济联盟耦合的组成部分 此外，市场区通过临时紧量市场耦合与北欧日前市场（Elspot）耦合

要点：备用电量需求的定义和大量双边合约的存在限制了市场有效消纳大量波动性可再生能源的能力。

表 D-7   英国市场设计的评分

维度	评分和相关理由
非波动性可再生能源的调度	评分：低——市场由约束调度流程的长期双边合约主导 理由：场外交易占电力交易绝大部分。2011年大约20%的交易在交易所发生
波动性可再生能源的调度	评分：中——激励是在市场价格之上享受溢价（例如上网溢价） 激励：有可再生能源义务（配额体系）和上网电价等支持计划
调度间隔	评分：中——间隔不到1小时但长于10分钟 理由：结算时段为30分钟
最后一次计划表更新	评分：中——在运行当天但比实时提前30分钟以上 理由：关闸比交割提前1小时
系统服务的定义	评分：中——不同的预定义水平，包含波动性可再生能源的运行 理由：国家电网持有"风能备用电量"，专门用来管理在较实时提前4小时与实时之间由风电引起的发电量的额外波动性
系统服务市场	评分：中低——所有服务都获得报酬，但不基于边际价格 理由：所有服务都获得报酬。按报价支付的结算方式
电网显示	评分：低——无电网显示，单一市场地区
互联管理	评分：中——日前，显式拍卖 理由：与法国、荷兰和爱尔兰的互联通过显式拍卖来分配容量

要点：场外交易占主导限制了系统优化发电组合灵活性的能力。

表 D-8　　　　　　　　　　　印度市场设计评分

维度	评分和相关理由
非波动性可再生能源的调度	评分：差 理由：在区域和邦层面调度，与国家负荷调度中心协调有限。长期购电协议占电力供应的绝大部分
波动性可再生能源的调度	评分：差 理由：有上网电价和其他支持机制。此外，波动性可再生能源的调度没有在地区间协调。此外，若不定期交换的价格低于波动性可再生能源上网电价/合同价格，经济上的考虑可能会鼓励减少邦层面波动性可再生能源调度量
调度间隔	评分：中——不到 1 小时但长于 10 分钟 理由：负荷调度中心在日前安排每 15 分钟的发电厂计划
最后一次计划表更新	评分：中 理由：日内机制允许在交货前数小时进行交易，但当前交易量几乎可忽略不计
系统服务的定义	不适用 理由：由大型电厂调速器提供主要的调频备用电量。二级控制在一定程度上由国家不定期交换机制提供，但严格地说，这不是备用电量服务
系统服务市场	不适用 理由：邦负荷调度中心不在平衡市场中合作，尽管不定期交换确实向发电企业发出增加或减少发电量的全系统有效信号
电网显示	评分：中 理由：印度现货市场细分为市场地区（竞价区）。印度电力交易所（PXL）细分为 12 个竞价区而印度能源交易所（IEX）细分为 10 个竞价区
互联管理	评分：差 理由：通过与不丹和孟加拉国的互联达成能源交易长期协议

要点：市场的地区分散使得无法在全国范围内实现系统运行的优化。

表 D-9　　　　　　　　　日本市场设计的评分

维度	评分和相关理由
非波动性可再生能源的调度	评分：差 理由：日本电力交易所发挥的作用小。调度由垂直一体化的本地电力公司执行，与相邻地区协调有限。电力供应基于长期协议
波动性可再生能源的调度	评分：差 理由：调度由垂直一体化的本地电力公司执行，与相邻地区协调有限。从2012年开始实施上网电价，取代可再生能源配额制(RPS)，修改了现行太阳能上网电价。在减少其他发电量前会先弃风、弃光
调度间隔	评分：中 理由：日本电力交易所日前现货市场是半小时合约的边际价格拍卖（每天有48个结算时段）。由于交易量低，日本电力交易所发挥的作用小，但这意味着调度间隔为30分钟或更短
最后一次计划表更新	评分：中 理由：日本电力交易所现货市场允许在交货4小时前进行交易
系统服务的定义	评分：不适用 理由：每个电力公司分别平衡供求，对备用电量产品和需求没有合适的市场或透明的定义
系统服务市场	评分：不适用 理由：没有辅助服务市场但日本经济产业省正在考虑之中
电网显示	评分：中。 理由：将案例研究地区分为三个区，每个区由单一电力公司管理。
互联管理	评分：差 理由：选取的案例研究地区（日本东部）与西部地区互联弱。转移容量主要通过长期协议分配

要点：地区分散、程序不透明和波动性可再生能源调度低效限制了灵活性。

表 D-10　　　　　　　　　巴西市场设计的评分

维度	评分和相关理由
非波动性可再生能源的调度	评分：中 理由：电力交易完全与发电厂调度（由国家系统运营商 ONS 运行）分开。每周进行统一调度。调度严格遵循水能水库中水的机会成本。调度项目使火电和未来与水能运行相关的成本之和最小化。但长期合约可能包含不灵活性，如由于"照付不议"天然气合约。这些会影响调度
波动性可再生能源的调度	评分：中 理由：潜在波动性可再生能源支持机制不影响调度决定。拍卖期间波动性可再生能源资源完全暴露于市场竞争中（如果没有指定发电技术）。波动性可再生能源发电量报酬基于购电协议，不暴露市场价格信号
调度间隔	评分：好 理由：半小时的调度间隔
最后一次计划表更新	评分：差 理由：发电厂物理调度提前一周执行。可每日和实时进行重新调度以应对负荷波动或意外事件
系统服务的定义	评分：不适用 理由：没有单独的备用电量市场；备用电量需求分配给所有水电厂，按照 ONS 要求重新调度
系统服务市场	评分：不适用 理由：没有单独的备用电量市场
电网显示	评分：中 理由：四个价区
互联管理	评分：差 理由：国际交易基于长期协议在调度算法内优化

要点：由于调度间隔很长和系统服务市场不发达系统运行根本不适合高比例的波动性可再生能源。但灵活水电厂带来的巨大灵活性改善了系统运行。

参考文献

Mueller, S., H. Chandler and E. Patriarca (forthcoming), Grid Integration of Variable Renew-
ables: Case Studies of Wholesale Electricity Market Design, OECD/IEA, Paris.

附件E 缩略词、缩写和测量单位

首字母缩略词和缩写

°	度
2DS hiRen	2℃高比例可再生能源情景
AC	交流电
AC OHL	交流高架线路
ARPA-E	能源部高级研究项目署–能源（美国）
BETTA	英国电力交易和输电安排
CAES	压缩空气储能
CAISO	加利福尼亚独立系统运营商
CAN	加拿大
CAPEX	资本开支
CASC	容量分配服务公司
CC	联合循环
CC$_{CONV}$	常规发电控制中心
CCGT	联合循环燃气轮机
CCS	碳捕捉与封存
CECOEL	Centro de Control Eléctrico，电力控制中心
CECORE	Centro de Control de Red，网络控制中心
CECRE	Centro de Control de Energía Renovable，可再生能源控制中心
CER	能源监管委员会

CF	容量系数
CFE	Comisión Federal de Electricidad 联邦电力委员会（墨西哥）
CHP	热电联产
CNO	中央网络运营商
CO_2	二氧化碳
CPUC	加利福尼亚公用事业委员会
CREZ	竞争性可再生能源区
CSP	集中式太阳能
CWE	中西欧
DC	直流电
DCENR	通信、能源和自然资源部（爱尔兰）
DC OHL	直流高架线路
DH	区域供暖
DLR	动态增容
DS3	提供安全可持续的电力系统
DSI	需求侧集成
DSM	需求侧管理
DSO	配电系统运营商
DSR	需求侧响应
EEX	欧洲能源交易所
EMS	能源管理系统
ENTSO-E	欧洲输电系统运营商网络
EPCO	电力公司
EPEX	欧洲电力交易所
ERCOT	得克萨斯州电力可靠性委员会
ES	西班牙
EUR	欧元

EV	电动车
EWIS	欧洲风电并网研究
EWITS	东部风电并网和输电研究
FACTS	灵活交流电输电系统
FAST	灵活性评估工具
FAST2	修订后的灵活性评估工具
FERC	联邦能源监管委员会（美国）
FFR	快速频率响应
FiP	上网溢价
FiT	上网电价
FLH	满负荷小时数
FRP	灵活调节产品
FRT	故障下不间断运行
GIVAR	波动性可再生能源并网项目
GT	燃气轮
HH	家庭
HV	高压
HV/MV	高压至中压
HVDC	高压直流
IC	互联
ICCP	控制中心间通信协议
ICT	信息通信技术
IEA	国际能源署
IEX	印度能源交易所
IMRES	可再生能源系统投资模型

ITVC	临时紧量市场耦合
JEPX	日本电力交易所
LCOE	均化发电成本
LCOF	均化灵活性成本
Li-ion	锂离子
LMP	节点边际电价
LOLE	缺电时间期望值
LV	低压
METI	经济产业省（日本）
MIBEL	Mercado Ibérico de Electricidade（伊比利亚电力市场）
MV	中压
MV/LV	中压至低压
na	不适用
NaS	钠硫
NERC	北美电力可靠性公司
NEWSIS	北欧风能和太阳能间歇性研究
NIMBY	别建在我家后院
NIRO	北爱尔兰可再生能源义务
NL	荷兰
NOx	氮氧化物
NPV	净现值
NREL	国家可再生能源实验室（美国）
NTC	净转移容量
NWE	西北欧

O&M	运行与维护
OCGT	开放循环燃气轮机
OECD	经济合作与发展组织
ONS	Operador Nacional do Sistema Elétrico（巴西一家电力公司）
OTC	场外交易合同
PXL	印度电力交易所
PHS	抽水蓄能
PPA	购电协议
PSP	抽水蓄能电厂
PT	葡萄牙
PUCT	得克萨斯州公用事业委员会
PV	光伏
R&D	研发
RE	可再生能源
REE	Red Eléctrica de España，西班牙电力机构
REFIT	可再生能源上网电价
RESCC	可再生能源资源控制中心
RH	水库水能
RM	调节裕度
RTD	实时调度
RTO	区域输电组织
SCED	安全约束经济调度
SEAI	爱尔兰可持续能源署
SEM	单一电力市场（爱尔兰）
SLDC	邦负荷调度中心（印度）
SMES	超导储能
SOx	硫化物

SONI	北爱尔兰系统运营商
SPP	西南电力库
SPS	特殊保护计划
SRMC	短期边际成本
ST	储能
STE	太阳热能
TOU	分时电价
TSO	输电系统运营商
UI	不定期的互换
UK	英国
US	美国
USD	美元
VRB	钒氧化还原液流电池
VRE	波动性可再生能源
VSC	电压源换流器
WACC	加权平均资本成本
WECC	西部电力协调委员会（美国）
WEO	世界能源展望

计量单位

CAPEX/yr	资本开支/年
EUR/kWh	欧元/千瓦时
EUR/MWh	欧元/兆瓦时
EUR/yr	欧元/年

GW	吉瓦
h	小时
km	千米
kV	千伏
kW	千瓦
kWh	千瓦时
m	米
MBtu/MWh	百万英（制）热单位/兆瓦时
min	分钟
MVA	兆伏安
MW	兆瓦
MWh	兆瓦时
t	吨
tCO2-eq/MWh	吨二氧化碳当量/兆瓦时
TWh	太瓦时
TWh/yr	太瓦时/年
USD/km	美元/千米
USD/km/MW	美元/千米/兆瓦
USD/km/yr	美元/千米/年
USD/kW	美元/千瓦
USD/kWh	美元/千瓦时
USD/m	美元/米
USD/MBtu	美元/百万英（制）热单位
USD/MW	美元/兆瓦
USD/MW/km	美元/兆瓦/千米

USD/MW/yr	美元/兆瓦/年
USD/MWh	美元/兆瓦时
USD/t	美元/吨
USD/yr	美元/年
V	电压
W	瓦特